# Swift 开发进阶

[美] 大卫·马克　等著

于鑫睿　译

清华大学出版社

北　京

# 内 容 简 介

本书详细阐述了与 Swift 语言开发相关的高级解决方案，主要包括 Core Data，添加、显示与删除数据，Detail View，模型变更，自定义托管对象，关系，网络连接，地图套件，消息传递，媒体库访问和播放，内容捕获，界面生成器和故事板，单元测试和调试等内容。此外，本书还提供了丰富的示例以及代码，以帮助读者进一步理解相关方案的实现过程。

本书适合作为高等院校计算机及相关专业的教材和教学参考书，也可作为相关开发人员的自学教材和参考手册。

北京市版权局著作权合同登记号 图字：01-2018-3290

More iPhone Development with Swift: Exploring the iOS SDK 1st Edition/by David Mark, Jayant Varma, Jeff LaMarche, Alex Horovitz, Kevin Kim Torriente /ISBN: 978-1-4842-0449-8

Copyright © 2015 by Apress.

Original English language edition published by Apress Media.Copyright ©2015 by Apress Media.

Simplified Chinese-Language edition copyright © 2021 by Tsinghua University Press.All rights reserved.

本书中文简体字版由 Apress 出版公司授权清华大学出版社。未经出版者书面许可，不得以任何方式复制或抄袭本书内容。

**图书在版编目（CIP）数据**

Swift 开发进阶 /（美）大卫・马克（David Mark）等著；于鑫睿译. —北京：清华大学出版社，2021.2

书名原文：More iPhone Development with Swift: Exploring the iOS SDK

ISBN 978-7-302-57242-8

Ⅰ．①S… Ⅱ．①大… ②于… Ⅲ.①程序语言—程序设计 Ⅳ.①TP312

中国版本图书馆 CIP 数据核字（2020）第 260565 号

责任编辑：贾小红
封面设计：刘　超
版式设计：文森时代
责任校对：马军令
责任印制：杨　艳

出版发行：清华大学出版社
　　　　　网　　　址：http://www.tup.com.cn，http://www.wqbook.com
　　　　　地　　　址：北京清华大学学研大厦 A 座　　　邮　　编：100084
　　　　　社 总 机：010-62770175　　　　　　　　　邮　　购：010-62786544
　　　　　投稿与读者服务：010-62776969，c-service@tup.tsinghua.edu.cn
　　　　　质量反馈：010-62772015，zhiliang@tup.tsinghua.edu.cn
印 装 者：三河市中晟雅豪印务有限公司
经　　销：全国新华书店
开　　本：185mm×230mm　　　印　　张：28　　　字　　数：561 千字
版　　次：2021 年 3 月第 1 版　　　　　　　印　　次：2021 年 3 月第 1 次印刷
定　　价：149.00 元

产品编号：068569-01

# 译 者 序

　　2021 年 2 月，TIOBE 公布了最新的编程语言排行榜，Swift 成功地进入了前 15 名的行列，考虑到 Swift 是 Apple 公司于 2014 年 WWDC 开发者大会上发布的新开发语言，可以说它是自从有了编程语言排行榜以来增长最快的编程语言。

　　为什么 Swift 的发展势头如此迅猛？这与 Apple 的支持当然是密不可分的。Swift 可与 Objective-C 共同运行于 Mac OS 和 iOS 平台，用于搭建基于 Apple 平台的应用程序。在移动应用开发越来越受到市场青睐的情况下，Swift 在编程领域地位的快速攀升，似乎并不是那么难以理解的事情。可以想见，未来还会有更多的开发者使用 Swift 编程语言。

　　本书是一本致力于使读者能够更好地进行 iOS 应用程序开发的进阶指南，同时面向已经学习过并了解这些基础知识的读者。因此，本书除了会向读者展示如何使用一些新的 iOS API 以外，还将介绍很多当读者在进行更大或者更加复杂的 iOS 程序开发工作时所需要了解到的高级技术，包括 Apple 主要的持久化框架 Core Data，以及一些新版 iOS SDK 中所包含的高级功能。

　　在翻译本书的过程中，为了更好地帮助读者理解和学习，本书以中英文对照的形式保留了大量的术语，这样的安排不但方便读者理解书中的代码，而且也有助于读者通过网络查找和利用相关资源。

　　本书由于鑫睿翻译，李伟也参与了部分翻译工作，在此一并表示感谢。由于译者水平有限，错漏之处在所难免，在此诚挚欢迎读者提出任何意见和建议。

译 者

# 目　　录

# 第1章 欢迎回来

还在致力于不断开发新的 iPhone 应用程序吗？非常好！iOS 和 App Store 已经取得了非常大的成功，它们从根本上改变了移动应用软件的交付方式，并且彻底改变了人们对移动设备的期许。自 2008 年 3 月 iOS 软件开发工具包（简称 iOS SDK）首次发布以来，Apple 就一直不断地为其添加新的功能并对已有的功能进行不断的完善。与最初的版本相比，完善后的版本也同样是一个令人兴奋的开发平台。事实上，在许多方面，新版本更加令人兴奋，这是因为 Apple 在新版本中扩充了为数众多的面向第三方开发人员的功能。

自从本书的上一版本 *More iOS 6 Development*（Apress 出版社，2012）出版至今，Apple 又发布了很多新的框架、工具以及服务。下面列举其中的一些。

□ 核心框架：Core Motion、Core Telephony、Core Media、Core View、Core MIDI、Core Image and Core Bluetooth。

□ 工具类框架：Event Kit、Quick Look Framework、Assets Library、Image I/O、Printing、AirPlay、Accounts and Social Frameworks、Pass Kit、AVKit。

□ 服务及其相关框架：iAds、Game Center、iCloud、Newsstand。

□ 基于开发者的增强工具：Blocks、Grand Central Dispatch（GCD）、Storyboards、Collection Views、UI State Preservation、Auto Layout、UIAutomation。

显然，一次性在一本书中反映出如此多的变化和更新是非常有挑战性的，但是本书会竭尽全力做到最大化地涵盖主要知识点并同时兼顾读者的阅读感受。

## 1.1 本书适合什么样的读者

本书是一本致力于使读者能够更好地进行 iOS 应用程序开发的进阶指南。如果说 *Beginning iPhone Development with Swift* 的目标是为了使读者能够初步了解一些开发 iOS 应用程序的相关基础知识，那么本书则是面向已经学习过并了解这些基础知识的读者。因此，本书除会向读者展示如何使用一些新的 iOS APIs 外，还将展示很多当读者在进行更大或者更加复杂的 iOS 程序开发工作时所需要了解的高级技术。

在 *Beginning iPhone Development with Swift* 中，每个章节都是相对独立的，包含了各

自独有的单个项目或一组项目。本书的后半部分也会采取相同的方式，但是本书的第 2～7 章将会专注于一个功能被不断扩展的 Core Data 应用程序上面。第 2～7 章的每一章都会涵盖这个 Core Data 应用程序在功能扩展过程中的某一个具体方面。同时，本书还会强烈推荐一些技巧，使读者在应用程序开发过程中，避免出现由于应用程序不断扩展而导致程序冗长且难以管理的现象。

## 1.2　学习本书需要哪些具体的前期知识

　　本书假设读者已具备了一些编程知识，并且已经对 iOS 软件开发工具包（iOS SDK）有基本的了解，或者是已经完成了 *Beginning iPhone Development with Swift* 的阅读和学习，又或者已经从其他途径获得了类似的基础知识和经验。本书还假设读者已经使用 SDK 进行过一些实践并累积了一些经验，例如编写过一两个小程序，并对 Xcode 有一些认识。现在读者也许想先去浏览一下 *Beginning iPhone Development with Swift* 中的内容了。

---

### 完全没有接触过 iOS 吗？

　　如果读者在接触本书之前完全不了解 iOS 程序开发，那么在开始阅读本书之前读者可能需要先阅读一些其他书籍。例如，如果读者还不了解编程的基础知识和 C 语言语法，那么应该阅读一下由 David Mark 和 James Bucanek 编著的 *Learn C on the Mac for OS X and iOS*，这本书为 Macintosh（Mac）程序开发人员提供了比较全面的 C 语言知识介绍。

　　如果读者已经学习并了解 C 语言的相关知识，但没有任何使用面向对象语言编程的经验，那么可以查看 *Learn Objective-C on the Mac* 这本书，这是由 Mac 编程专家 Scott Knaster、Waqar Malik 和 Mark Dalrymple 联合编著的，这本书对于 Objective-C 的讲解既精彩又通俗易懂。

　　如果读者还需要学习有关 Swift 的相关知识，那么也有一本书可供参考，这本书就是 Waqar Malik 的 *Learn Swift on the Mac*。

　　如果读者感觉在继续阅读本书之前有必要先学习和了解更多相关的前期知识，可以参考本书第 16 章准备的一份比较全面的资源列表。

---

## 1.3　开始之前的准备工作

在开始能够为 iOS 设备编写软件之前，读者还需要做一些准备工作。对于初学者，需要一台能够运行 Yosemite（Mac OS X 10.10 或更高版本）并且是基于 Intel 技术的 Macintosh 计算机。自 2009 年以来发布的任何 Macintosh 计算机、笔记本电脑或台式机都应该可以正常运行 Yosemite，但还是要请读者确保所使用的计算机是基于 Intel 技术并且能够运行 Yosemite。

这看起来很明显，但读者还需要能够运行 iOS 8.x 的 iPhone（5S/5C 或更新版）或 iPad（iPad 2 或更新版本）。虽然大部分代码都可以使用 iPhone/iPad 模拟器进行测试，但并非所有程序都可以在模拟器中运行。所以，在读者考虑将自己开发的应用程序发布给公众之前，都需要将其在实际设备上进行全面的测试。

最后，读者还需要注册成为 iOS 开发人员。如果读者已经是注册过的 iOS 开发人员，请记得保持定期下载最新最好的 iPhone 开发工具，然后直接开始阅读 1.4 节。

如果读者要新加入 Apple 的 iOS 开发人员计划（iOS Developer Programs），那么可以通过浏览网址 http://developer.apple.com/ios/ 了解更多相关的内容，它将带领读者进入图 1-1 所展示的页面。在 iOS Dev Center 标题横幅正下方的页面右侧，读者可以找到标记为 Log In（登录）和 Register（注册）的链接。单击 Register 链接，在出现的页面上单击 Continue 按钮，按照说明使用现有 Apple ID 或创建新 ID。

在注册过程中，读者可以选择 3 种不同的方式进入 SDK 下载页面。这 3 种选择分别是 Free、Commercial 和 Enterprise。所有这 3 个选项都允许读者访问 iOS SDK 和 Xcode，以及 Apple 的集成开发环境（IDE）。Xcode 包括用于创建和调试源代码、编译应用程序以及对读者编写的应用程序进行性能调优的工具。请注意，虽然读者是通过图 1-1 中的开发者网站访问 Xcode 的相关内容，但读者实际获取的 Xcode 发行版却是通过 App Store 提供的。

顾名思义，Free 选项是免费的意思。通过这一选项注册的读者只能开发在软件模拟器上运行的 iOS 应用程序，这些应用程序不能被下载到 iPhone、iPod touch 或 iPad 上运行，读者也不能在 Apple 的 App Store 上销售这些应用程序。此外，本书中的某些程序只能在真实的设备上运行，而不能在模拟器中运行，这意味着如果读者选择 Free 的解决方案，那么将无法运行它们。也就是说，如果读者不介意在学习本书的过程中无法亲手实践那些不能在模拟器中运行的程序，那么 Free 方案也是一个不错的选择。

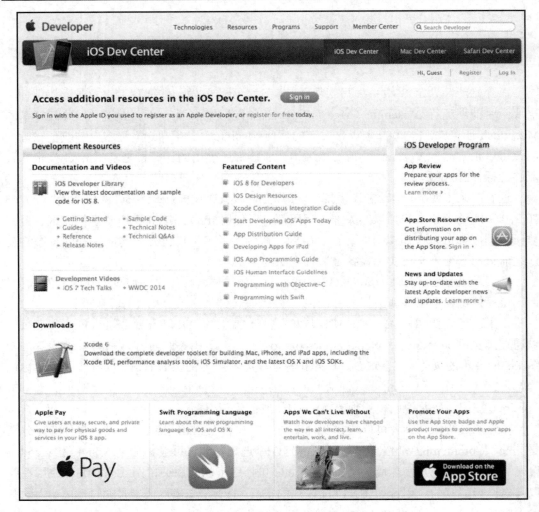

图 1-1　iOS Dev Center 网页界面

　　另外两个选项是 Standard(Commercial)Program 和 Enterprise Program。Standard Program 的费用为 99 美元，它提供了大量的开发工具和资源，以及技术支持，或者可以通过 Apple 的 App Store 发布自己开发的应用程序，最重要的是，这一方案允许读者在 iPhone 上进行测试和调试代码，而不仅仅是在模拟器中。Enterprise Program 的售价为 299 美元，专门为开发企业专属的 iPhone、iPod touch 和 iPad 内部应用程序的公司而设计。如果读者想了解更多有关这两个方案的详细信息，请访问 http://developer.apple.com/programs/。

注意:

如果读者要注册 Standard Program 或 Enterprise Program,则应立即执行此操作。因为注册从申请到获得批准可能需要一段时间,读者只有获得批准后才能在 iPhone 上运行应用程序。不过不用担心,本书前几章中出现的程序在 iPhone 模拟器上就可以运行得很好。

由于 iOS 设备连接的是利用第三方无线基础设施的移动设备,因此 Apple 对 iOS 开发人员的限制远远超过其对 Macintosh 开发人员的限制。Macintosh 开发人员能够在完全没有 Apple 监督或批准的情况下编写和发布程序(只要不是在 App Store 上出售)。Apple 这么做并不是刻意为之,而是要尽量减少人们分发恶意或劣质的程序的可能性,因为这些程序可能会降低共享网络上的性能。所以注册过程在某些时候看起来好像十分烦琐,但 Apple 已经投入了相当大的努力,以使这个过程尽可能容易一些。

## 1.4　本书的知识结构

正如本章之前的部分所述,本书第 2～7 章重点介绍的是 Apple 主要的持久化框架 Core Data。而在其余章节中,本书会介绍一些新版 iOS SDK 中所包含的功能,以及一些之前没有包含在 *Beginning iPhone Development with Swift* 中的高级功能。

以下是本书各章的简要概述。

❑ 第 2 章 "Core Data:定义、原理以及使用方法":在本章中,读者将会学习 Core Data 的基础知识。读者将了解到为什么 Core Data 是 iPhone 开发工具的重要组成部分。本章还将剖析一个简单的 Core Data 应用程序,并向读者展示以 Core Data 为基础的应用程序的各个部分是如何组成一个有效的整体的。

❑ 第 3 章 "'超级开始':添加、显示与删除数据":一旦掌握了 Core Data 的术语和体系结构,读者将学习如何执行一些基本操作,包括插入、搜索和检索数据。

❑ 第 4 章 "来自内容视图的挑战":在本章中,读者将学习如何让用户编辑和更改存储在 Core Data 中的数据。本章将和读者一起探索构建通用的、可重复使用的视图的技术,以便读者可以利用相同的代码来呈现不同类型的数据。

❑ 第 5 章 "模型变更:数据迁移和版本控制":这一章将会介绍可用于更改应用程序的数据模型,但仍允许用户继续使用旧版应用程序中数据的 Apple 工具包功能。

❑ 第 6 章 "自定义托管对象"：要真正释放 Core Data 的强大功能，读者需要将用于表示特定数据实例的类子类化。在本章中，读者将学习如何使用自定义托管对象，并了解这样做的诸多好处。

❑ 第 7 章 "关系，获取属性以及表达式"：在关于 Core Data 的最后一章中，读者将学习用一些非常有效的方式来扩展应用程序的机制。在这里，读者将重构在之前章节中已经构建的应用程序，以便在扩展已有数据模型时不需要再次添加新类。

❑ 第 8 章 "每个 iCloud 背后的故事"：iCloud Storage API 是 iOS 最酷的功能之一。iCloud API 将让读者的应用程序在 iCloud 中存储文档和键值数据。iCloud 会自动将文档通过无线的方式推送到用户设备上，并在任何设备上自动更新文档。读者将进一步完善 Core Data 应用程序，以便可以在 iCloud 上存储信息。

❑ 第 9 章 "使用 Multipeer Connectivity 框架创建的对等网络连接"：Multipeer Connectivity 框架可以轻松创建能够使应用程序在多个设备之间通过蓝牙或 Wi-Fi 进行数据交换的能力，如 iPhone 和 iPad 的多人游戏。在这一章中，读者将通过构建一个简单的双人游戏来探索 Multipeer Connectivity 的功能。

❑ 第 10 章 "地图套件"：这一章将会探讨 iOS SDK 中添加的另一个新功能——增强的 CoreLocation。该框架现在支持对正向和反向地理编码位置数据的操作。这将使读者编写的应用程序能够在一组地图坐标以及与该坐标处有关的街道、城市和国家等的信息之间来回切换。此外，读者还将亲自动手探索所有这些功能是如何通过增强的 MapKit 来进行操作的。

❑ 第 11 章 "消息传递：邮件、社交和 iMessage"：现在人们发送消息的方式已经远远不止电子邮件这么单一了。本章将向读者介绍 Mail、Social Framework 和 iMessage 的核心功能，以及如何恰当地使用每个功能。

❑ 第 12 章 "媒体库访问和播放"：现在可以通过编程方式来访问存储在用户 iPhone 或 iPod touch 上的完整音轨库。在本章中，读者将了解用于查找、检索和播放音乐及其他音轨数据的各种技巧。

❑ 第 13 章 "闪光灯、摄像头和内容捕获"：在本章中，读者将详细了解 AVFoundation 框架，该框架为 iOS 应用程序提供一组标准的应用程序编程接口（Application Programming Interface，API）和类，以用来播放音频和视频，甚至捕获其中的内容。除了此框架的基本接口之外，读者还将使用一些附加功能来管理捕获，保存图像和音频。

❑ 第 14 章 "界面生成器和故事板"：界面生成器新增加了一些功能，这些功能允许读者进行实时预览，并且还允许读者将自己创建的个性化的控件应用到所开发的应用程序中。这意味着读者可以在所创建的视图和视图控件之间随意建立连接。

❑　第 15 章　"单元测试、调试以及 Instruments 工具"：没有一个程序是完美的。错误和缺陷是编程过程的一个自然的组成部分。在本章中，读者将学习各种预防、查找和修复 iOS SDK 程序中的错误的技巧。

❑　第 16 章　"路一直都在"：令人悲伤的是，每一次的旅程都一定会到达尽头。本书希望可以和读者拥有一个令人感到欢喜和颇有收获的告别，同时读者还会在本书结尾的内容中发现一些有用的资源。

iOS 是一个令人难以置信的计算机平台，这个平台不断地被扩展，使得使用这一平台进行开发工作的人们感到充满乐趣。在本书中，读者将会进一步了解和体验 iPhone 的开发过程，深入挖掘 SDK 的各种功能，解锁很多新的、从某种角度来讲可以称得上更加高级的内容。

阅读本书并确保亲自动手构建各章节中的程序——不要只是简单地从文档中复制出代码再运行上一两次。只有亲手实践才会从中学到很多真正的东西。请读者在开始学习、实践新的程序前确保已经真正理解了自己之前所学到的知识。不要害怕对代码进行更改。试验、调整代码再观察结果，反复练习。

安装好 iOS SDK 了吗？跳转页面，放上一些 iTunes 中的音乐放松一下，然后一起出发。新的旅程正在前方等着你。

# 第 2 章　Core Data：定义、原理以及使用方法

Core Data 是一个框架和工具集，允许读者开发的应用程序将程序内的数据自动保存（或保留）到 iOS 设备的文件系统中。Core Data 是一种称为对象关系映射（ORM）的实现。这可以说是一种非常奇特的方式，使得 Core Data 允许读者可以与 Swift 中的对象进行交互，而不必担心来自这些对象的数据是如何从数据持久化（如关系型数据库 SQLite）或一般的纯文件中存储和检索的。

在刚刚开始使用时，Core Data 看起来就像变魔术一样神奇。Core Data 对象的处理方式在大多数情况下与普通的常规对象的处理方式一样，但它们似乎知道如何自动检索和保存自己。读者永远不需要创建 SQL 字符串或进行文件管理调用。Core Data 使读者在开发过程中避免了一些复杂和困难的编程任务，这对读者来说非常有用。通过使用 Core Data，读者可以更快地开发带有复杂数据模型的应用程序，这甚至可以比直接使用 SQLite、对象归档或纯文件快得多。

像 Core Data 这种在程序开发过程中封装了一些具有一定复杂性的操作方法的技术，确实是在鼓励 Voodoo 编程，这是一种最危险的编程方式，因为以这种编程方式编写的应用程序包含有读者不一定理解的代码。有时，这些神秘代码会存在于项目模板中，并以这种形式出现在读者的程序中；或者，当读者为了使自己的程序能够达到某些期望的功能但又苦于没有时间或专门的知识去亲手实现，从而从别处下载实用程序时，这些代码也会出现在下载的实用程序中。那些 Voodoo 代码做了读者需要它们做的事情，而读者却没有时间或意愿去弄明白它们，所以它们就一直存在于程序中，发挥着魔力……直到它们崩溃。所以，作为一条基本原则，如果读者发现自己对所编写的应用程序中的某些代码并不完全了解，那么应该做一些研究，或者至少找一个更有经验的同行来帮助自己处理这些所谓神秘的代码。

总之，Core Data 是一项十分复杂的技术。和其他的复杂技术一样，Core Data 很容易成为那些存在于读者编写的各种应用程序中的神秘代码的来源。所以，虽然读者不需要确切知道 Core Data 每一步运行的工作原理，但还是应该投入一些时间和精力来理解整个 Core Data 的架构。

本章会以简要介绍 Core Data 的历史开始，然后深入剖析一个 Core Data 应用程序。在后面的章节中，读者会通过使用 Xcode 构建 Core Data 应用程序，从而学习和理解一些更加复杂的 Core Data 项目。

## 2.1　Core Data 简史

Core Data 的出现已经有很长一段时间了，但直到 iPhone SDK 3.0 的发布，Core Data 才在 iOS 上推出。Core Data 最初是在 Mac OS X 10.4（Tiger）中引入的，但 Core Data 中的一些基因实际上可以追溯到大约 20 年前出现的 NeXT 框架，名为企业对象框架（EOF）。EOF 是 NeXT 的 WebObjects Web 应用程序服务器附带的工具包的一部分。

EOF 旨在与远程数据源协同工作，并且在首次出现时就被认为是一个非常具有革命性的工具。虽然现在几乎所有语言都有很多优秀的 ORM 工具，但是当 WebObjects 处于起步阶段时，大多数 Web 应用程序都是使用纯手工编写的 SQL 或文件系统调用来保存数据的。那时候，编写 Web 应用程序非常耗费时间和人力。正是由于部分得益于 EOF，WebObjects 将创建复杂 Web 应用程序所需的开发时间缩短了一个数量级。

除作为 WebObjects 的一部分，EOF 也被 NeXTSTEP 使用。NeXTSTEP 是 Cocoa 的前身。当 Apple 收购 NeXT 时，Apple 开发人员使用 EOF 的许多概念来开发 Core Data。Core Data 为开发桌面应用程序所带来的帮助和 EOF 当初为 Web 应用程序开发所带来的帮助一样：通过省略编写文件系统代码或者与嵌入式数据库交互，来大大提高开发人员的工作效率。

现在一起来开始动手创建读者的第一个 Core Data 应用程序。

## 2.2　创建 Core Data 应用程序

启动 Xcode 并创建一个新的 Xcode 项目，有很多方法都可以做到这一点。当读者启动 Xcode 时，可以看到 Xcode 启动窗口（见图 2-1），此时单击 Create a new Xcode project（创建一个新的 Xcode 项目）即可创建新项目，读者也可以选择 File（文件）→New（新建）→Project（项目）命令，或者使用键盘快捷方式⇧⌘N，都可以得到想要的结果。这里将使用 Xcode 窗口或菜单中可用的选项，但不会使用键盘快捷键。如果读者已经知道并喜欢使用键盘快捷键，也可以随意使用它们。现在回到读者正在构建的应用程序中。

单击 Create a new Xcode project 后，Xcode 将打开一个项目工作区并显示项目模板页（见图 2-2）。页面左侧是一些可用的模板标题：iOS 和 OS X。每个标题都有一套模板组。选择 iOS 标题下的 Application 模板组，然后选择右侧的 Master-Detail Application（主-从视图应用程序）模板。在页面右下角，可以看到一个简短的模板描述。单击 Next

（下一步）按钮，进入下一个界面。

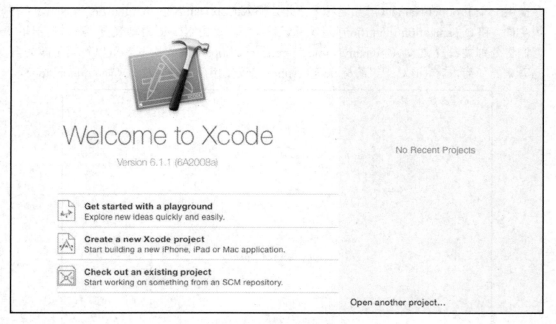

图 2-1　Xcode 启动窗口

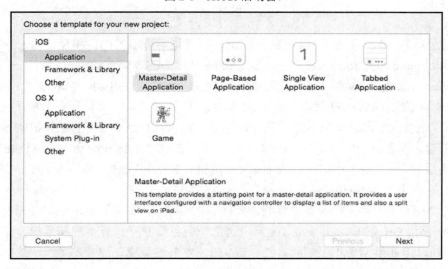

图 2-2　项目模板页面

下一个页面是项目配置页（见图 2-3）。系统会要求读者为马上要开始编写的应用程序提供一个 Product Name（产品名称）；此处输入 CoreDataApp。Organization Name（组织名称）和 Organization Identifier（组织标识符）字段将由 Xcode 自动设置，默认情况下，它们将分别被设置成 MyCompanyName 和 com.mycompanyname。读者可以将其更改为自己喜欢的任何内容，但对于组织标识符，Apple 建议使用反向域名样式（如 com.oz-apps）。

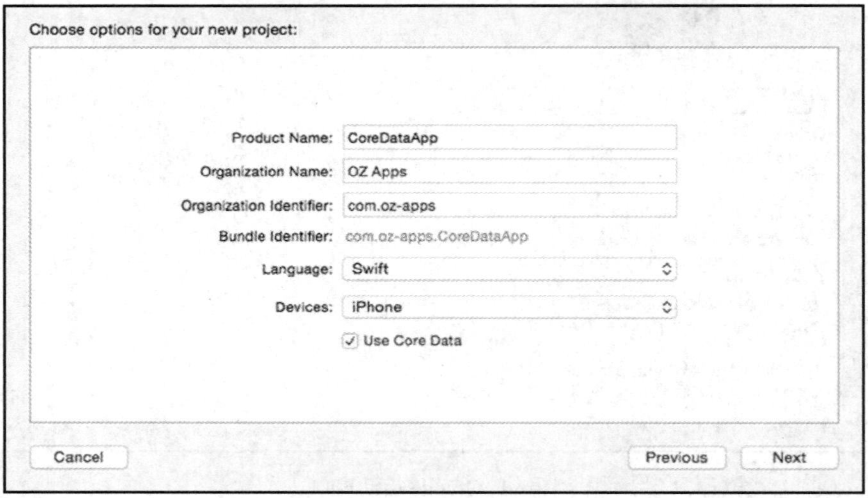

图 2-3　项目配置页

请注意，Bundle Identifier（程序包标识）字段是不可编辑的；相反，这一字段中的内容是由 Organization Identifier 和 Product Name 字段中的内容自动填充的。

Devices（设备）下拉字段列出了此项目的可能目标设备：iPad、iPhone 或 Universal。前两个不言自明。Universal 适用于在 iPad 和 iPhone 两种设备上都可运行的应用程序。开发一个可以同时在 iPad 和 iPhone 上运行的项目，其收益和困难是并存的。但就本书的教授目的而言，读者将会专注于 iPhone 的开发，所以在这里选择 iPhone。Core Data 的使用显然是必需的，因此请选中 Use Core Date（使用核心数据）复选框。最后，确保在 Language（语言）选项中选择 Swift 语言。

单击 Next 按钮并选择保存项目的位置（见图 2-4）。底部的复选框用于设置读者的项目是否使用 Git（www.git-scm.com），这是一个免费的开源版本控制系统。本书将不会讨论 Git，但如果读者不了解版本控制或 Git，本书还是建议读者熟悉一下这方面的知识。单击 Create（创建）按钮，Xcode 将会创建读者所需要的项目，如图 2-5 所示。

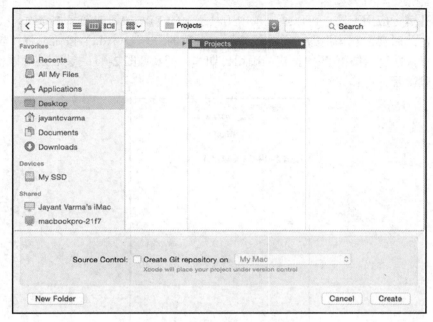

图 2-4　选择保存项目的位置

图 2-5　项目建立完成

　　构建并运行应用程序。可以通过单击工具栏上的 Run 按钮或选择 Product→Run（运行）命令，此时会出现模拟器。单击模拟器右上角的"+"（Add）按钮，将在表格中插入新的一行，并显示按下"+"按钮的确切日期和时间（见图 2-6）。读者还可以使用 Edit 按钮进行删除行的动作。

图 2-6　运行中的 CoreDataApp

　　在这个简单的应用程序的背后，发生了很多事情。想一想：在没有添加任何一个类或任何代码来将数据持久化到文件里或与数据库进行交互的情况下，仅仅通过单击"+"按钮便创建了一个对象，然后用数据填充这个对象，最后将其保存到系统为读者自动创建的 SQLite 数据库中。这里其实用到了 Core Data 的很多功能，而这些功能都是免费的。

　　现在读者已经看到了一个应用程序是如何运行的，接下来一起看看在这个过程的幕后都发生了些什么。

## 2.3　核心数据概念和术语

　　与大多数复杂的技术一样，Core Data 有着一套自己的术语，这对新手来说可能有些难于掌握。现在，我们就来一起来打破这个谜团，一起学习这些 Core Data 术语。

　　图 2-7 显示了 Core Data 架构的简化概要图。不要指望现在就能理解其中的一切，在后面各章节的学习中，这张图可以作为很好的参考资料，以加深读者对 Core Data 各部分协调工作的理解。

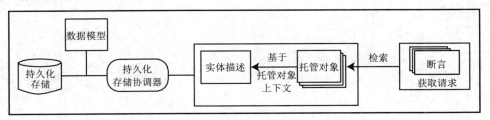

图 2-7　Core Data 架构

　　这里有 5 个关键的概念名词，在阅读本章的过程中，请读者确保能够理解这些概念。
- ❑　数据模型。
- ❑　持久化存储。
- ❑　持久化存储协调器。
- ❑　托管对象及托管对象上下文。
- ❑　获取请求。

　　无须困惑，继续阅读，很快读者就会在下面的内容中明白所有这些部分是如何组合在一起的。

# 2.4　数　据　模　型

　　什么是数据模型？从抽象的意义上讲，数据模型定义了数据的组织形式，以及有组织的数据各组成部分之间的关系。在 Core Data 中，数据模型定义了对象的数据结构、对象的组织形式、对象之间的关系以及这些对象的行为模式。Xcode 允许读者通过数据模型编辑器和检查器指定要在应用程序中使用的数据模型。

　　如果读者在导航器窗口中展开 CoreDataApp 组，那么将会看到一个名为 CoreDataApp.xcdatamodel 的文件。此文件是当前正在开发的程序的默认数据模型。Xcode 自动创建了这个文件，这是因为在创建项目时，我们在项目配置页中选中了 Use Core Data 复选框。单击 CoreDataApp.xcdatamodel 可以调出 Xcode 的数据模型编辑器。请确保工具窗口可见（工具窗口可见按钮是视图栏上的第 3 个按钮）并选择启动检查器。这样选择后 Xcode 窗口如图 2-8 所示。

图 2-8　带有数据模型编辑器和检查器的 Xcode 窗口

　　当读者选择数据模型文件 CoreDataApp.xcdatamodel 后，编辑器窗口的内容将发生变化，变为显示 Core Data 模型的编辑器（见图 2-9）。在顶部，跳转栏中的内容保持不变。在左侧，原来被分页线分成的两个部分已被更宽的顶部组件窗口所替代。顶部组件窗口显示了数据模型中设置的实体、获取请求和配置的概要（具体内容将会在稍后介绍）。读者可以通过使用顶部组件窗口底部的 Add Entity（添加实体）按钮来添加新的实体，或者使用菜单选项 Editor（编辑器）→Add Entity（添加实体）来进行同样的操作。如果单击并按住 Add Entity（添加实体）按钮，将会弹出一个选项菜单，包括 Add Entity（添加实体）、Add Fetch Request（添加获取请求）和 Add Configuration（添加配置）选项。无论读者选择哪个选项，都会让整个窗口做出相应的改变以对应不同的内容，同时，按钮的标签也将随之更改。同时，读者同样可以通过菜单选项添加获取请求和添加配置。

　　顶部组件窗口有两种显示样式：列表和层级。读者可以使用顶部组件窗口底部的 Outline Style（大纲样式）选择器在这两种样式之间切换。在 CoreDataApp 数据模型文件中，切换样式不会对顶级组件窗口中显示的内容造成任何改变；这个文件目前只有一个实体和一个配置，因此不会显示出层次结构。如果读者的文件中存在相互关联的组件，那么可以在层级样式中看到两者之间的层次关系与结构。

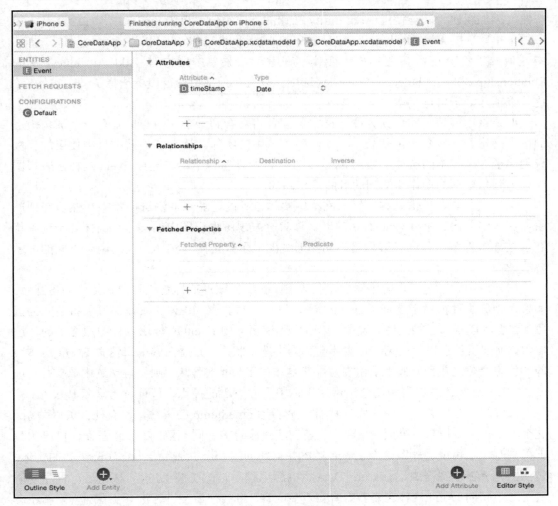

图 2-9　数据模型编辑器

编辑器窗口的大部分都被内容编辑器占用。内容编辑器有两种样式：表和图形。默认情况下（见图 2-9），内容编辑器采用表样式。读者可以使用编辑器窗口右下角的 Editor Style（编辑器样式）选择器在不同的样式之间切换。试试看，亲自体验一下两种风格的区别。

在顶部组件窗口中选择实体时，内容编辑器将默认以表的形式向用户呈现出 3 个部分的内容：Attributes（特性）、Relationships（关联关系）和 Fetched Properties（获取属性）。本书将在稍后详细介绍这些内容。读者可以通过使用内容编辑器下方的 Add Attribute

按钮来添加新属性。与使用 Add Entity 按钮的方式类似，单击并按住鼠标左键将弹出相应的菜单，包括 Add Attributes、Add Relationships 和 Add Fetched Properties 选项，选择其中任何一项都会使标签发生相应变化。在编辑器菜单中同样有 Add Attributes、Add Relationships 和 Add Fetched Properties 选项，只有在顶部组件窗口中选择了一个实体后，这些选项才处于可选状态。

如果将内容编辑器切换为图形样式，读者将会看到一个在中心位置有一个圆角矩形的巨大网格。此圆角矩形代表了顶部组件窗口中的实体。读者在当前项目中使用的模板只创建了一个单个的实体，名为 Event。在顶部组件窗口中单击选择 Event 与在图表视图中选中圆角矩形的动作所达到的目的是相同的。

亲手试试看，单击内容编辑器网格中实体以外的区域以取消选中状态，然后在顶部组件窗口中单击选中 Event 行，这时，读者会发现图形视图中的实体也同样处于选中状态。顶部组件窗口和内容编辑器中的图形视图显示只是同一实体列表的两个不同的显示方法。

在未选中状态时，内容编辑器中代表 Event 实体图形的标题栏和线条都应为粉红色。如果在顶部组件窗口中选择了 Event 实体，则内容编辑器中 Event 实体的颜色将会变为蓝色，这表示该实体已被选中。现在，单击内容编辑器中 Event 实体块以外的网格上的任意位置，顶部组件窗口中的 Event 实体会变为未选中状态，并且内容编辑器中 Event 实体块的颜色也会随之更改。如果单击内容编辑器中的 Event 实体块，则将再次选中该实体。选中后，Event 实体块左右两侧会出现用于调整尺寸大小的控点，以便读者调整其尺寸。

读者目前已获得的 Event 实体只有一个名为 timeStamp 的属性，没有任何关联关系。这个 Event 实体是整个模板的一部分，是创建模板时被一同创建的。读者在设计自己的数据模型时，很可能会删除这个 Event 实体并重新创建一个更加符合自己实际需要的实体。之前，读者在模拟器中运行 Core Data 示例应用程序时，在按下 "+" 按钮后，程序便创建了一个新的 Event 实体。关于实体的更多内容，将会在后文进行进一步探讨，读者还会学习替换原本用于保存数据的 Swift 数据模型的类，然后快速回到模型编辑器中，看看会发生什么样的变化。但现在，读者只需要记住以下两点：持久化存储是 Core Data 用来存储其数据位置的，而数据模型则是用来定义数据形式的。还要记住，每个持久化存储都有一个且只有一个数据模型。

检查器为读者在模型编辑器中选择的项目提供更多的详细信息。由于每个项目在检查器中可以有不同的视图样式，因此这里在讨论组件及其属性时只讨论详细信息的内容。现在，让我们开始一起讨论一下 3 个顶部组件：实体、获取请求和配置。

## 2.4.1　实体

实体可以被想象成是对一个Swift类声明的Core
Data 模拟。实际上，当读者在应用程序中使用实体
时，基本上可以将其视为一个专门通过 Core Data 来
执行的 Swift 类。读者可以通过使用模型编辑器来定
义实体的属性。每个实体都有一个名字（在本例中
为 Event），该命名必须以大写字母开头。之前在读
者运行 CoreDataApp 时，每次按下"+"按钮，都会
实例化一个新的 Event 并将其存储在应用程序中。

请确保工具窗口是打开的，然后选择 Event 实
体。现在将目光移到工具窗口的检查器上（请确保
已经使用检查器选择栏中的检查器按钮将检查器设
置为可见），请注意，此时检查器窗口是允许读者
对实体各方面的内容进行编辑或修改的（见图2-10）。
关于检查器的详细内容，本书会在后文进行讨论。

当读者选中编辑器窗口列出的数据模型实体中
的一个时，便可通过检查器窗口对这个实体的属性
进行检查。一个实体可以包含的属性的数量没有限
制。一共有 3 种不同类型的属性：特性、关联关系
和获取属性。在模型编辑器中选择实体的属性时，
属性的详细信息将会被显示在检查器窗口中。

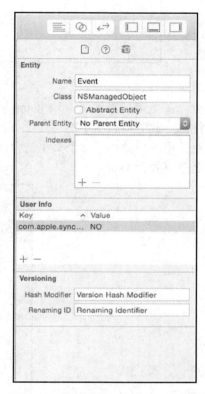

图 2-10　检查器窗口中的 Event 实体

### 1．特性

在创建实体时用到最多的属性类型是特性，特性在 Core Data 实体中有着与 Swift 类
中的实例变量相同的功能：都是用来保存数据的。如果读者查看自己的模型编辑器（或
图 2-10），就会看到 Event 实体有一个名为 timeStamp 的特性。timeStamp 特性保存了创
建给定的 Event 实例时的日期和时间。在目前的应用程序示例中，当读者单击"+"按钮
时，程序会在表中添加新的一行，显示单个 Event 的 timeStamp。

就像实例变量一样，每个特性都有一个类型，有两种方法可以设置特性的类型。当
模型编辑器使用表格显示样式时，读者可以在内容编辑器的 Attributes 表中更改特性的类
型（见图 2-11）。在当前应用程序中，timeStamp 特性被设置为 Date 类型。如果单击 Date
所在的位置，读者将会看到程序弹出一个菜单。该菜单显示了可选的特性类型。在后面

的章节中，读者将构建自己的数据模型，到时，将会看到更多的特性类型。

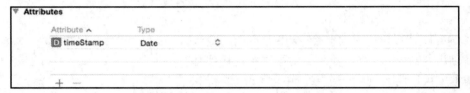

图 2-11　内容编辑器中的 Attributes 表

接下来，请确保 timeStamp 特性处于被选中状态，并查看检查器（见图 2-12）。请注意，此时检查器中的字段中有一个带有弹出按钮的 Attribute Type 字段。单击该字段，将弹出一个菜单。这个菜单包含读者在 Attributes 表中看到过的特性类型。请确保将特性类型设置为 Date。

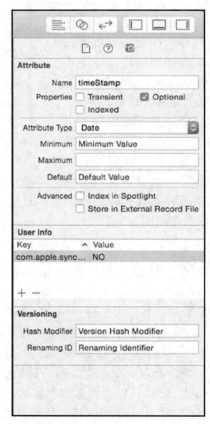

图 2-12　在检查器中显示 timeStamp 特性

一个 Date 特性（如 timeStamp）会对应一个 NSDate 的实例。如果要为 Date 特性设置一个新的值，则需要有相应的 NSDate 实例来执行此操作。

一个 String 特性对应一个 NSString 实例，而大多数数字类型特性对应的是 NSNumber 实例。

**提示：**

不要担心模型编辑器中的其他按钮，如文本字段和复选框。因为，在稍后的几章中，读者将了解每个按钮的具体功能。

### 2．关联关系

顾名思义，关联关系定义了两个不同实体之间如何产生联系。在示例应用程序中，没有为 Event 实体定义任何关系。关于关联关系的具体内容将在第 7 章加以讨论，下面的例子只是为了能够让读者对关联关系的工作原理有一个大概了解。

假设现在读者创建了一个名为 Employee 的实体并希望这个实体可以在数据结构上反映出每个 Employee 的雇主。读者可以在 Employee 实体中包含一个名为 employer 的特性，这个特性将会是一个 NSString 实例，但这样做的效果将是非常有限的。有一种更加灵活的方法是再创建一个实体并起名为 Employer，然后在 Employee 和 Employer 两个实体之间创建关联关系。

关系可以是一对一的，也可以是一对多或多对多的，关系的作用旨在特定的对象之间建立联系。如果读者认为自己的员工没有兼职并且只有一份工作，那么从 Employee 到 Employer 的关系可能是一对一的关系。另一方面，从 Employer 到 Employee 则是一对多的关系，因为一个雇主会雇用许多雇员。

用 Swift 术语来说，一对一关系就像使用实例变量来保存指向另一个 Swift 类的实例的指针，而一对多关系则更像是使用指向集合类的指针，如 NSMutableArray 或 NSSet，它可以包含多个对象。

### 3．获取属性

获取属性类似于一个源自对单个托管对象的查询。例如，现在假设读者将一个 birthdate 的特性添加到 Employee 中，那么读者就可以添加一个名为 sameBirthdate 的获取属性，以便查找与当前 Employee 具有相同出生日期的所有雇员。

与关联关系不同，获取属性不会随对象一起被加载。例如，如果 Employee 与 Employer 有关联关系，则在加载 Employee 实例时，也会加载相应的 Employer 实例；但是加载 Employee 时，系统不会对 sameBirthdate 进行检查，这是一种延迟加载的形式。读者将在

第 7 章了解更多有关获取属性的知识。

## 2.4.2　获取请求

如果说获取操作类似于源自对单个托管对象的查询，那么获取请求更像是实现预制查询的类方法。例如，读者可以构建一个名为 canChangeLightBulb 的获取请求，该获取请求用于返回一个身高约 2m 的雇员列表。这样读者就可以在需要更换灯泡时运行该获取请求。当读者运行这个获取请求时，Core Data 会在持久化存储中进行搜索，以便获取当前能够更换灯泡的员工名单。

读者将在接下来的几章中亲自动手编写一些代码来创建不同的获取请求，而在本章后面的“获取结果控制器”内容中，读者将会看到一个简单的获取请求实例。

## 2.4.3　配置

配置是一组实体，不同的配置可能包含同一个实体。配置用来定义实体与持久化存储的关系。在大多数情况下，除系统提供的默认配置，读者不需要进行其他任何操作。本书不会对配置进行太多深入的介绍。如果读者想了解更多这方面的知识，可以访问 Apple Developer 网站或阅读 *Pro Core Data for iOS* 一书。

# 2.5　数据模型类：NSManagedObjectModel

虽然读者通常不会直接去查看应用程序中的数据模型，但还是应该知道一个事实，那就是在内存中存在着一个用来表示数据模型的类。这个类被称为 NSManagedObjectModel，读者使用的模板会根据读者项目中的数据模型文件自动创建 NSManagedObjectModel 的实例。现在，一起来看看创建这个实例的代码。

在导航器窗口中打开 CoreDataApp 文件夹并单击文件 AppDelegate.m。接下来单击编辑器跳转栏中的最后一个菜单（选中前的菜单应显示为 No Selection），会弹出一个与此类有关的类方法的列表（见图 2-13）。在 Core Data stack 部分选择 managedObjectModel。选中后，程序将会转到基于 CoreDataApp. xcdatamodel 文件创建对象模型的方法。

请读者参照图 2-13 中的操作设置编辑器窗口中的相关内容以查看相应的声明和实现。

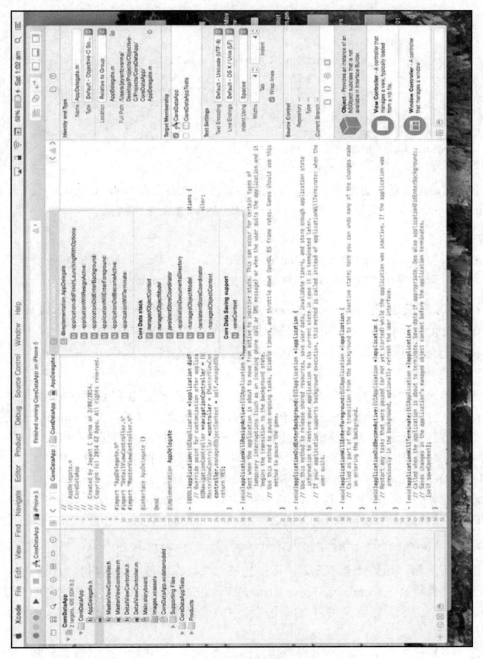

图 2-13　设置编辑器窗口

显示出的方法代码应与下同：

```
lazy var managedObjectModel: NSManagedObjectModel = {
    // The managed object model for the application. This property is not
optional.
    It is a fatal error for the application not to be able to find and load
its model.
    let modelURL = NSBundle.mainBundle().URLForResource("CoreDataApp",
    withExtension: "momd")
    return NSManagedObjectModel(contentsOfURL: modelURL)
}()
```

使用 Swift 的延迟初始化功能，只在有需要时创建类型为 NSManagedObjectModel 的 managedObjectModel 变量。该变量在第一次被调用时才会被实例化。

💭提示：

数据模型类之所以被称为 NSManagedObjectModel，其原因正如读者将会在本章稍后的内容中看到的那样，Core Data 中的数据实例会被称为 managed objects。

在使用模板创建 managedObjectModel 时，该模板还会通过以下代码将名为 CoreDataApp.momd 的数据模型的内容设置为 modelObject 的默认值：

```
Let modeURL = NSBundle.mainBundle().URLForResource("CoreDataApp",
with Extension: "momd")
```

还记得之前我们讨论过的有关持久存储与单个数据模型相关联的内容吗？那些内容没有问题，但还不够全面。除之前谈到的内容，其实读者可以将多个.xcdatamodel 文件组合在一起放到一个单独的 NSManagedObjectModel 实例中，从而创建一个包含了来自多个文件的所有实体的单个数据模型。如果读者计划拥有多个模型，可以使用 NSManagedObjectModel 的 mergedModelFromBundles 类方法。

此功能将获取存在于读者的 Xcode 项目中的所有.xcdatamodel 文件，并将这些文件组合到的一个 NSManagedObjectModel 实例中：

```
return NSManagedObjectModel.mergedModelFromBundles(nil)
```

因此，例如，如果读者用此方法再创建第二个数据模型文件并将其添加到项目中，则这个新文件将会与 CoreDataApp.xcdatamodel 合并为一个包含两个文件内容的托管对象模型。有了此方法，读者就可以将应用程序中的数据模型拆分为多个更小、更易于管理的文件。

绝大多数使用 Core Data 的 iOS 应用程序都会包含一个单独的持久性存储和一个单独

的数据模型，因此默认模板中的代码在大多数情况下都可以很好地工作。也就是说，Core Data 确实支持对多持久化存储进行操作。例如，读者可以对应用程序进行设计，使程序中的一些分数据存储在 SQLite 持久化存储中，而另一些数据则存储在二进制平面文件中。当读者需要一次调用多个数据模型时，只需要将此处的模板代码进行更改，以便可以使用 mergedModelFromBundles 分别加载托管对象模型。

## 2.6　持久化存储与持久化存储协调器

持久化存储（有时又称为后备存储）是 Core Data 用来存储其数据的地方。默认情况下，在 iOS 设备上，Core Data 会使用一个存在于用户应用程序的 Documents 文件夹中的 SQLite 数据库作为其持久化存储。而且，读者只需要通过对某一行代码进行简单的修改，就可以在不影响其他大部分代码的情况下改变默认的持久化存储。读者将会很快在本书接下来的内容中看到这行代码以及相应的修改操作。

注意：

在将应用程序发布到 App Store 以后，请勿更改持久化存储的类型。如果出于某些原因而不得不这么做，那么，就需要编写代码以便将数据从旧的持久化存储迁移到新的持久化存储中，否则应用程序的用户将丢失所有数据——这永远都会令他们感到不满。

每个持久化存储都会与一个单独的数据模型相关联，该模型用于定义持久化存储可以存储的数据类型。

持久化存储实际上并不是通过 Swift 类来表示的。相反，一个名为 NSPersistentStoreCoordinator 的类控制着对持久性存储的访问。本质上，NSPersistentStoreCoordinator 类会接受所有来自不同的类的调用，这些调用的目的是触发对持久存储的读取或写入，NSPersistentStoreCoordinator 类将这些调用序列化，以便同一个文件在同一时间内不会发生多次被调用的情况。否则，可能会因为文件或数据库被锁死而导致问题。

与托管对象模型的情况一样，模板为读者提供了一个程序委托类中的方法，该方法可以创建并返回一个持久化存储协调器的实例。除创建存储并将其与数据模型和磁盘上的相应位置进行关联（模板中自带的代码已经为读者完成了这一切工作）外，读者本人很少需要直接对持久化存储协调器进行操作。使用高级 Core Data 调用方法，Core Data 将能够与持久化存储协调器交互以检索或保存数据。

现在，一起来看一看返回持久化存储协调器实例的方法。在 AppDelegate.swift 中，从功能弹出菜单中选择 persistentStoreCoordinator。以下便是这个方法的具体代码：

```
lazy var persistentStoreCoordinator: NSPersistentStoreCoordinator? = {
    // The persistent store coordinator for the application. This
implementation creates and return a coordinator, having added the store
for the application to it. This property is optional since there are
legitimate error conditions that could cause the creation of the store to
fail.
    // Create the coordinator and store
    var coordinator: NSPersistentStoreCoordinator? = NSPersistentStore
Coordinator (managedObjectModel: self.managedObjectModel)
    let url=self.applicationDocumentsDirectory.URLByAppendingPathComponent
("CoreDataApp.sqlite")
    var error: NSError? = nil
    var failureReason = "There was an error creating or loading the
application's saved data."

    if coordinator!.addPersistentStoreWithType(NSSQLiteStoreType,
                                    configuration: nil,
                                            URL: url,
                                        options: nil,
                                          error: &error) == nil {
        coordinator = nil
        // Report any error we got.
        let dict = NSMutableDictionary()
        dict[NSLocalizedDescriptionKey] = "Failed to initialize the
application's saved data"
        dict[NSLocalizedFailureReasonErrorKey] = failureReason
        dict[NSUnderlyingErrorKey] = error
        error = NSError.errorWithDomain("YOUR_ERROR_DOMAIN", code: 9999,
userInfo: dict)
        // Replace this with code to handle the error appropriately.
        // abort() causes the application to generate a crash log and terminate.
You should not use this function in a shipping application, although it
may be useful during development.
        NSLog("Unresolved error \(error), \(error!.userInfo)")
        abort()
    }

    return coordinator
}()
```

与托管对象模型一样，persistentStoreCoordinator 访问方法使用了延迟加载，也就是直到第一次访问时才会实例化这个持久化存储协调器。它以关键字 lazy 为前缀。然后，这一方法会在应用程序沙箱中建立一个与 Documents 目录中名为 CoreDataApp.sqlite 的文件相关联的路径。模板将会始终根据项目名称创建文件名。如果读者想给文件使用其他名称，可以在此段代码处进行更改，一般来讲，读者可以给文件起任何名字，因为不管怎样用户永远不会看到。

**注意：**

如果读者一定要更改文件名，那么请确保在将应用程序发布到 App Store 前进行操作，否则这样的更新将导致用户丢失所有原有的数据。

现在，来看一看下面这段代码：

```
if coordinator!.addPersistentStoreWithType(NSSQLiteStoreType,
                              configuration: nil,
                                        URL: url,
                                    options: nil,
                                      error: &error) == nil {
```

此方法的第一个参数 NSSQLiteStoreType 确定了持久化存储的类型。NSSQLiteStoreType 是一个常量，它告诉 Core Data 将 SQLite 数据库用于其持久化存储。如果读者希望自己的应用程序使用单个二进制平面文件而不是 SQLite 数据库，则可以使用常量 NSBinaryStoreType 而不是 NSSQLiteStoreType。绝大多数情况下，方法中的具体设置使用默认值是最佳的选择，因此，除非读者有非常充分的理由要对默认设置进行修改，否则，请保持原设置就好。

**提示：**

Core Data 在 iOS 设备上支持的第 3 种持久存储称为内存存储。此选项的主要用途是创建缓存机制，将数据存储在内存中而不是数据库或二进制文件中。要使用内存存储，请将存储类型指定为 NSInMemoryStoreType。

## 2.7　数据模型知识回顾

在开始学习 Core Data 的其他知识之前，先来一起快速回顾一下到目前为止已经讲过的内容，以及这些内容是如何组合在一起的。这可能需要参考图 2-7。

持久化存储（或后备存储）是 iOS 设备上文件系统中的一个文件，这个文件可以是一个 SQLite 数据库文件或是一个二进制平面文件。数据模型文件包含在一个或多个以.xcdatamodel 为扩展名的文件中，描述应用程序的数据结构。该文件可以在 Xcode 中进行编辑。数据模型告诉持久化存储协调器存储在该持久化存储中的所有数据的格式。持久化存储协调器可以被其他需要进行保存、检索或搜索数据的 Core Data 类来使用。清楚了吗？是不是很容易？现在来继续阅读接下来的内容吧。

## 2.8　托　管　对　象

实体定义了数据的结构，但实体实际上并不包含任何数据。数据的实例被称为托管对象。读者在 Core Data 中使用的实体中的每个实例都将是一个 NSManagedObject 类的实例或者是 NSManagedObject 的一个子类。

## 2.9　键　值　编　码

NSDictionary 类允许读者在一个数据结构中存储对象，并使用唯一键值对对象进行检索。与 NSDictionary 类相似，NSManagedObject 也支持用键值方法 valueForKey 和 setValue(_:forKey :)来设置和检索属性值。另外，NSDictionary 类还能通过一些方法来对关系进行处理。例如，读者可以检索表示特定关系的 NSMutableSet 实例。将托管对象添加到这个可变集中或者删除这个可变集中的托管对象都将会在其所代表的关系中进行同样的添加或删除对象操作。

如果 NSDictionary 类对读者来说是一个全新的内容，那么请花几分钟时间启动 Xcode 并在文档查看器中阅读有关 NSDictionary 的内容。其中最值得关注的重要概念就是键值编码（KVC）。Core Data 使用 KVC 来存储和检索其托管对象的数据。

在模板应用程序中，有一个用来表示单个事件的 NSManagedObject 实例。读者可以通过调用 valueForKey 来检索、存储其在 timeStamp 特性中的值，如下所示：

```
var timestamp = managedObject.valueForKey("timeStamp") as NSDate
```

由于 timeStamp 是 Date 类型的特性，因此读者可以知道 valueForKey:返回的对象将是一个 NSDate 实例。该函数其实返回的是 AnyObject 类型！为了将其转换为特定类型，读者需要指定一个类型，同样，可以使用 setValue(_:forKey :)来设置特性的值。以下代码将 managedObject 的 timeStamp 特性的值设置为当前的日期和时间：

```
managedObject.setValue(NSDate(), forKey:"timeStamp")
```

KVC 还包括一个叫作 keypath 的概念。它允许读者使用单个字符串通过对象层次结构进行数据迭代。举一个例子，如果读者的 Employee 实体上有一个名为 whereIWork 的关系，该关系指向了一个名为 Employer 的实体，而 Employer 实体中有一个名为 name 的特性，那么读者就可以像下面这行示例一样使用 keypath，以便从 Employee 实例中获取存储在 name 中的值。

```
var employerString = managedObject.valueForKeyPath("WhereIWork.name") as
String
```

请读者注意，这里使用的是 valueForKeyPath 而不是 valueForKey，并且还需要以 "." 来分割为 keypath 提供的值。KVC 使用 "." 来分割该字符串，因此，在这个例子中，KVC 会将其分割为两个独立的值：whereIWork 和 name。KVC 将第一个部分（whereIWork）作为其本身的键名称并检索与该键对应的对象。然后根据 keypath 第二部分的值（name），从前一个调用返回的对象中检索存储在该键下的对象。由于 Employer 是一对一的关系，所以 keypath 的第一部分将返回一个代表 Employee 雇主的托管对象实例。然后，keypath 的第二部分将被用来从代表雇主的托管对象中检索其名称。

🔖 提示：

如果读者已经在 Cocoa 中使用过绑定，那么很可能已经对 KVC 和 keypath 十分熟悉了；如果没有使用过，也不要担心，因为很快它们将成为读者的第二本能。keypath 本身对用户来说是非常直观的。

## 2.10　管理对象上下文

Core Data 中维护着一个对象，该对象充当读者程序中的实体与 Core Data 其他部分之间的门户。这个门户被称为 "管理对象上下文"（通常被称为 "上下文"）。上下文维护着已被读者加载或创建的所有管理对象的状态。上下文还会一直追踪自上一次保存或加载管理对象以后发生的变更。例如，当读者需要加载或搜索对象时，可以针对上下文来进行此操作。如果读者要将更改提交到持久化存储，就保存上下文；如果要撤销对管理对象的更改，则只需要让管理对象上下文撤销操作即可（是的，这样甚至可以处理数据模型实现撤销和重做所需要进行的工作）。

构建 iOS 应用程序时，绝大多数情况下只有一个上下文。但是，iOS 也可以轻松实现多个上下文。读者可以创建嵌套的管理对象上下文，其中上下文的父对象存储是另一个管理对象上下文，而不是持久化存储协调器。

在这种情况下，获取和保存操作都是由父上下文而不是协调器来协调。读者可以想象出许多使用这种方法的场景，其中包括在第二个线程或队列上执行后台操作，以及从检查器窗口或视图管理可废止编辑。需要注意的是，嵌套上下文使得采用"传递接力棒"方法访问上下文（通过将上下文从一个视图控制器传递到下一个）而不是直接从应用程序委托中检索变得比以往任何时候都更加重要。

因为每个应用程序至少需要一个管理对象上下文才能运行，所以 Swift 同样非常友好地为读者提供了一个模板。再次单击 AppDelegate.swift，然后从编辑器跳转栏的功能菜单中选择 managedObjectContext。读者就会看到一个方法，如下所示：

```
lazy var managedObjectContext: NSManagedObjectContext? = {
    // Returns the managed object context for the application (which is
already bound to the persistent store coordinator for the application.)
This property is optional since there are legitimate error conditions that
could cause the creation of the context to fail.
    let coordinator = self.persistentStoreCoordinator
    if !coordinator {
        return nil
    }
    var managedObjectContext = NSManagedObjectContext()
    managedObjectContext.persistentStoreCoordinator = coordinator
    return managedObjectContext
}()
```

这种方法非常简单。在使用延迟加载下，此方法首先会获取 persistantStoreCoordinator，如果当前的 persistantStoreCoordinator 不存在则返回 nil。接下来，该方法会创建一个新的 managedObjectContext，然后将 persistentStoreCoordinator 设置为绑定当前的协调器到 managedObjectContext。在完成这一切后，返回 managedObjectContext。

✎提示：

管理对象上下文不能直接作用于持久化存储，需要通过持久化存储协调器。因此，读者需要为每个管理对象上下文提供指向持久化存储协调器的指针才能使其运行。不过，多个管理对象上下文可以针对同一个持久化存储协调器工作。

## 2.11　终　止　保　存

当读者在应用程序委托窗口中时，向上滚动选项可以看到另一个名为 applicationWillTerminate 的方法，该方法可以将发生的任何更改保存到上下文。这些更改将会被保存到持久化存储中。就像这个方法本身的名字一样，此方法在应用程序退出之前的一刻才会被调用。

```
func applicationWillTerminate(application: UIApplication!) {
    // Called when the application is about to terminate. Save data if
appropriate.
    See also applicationDidEnterBackground:.
    // Saves changes in the application's managed object context before the
application terminates.
    self.saveContext()
}
```

这是一个很好的功能，但有时读者可能不希望那些数据被保存。例如，如果用户退出的时间点是在刚刚创建了新的实体而且还没有为该实体输入任何数据时，那该怎么办？在这种情况下，用户真的想将该空托管对象保存到持久性存储中吗？可能并不是。读者将在接下来的几章中看到类似情况的处理方法。

## 2.12　从持久性存储中加载数据

运行先前构建的 Core Data 应用程序，然后按几次"+"（Add）按钮（见图 2-6）。退出模拟器，然后再次运行该应用程序。此时读者会发现，之前那次运行的时间戳已保存到持久性存储中，并被重新加载到此次运行中。

单击 MasterViewController.swift，读者可以看清这一切是如何发生的。正如读者可以从文件名猜到的那样，MasterViewController 是视图控制器类，充当着应用程序的主视图控制器。这也是读者看到的图 2-6 中所展示的界面视图的视图控制器。

单击文件名后，读者可以使用编辑器跳转栏的功能菜单来查找 viewDidLoad 方法，尽管该方法可能已经出现在读者的屏幕上了，因为这个方法是该类中的第一个方法。该方法的默认实现代码如下：

```
override func viewDidLoad() {
    super.viewDidLoad()
    // Do any additional setup after loading the view, typically from a nib.
    self.navigationItem.leftBarButtonItem = self.editButtonItem()

    let addButton = UIBarButtonItem(barButtonSystemItem: .Add,
                                    target: self,
                                    action: "insertNewObject:")
```

```
    self.navigationItem.rightBarButtonItem = addButton
}
```

该方法所做的第一件事是调用 super。接下来，该方法将创建 Edit 和 Add 两个按钮。请注意，MasterViewController 继承自 UITableViewController，UITableViewController 继承自 UIViewController。UIViewController 提供了一个名为 editButtonItem 的函数，该函数会返回一个 UIBarButtonItem 类型的 Edit 按钮。通过使用该函数，读者可以检索 editButtonItem 并将其包含的值传递给 navigationItem 属性的 leftBarButtonItem 属性。现在，Edit 按钮是导航栏中左边的那个按钮。

现在让我们一起把注意力放到 Add 按钮这里。由于 UIViewController 不提供 Add 按钮，因此读者需要使用 UIBarButtonItem 从头创建一个，然后将其添加为导航栏中右边的那个按键。这里的代码相当简单：

```
let addButton = UIBarButtonItem(barButtonSystemItem: .Add,
                                target: self,
                                action: "insertNewObject:")
self.navigationItem.rightBarButtonItem = addButton
```

在完成了基础的用户界面建立后，是时候看一下获取结果控制器的工作原理了。

## 2.13  获取结果控制器

从概念上讲，获取结果控制器与读者在 iOS SDK 中看到的其他通用控制器不太一样。如果读者已经使用过了 Cocoa 绑定和 Mac 上可用的通用控制器类，如 NSArrayController，那么一定已经熟悉了相关的基本概念。如果读者不熟悉那些通用控制器类，那么可能就需要多一些解释了。

iOS SDK 中的大多数通用控制器类（如 UINavigationController、UITableViewController 和 UIViewController）都设计为充当特定类型视图的控制器。但是，视图控制器并不是 Cocoa Touch 提供的唯一类型的控制器类，尽管它们是最常见的。NSFetchedResultsController 这个类就是一个非视图控制器的控制器类。

NSFetchedResultsController 旨在处理一个特定的作业，即管理从 Core Data 获取请求返回的对象。NSFetchedResultsController 使得从 Core Data 显示数据比原本更容易，因为这个控制器可以自动为读者处理大量任务。例如，这个控制器可以在收到低内存警告时从内存中清除任何不需要的对象，并在需要时重新进行加载。如果为获取结果控制器指定了委托，那么当与其相关的底层数据发生某些改变时，便会通知这个委托。

## 2.13.1　创建一个获取结果控制器

首先创建一个获取请求，然后使用该获取请求创建一个获取结果控制器。在模板中，这是通过 MasterViewController.swift 里面的 fetchedResultsController 方法来完成的。fetchedResultsController 以查看是否已存在可用的实例化_fetchedResultsController 开始，如果存在则将其返回，如果不存在（解析为 nil），则开始创建新的获取请求。获取请求基本上是一个固定格式，用于列出要获取的数据的详细信息。读者需要告诉获取请求要获取的实体。此外，读者可能还希望向获取请求添加排序描述符。排序描述符用来确定数据的组织顺序。

一旦定义了获取请求，就会创建获取结果控制器。获取的结果控制器是 NSFetchedResultsController 类的实例。请记住，获取结果控制器通过使用获取请求来保持与其关联的数据尽可能是最新的。

创建获取结果控制器后，即可进行初始提取。读者可以通过在 MasterViewController.swift 中的 fetchedResultsController 末尾处调用 performFetch 函数来执行此操作。

现在读者手头已经拥有了一些数据，这意味着读者可以使用这些数据编写自己表视图的数据源和委托。当表视图需要知道表的分区数时，一般会调用 numberOfSectionsInTableView。但读者可以通过调用 fetchResultsController 的 sections.count 来获取分区信息。以下便是使用 MasterViewController.swift 的具体代码：

```
override func numberOfSectionsInTableView(tableView: UITableView) -> Int {
    return self.fetchedResultsController.sections.count
}
```

相同的方法也适用于读者对函数 tableView 进行覆盖：

```
override func tableView(tableView: UITableView, numberOfRowsInSection
section: Int) -> Int
    { let sectionInfo = self.fetchedResultsController.sections[section] as
    NSFetchedResultsSectionInfo
    return sectionInfo.numberOfObjects
}
```

以前，读者需要自己完成所有这些工作；而现在，可以通过获取结果控制器来执行所有的数据管理。这为读者节省了大量宝贵的时间。

现在让我们一起细致地观察一下获取结果控制器的创建过程。在 MasterViewController.swift 中使用功能菜单找到方法-fetchedResultsController。具体代码如下：

```
var fetchedResultsController: NSFetchedResultsController {
```

```swift
    if _fetchedResultsController != nil {
        return _fetchedResultsController!
    }

    let fetchRequest = NSFetchRequest()
    // Edit the entity name as appropriate.
    let entity = NSEntityDescription.entityForName("Event",
                    inManagedObjectContext: self.managedObjectContext)
    fetchRequest.entity = entity

    // Set the batch size to a suitable number.
    fetchRequest.fetchBatchSize = 20

    // Edit the sort key as appropriate.
    let sortDescriptor = NSSortDescriptor(key: "timeStamp", ascending:
false)
    let sortDescriptors = [sortDescriptor]

    fetchRequest.sortDescriptors = [sortDescriptor]

    // Edit the section name key path and cache name if appropriate.
    // nil for section name key path means "no sections".
    let aFetchedResultsController = NSFetchedResultsController(
                        fetchRequest: fetchRequest,
                managedObjectContext: self.managedObjectContext,
                    sectionNameKeyPath: nil,
                            cacheName: "Master")
    aFetchedResultsController.delegate = self
    _fetchedResultsController = aFetchedResultsController

    var error: NSError? = nil
    if !_fetchedResultsController!.performFetch(&error) {
        // Replace this implementation with code to handle the error
appropriately.
        // abort() causes the application to generate a crash log and
terminate. You should not use this function in a shipping application,
although it may be useful during development.
        //println("Unresolved error \(error), \(error.userInfo)")
        abort()
    }

    return _fetchedResultsController!
}
```

正如前面讨论过的一样，此方法使用了延迟加载。该方法做的第一件事是检查 _fetchedResultsController 是否存在，即非 nil。如果 _fetchedResultsController 已经存在，则返回 _fetchedResultsController；否则，将启动创建新的 fetchedResultsController 的进程。

作为第一步，读者需要创建 NSFetchRequest 和 NSEntityDescription，然后将 NSEntityDescription 附加到 NSFetchRequest 中。

```
let fetchRequest = NSFetchRequest()
// Edit the entity name as appropriate.
let entity = NSEntityDescription.entityForName("Event",
                    inManagedObjectContext: self.managedObjectContext)
fetchRequest.entity = entity
```

请记住，目前正在构建的是一个获取结果控制器，并且其中还包含了获取请求。接下来，将批处理大小设置为 20。意思是告诉 Core Data 该获取请求一次可以检索 20 个结果。这有点像文件系统中的区大小。

```
// Set the batch size to a suitable number.
fetchRequest.fetchBatchSize = 20
```

接下来，构建一个 NSSortDescriptor 并为其指定使用 timeStamp 作为键，按降序对 timeStamp 进行排序（日期越早排序越靠右）。

```
// Edit the sort key as appropriate.se
let sortDescriptor = NSSortDescriptor(key: "timeStamp", ascending: false)

let sortDescriptors = [sortDescriptor]

fetchRequest.sortDescriptors = [sortDescriptor]
```

亲自动手尝试一下这样一个操作：将 ascending:false 更改为 ascending:true，并再次运行应用程序。猜猜看会发生什么？当然，运行完成后别忘了改回来。

提示：

如果需要将某个获取请求限定为某个持久化存储中的管理对象的子集，请使用谓词。默认模板中不会出现谓词，但读者将会在接下来的几章中使用到它们。

现在，读者通过使用获取请求和上下文创建了 NSFetchedResultsController。读者还将在第 3 章中学习第 3 个、第 4 个参数，分别是 sectionNameKeyPath 和 cacheName。

```
// Edit the section name key path and cache name if appropriate.
// nil for section name key path means "no sections".
    let aFetchedResultsController = NSFetchedResultsController(
```

```
                              fetchRequest: fetchRequest,
             managedObjectContext: self.managedObjectContext,
                   sectionNameKeyPath: nil,
                          cacheName: "Master")
```

接下来，将 self 设置为委托，并且将 fetchedResultsController 设置成刚刚创建的获取结果控制器。

```
aFetchedResultsController.delegate = self
_fetchedResultsController = aFetchedResultsController
```

最后，执行这个 fetch，如果没有产生任何错误的话，则会将结果分配给私有实例变量 _fetchedResultsController 并返回结果。

```
var error: NSError? = nil
if !_fetchedResultsController!.performFetch(&error) {
    // Replace this implementation with code to handle the error
appropriately.
    // abort() causes the application to generate a crash log and terminate.
You should not use this function in a shipping application, although it
may be useful during development.
    //println("Unresolved error \(error), \(error.userInfo)")
    abort()
}

return _fetchedResultsController!
```

现在不要过于关注这里的细节，试着先对整体情况有个了解，接下来的几章将会对细节问题进行讨论。

## 2.13.2　获取结果控制器委托方法

获取结果控制器必须具有一个委托，并且该委托必须包含以下 4 种方法。NSFetchedResultsControllerDelegate 协议对这 4 种方法进行了定义。获取结果控制器监控着其托管对象上下文，并在托管对象上下文中的内容发生改变时调用这个委托。

### 1. 委托方法 Will Change Content

当获取结果控制器观察到一个对其产生影响的变化（例如一个被其管理的对象被删除或被修改，又或者一个符合获取结果控制器获取请求条件的新对象被插入）时，获取结果控制器将在这些变化实际发生之前通知其委托，使用的方法就是 controllerWillChangeContent。

在绝大多数情况下，获取结果控制器都将与表视图配合一起使用，而读者使用该委托方法所需要达到的目的就是通知表视图：即将要进行的更新可能会影响其显示的内容。
以下代码就是确保达到这一目的方法：

```
func controllerWillChangeContent(controller: NSFetchedResultsController) {
    self.tableView.beginUpdates()
}
```

### 2. 委托方法 Did Change Contents

在获取结果控制器进行相应的更改后，控制器将使用方法 controllerDidChangeContent
通知其委托。到那时，如果读者正在使用表视图（几乎可以肯定会是这样），则需要告
诉表视图哪个曾经通过 controllerWillChangeContent 告知的更新已经完成。这一动作可以
通过以下代码处理：

```
func controllerDidChangeContent(controller: NSFetchedResultsController) {
    self.tableView.endUpdates()
}
```

### 3. 委托方法 Did Change Object

当获取结果控制器注意到特定对象发生的更改时，将会使用方法 controller
(_:didChangeObject:atIndexPath:forChangeType:newIndexPath:)通知其委托。读者可以在此
方法中处理表视图的更新、插入、删除或移动行，以便在表视图中反映出对获取结果控
制器所管理的对象所做的任何更改。以下是该委托方法的实现模板，这些代码将会负责
为读者更新表视图：

```
func controller(controller: NSFetchedResultsController, didChangeObject
anObject: AnyObject, atIndexPath indexPath: NSIndexPath, forChangeType
type: NSFetchedResults ChangeType, newIndexPath: NSIndexPath) {
    switch type {
        case .Insert:
            tableView.insertRowsAtIndexPaths([newIndexPath],
                                    withRowAnimation: .Fade)
        case .Delete:
            tableView.deleteRowsAtIndexPaths([indexPath],
                                    withRowAnimation: .Fade)
        case .Update:
            self.configureCell(tableView.cellForRowAtIndexPath(indexPath),
                                    atIndexPath: indexPath)
        case .Move:
            tableView.deleteRowsAtIndexPaths([indexPath],
                                    withRowAnimation: .Fade)
            tableView.insertRowsAtIndexPaths([newIndexPath],
```

```
                             withRowAnimation: .Fade)
        default:
            return
    }
}
```

以上这些代码大部分都相当直观。如果新的一行已被插入，委托会收到 NSFetchedResultsChangeTypes 包含的类型之一.Insert，这个类型以代码.Insert 来使用（Swift 允许在没有使用整个类型及其成员的情况下对枚举到的成员进行访问），通过使用该类型在表中插入新的一行。如果是删除一行，委托会收到.Delete 类型，并删除表中的相应行。当委托获得.Update 类型时，这意味着对象已被更改，代码调用 configureCell 以确保读者正在查看正确的数据。如果收到类型的.Move，则表示已移动了一行，因此数据将其从旧位置删除并将其插入 newIndexPath 指定的位置。

### 4．委托方法 Did Change Section

最后，如果对对象的更改影响了表中的分区数，则获取结果控制器将调用委托方法 controller(_:didChangeSection:atIndex:forChangeType:)。如果在创建获取结果控制器时指定了 sectionNameKeyPath，则需要实现此委托方法以根据需要从表中进行添加和删除分区。如果不这样做，当表中的分区数与获取结果控制器中的分区数不匹配时，运行会出现错误。以下是该委托方法的标准实现模板，该模板适用于实际开发中的大多数情况：

```
func controller(controller: NSFetchedResultsController,
        didChangeSection sectionInfo: NSFetchedResultsSectionInfo,
        atIndex sectionIndex: Int,
        forChangeType type: NSFetchedResultsChangeType) {
  switch type {
    case .Insert:
        self.tableView.insertSections(NSIndexSet(index: sectionIndex),
                                      withRowAnimation: .Fade)
    case .Delete:
        self.tableView.deleteSections(NSIndexSet(index: sectionIndex),
                                      withRowAnimation: .Fade)
    default:
        return
    }
}
```

使用这 4 种委托方法，当读者添加新的托管对象时，获取结果控制器将检测到该对象，同时表视图将会自动更新。如果删除或更改对象，控制器也同样会检测到。任何影响获取结果控制器的更改都将自动触发对表视图相应的更新，包括正确处理动画过程。这意味着每次进行可能影响数据集的更改时，都不需要通过调用 reloadData 来废弃掉原来的代码。

## 2.13.3　从获取结果控制器中检索托管对象

读者现在使用的表视图委托方法已经变得更短更直接，因为获取结果控制器完成了大部分以前需要读者在这些方法中所做的大部分工作。例如，当要检索对应于某一特定单元格的对象时，以前通常需要在 tableView(_:cellForRowAtIndexPath:) 和 tableView(_:didSelectRowAtIndexPath:) 中执行，但现在读者可以在获取结果控制器上调用函数 objectAtIndexPath 并将结果传入 indexPath 参数，这样就能返回正确的对象。

```
let object = self.fetchedResultsController.objectAtIndexPath(indexPath)
as NSManagedObject
```

## 2.13.4　创建和插入新的托管对象

从编辑器窗口的功能菜单中选择 insertNewObject，之前创建示例应用程序时通过按"+"按钮时调用的方法，现在通过这个简单的例子，读者将会很好地了解如何创建新的托管对象，并将其插入托管对象上下文，然后保存到持久化存储中。

```
func insertNewObject(sender:AnyObject){
    let context = self.fetchedResultsController.managedObjectContext
    let entity = self.fetchedResultsController.fetchRequest.entity
    let newManagedObject = NSEntityDescription.insertNewObjectForEntity
ForName(entity.name, inManagedObjectContext: context) as NSManagedObject
    // If appropriate, configure the new managed object
    // Normally you should use accessor methods, but using KVC here avoids
the need to add a custom class to the template.
    newManagedObject.setValue(NSDate.date(), forKey: "timeStamp")

    // Save the context
    var error: NSError? = nil
    if !context.save(&error) {
        // Replace this implementation with code to handle the error
appropriately.
        // abort() causes the application to generate a cash log and terminate.
You should not use this function in a shipping application, although it
may be useful during development.
```

```
    // println("Unresolved error \(error), \(error.userInfo)")
    abort()
  }
}
```

请注意，这些代码所做的第一件事是从获取结果控制器中检索托管对象上下文。在这个只有一个上下文的简单示例中，读者还可以从应用程序委托中检索相同的上下文。默认代码使用获取结果控制器中的上下文有几个原因。首先，读者已经有一个返回获取结果控制器的方法，因此读者只需一行代码即可访问上下文。

```
let context = self.fetchedResultsController.managedObjectContext
```

但更重要的是，获取结果控制器始终知道其托管对象包含在哪个上下文中，因此如果读者决定创建一个具有多个上下文的应用程序，也可以确保使用正确的上下文，即使是读者从获取结果控制器中将其分离出来。

正如读者在创建获取请求时所做的那样，在插入新对象时，需要创建实体描述以告知 Core Data 所要创建实体的类型。获取结果控制器也知道其管理的对象是什么实体，因此读者可以向其询问该信息。

```
let entity = self.fetchedResultsController.fetchRequest.entity
```

然后，只需要简单地在 NSEntityDescription 上使用类方法来创建新对象并将其插入上下文中即可。

```
let newManagedObject = NSEntityDescription.insertNewObjectForEntity
                       ForName(entity.name, inManagedObjectContext:
                       context) as NSManagedObject
```

在 NSEntityDescription 上使用类方法而不是在要插入新对象的上下文中使用实例方法，似乎有点奇怪，但这确实就是达到目的的方式。

虽然此托管对象现已被插入上下文中，但其仍存在于持久化存储中。若要从持久化存储中插入，就必须保存上下文，这就是此方法接下来发生的事情：

```
// Save the context
var error: NSError? = nil
if !context.save(&error) {
    // Replace this implementation with code to handle the error
appropriately.
    // abort() causes the application to generate a cash log and terminate.
You should not use this function in a shipping application, although it
may be useful during development.
    // println("Unresolved error \(error), \(error.userInfo)")
```

```
    abort()
}
```

正如注释中所说，读者需要十分小心、恰当地处理错误，而不是简单地调用 abort。本书将在随后的章节中对这些内容进行更多介绍。另外，还请注意，读者不要在表视图上调用 reloadData。因为获取结果控制器将意识到读者已插入符合其条件的新对象，并将调用委托方法，该方法将自动重新加载表。

## 2.13.5　删除托管对象

使用获取结果控制器删除托管对象非常简单。使用功能菜单导航到名为 tableView(_:commitEditingStyle:forRowAt IndexPath:)的方法。该方法代码如下所示：

```
Override func tableView(tableView: UITableView, commitEditingStyle:
UITableViewCellEditingStyle, forRowAtIndex indexPath: NSIndexPath){
    if editingStyle == .Delete {
        let context = self.fetchedResultsControlled.managedObjectContext
        context.deleteObject(self.fetchedResultController.objectAtIndex
Path(indexPath) as NSManagedObject)

        var error: NSError? = nil
        if !context.save(&error) {
            // Replace this implementation with code to handle the error
appropriately.
            // abort() causes the application to generate a cash log and
terminate. You should not use this function in a shipping application,
although it may be useful during development.
            // println("Unresolved error \(error), \(error.userInfo)")
            abort()
        }
    }
}
```

首先，该方法需要确保读者处于负责删除事务的代码中（别忘了，同样的方法可用于删除和插入）：

```
if editingStyle == .Delete {
```

接下来，检索上下文：

```
let context = self.fetchedResultsControlled.managedObjectContext
```

然后要求上下文删除该对象：

```
context.deleteObject(self.fetchedResultController.objectAtIndexPath
(indexPath) as NSManagedObject)
```

最后是托管对象上下文的保存，即调用方法，以使该更改提交到持久化存储中：

```
var error: NSError? = nil
if !context.save(&error) {
  // Replace this implementation with code to handle the error appropriately.
  // abort() causes the application to generate a cash log and terminate.
You should not use this function in a shipping application, although it
may be useful during development.
  // println("Unresolved error \(error), \(error.userInfo)")
  abort()
}
```

正如前文讨论过的那样，不要随意调用 abort 方法。以上就是删除托管对象的全部内容。

## 2.14　本　章　小　结

到此，读者应该对使用 Core Data 的基础知识有了一定的掌握。读者已经了解了 Core Data 应用程序的结构体系以及使用实体和属性的流程，也已经了解了应用程序委托如何创建持久化存储、托管对象模型和托管对象上下文。读者还学习了如何使用数据模型编辑器构建可在程序中用于创建托管对象的实体，以及如何从持久化存储中检索、插入和删除数据。

理论知识已经非常多了！接下来让我们开始实际构建一些 Core Data 应用程序如何？

# 第3章 "超级开始"：添加、显示与删除数据

如果读者没有被第 2 章的内容吓跑，那么证明你已经准备好继续深入学习并做过一些超越第 2 章中所探讨的那些基本模板的练习了。

在本章中，读者将创建一个旨在跟踪某些超级英雄数据的应用程序。该应用程序将从 Master-Detail Application 模板开始，但读者需要对其进行大量更改。读者将会使用模型编辑器设计自己的超级英雄实体，然后创建一个从 UIViewController 派生的新控制器类，该控制器允许读者进行添加、显示和删除各超级英雄的数据。在第 4 章中，读者将进一步扩展这个应用程序并添加代码，以允许用户编辑其个人的超级英雄数据。

读者可以通过图 3-1 来了解应用程序运行时的外观。这看起来很像是一个标准模板应用程序，其主要区别在于应用程序核心的实体以及屏幕底部的标签栏。现在，一起来开始真正的工作吧。

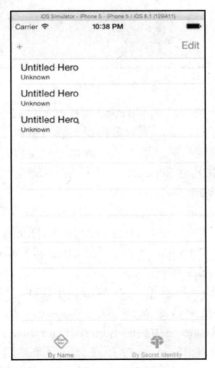

图 3-1　SuperDB 应用程序

在读者完成了本章内容的学习后便能制作出与图 3-1 一样的 SuperDB 应用程序。

## 3.1　设置 Xcode 项目

是时候亲自动手了。如果 Xcode 未在启动时直接打开项目模板页，那么请打开（见图 3-2）。

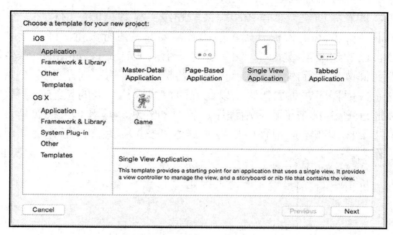

图 3-2　项目模板页

第 2 章读者是从 Master-Detail Application 模板开始学习的。当读者创建自己的导航应用程序时，这是一个很好的模板，因为该模板为读者提供了很多应用程序中可能需要用到的代码。但是，为了更容易解释添加或修改代码的位置，以及加强对应用程序构造方式的理解，读者将从头开始构建 SuperDB 应用程序，这就像读者在学习 *Beginning iPhone Development with Swift* 一书时一样。

选择 Single View Application（单视图应用程序），然后单击 Next 按钮，在提示输入产品名称时，输入 SuperDB（见图 3-3）。Devices 项选择 iPhone，并确保选中 Use Core Data（使用核心数据）复选框。将 Language 设置为 Swift。再次单击 Next 按钮，使用默认位置保存该项目，然后单击 Create 按钮。

首先，单击 Main.storyboard 文件，该文件应该出现在左侧的导航器窗口中。单击文件名 Main.storyboard，将其重命名为 SuperDB.storyboard，然后保存。

最后，读者需要告诉 Xcode 使用新的 SuperDB.storyboard 文件。在导航器窗口顶部选择 SuperDB。出现项目编辑器时，在 TARGETS（对象）下方选择 SuperDB 并转到右侧项目摘要编辑器（见图 3-4）。在 Deployment Info（信息部署）选项栏为 Main Interface

（主界面）字段选择 SuperDB。

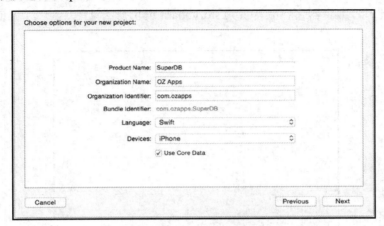

图 3-3　输入与项目相关的信息

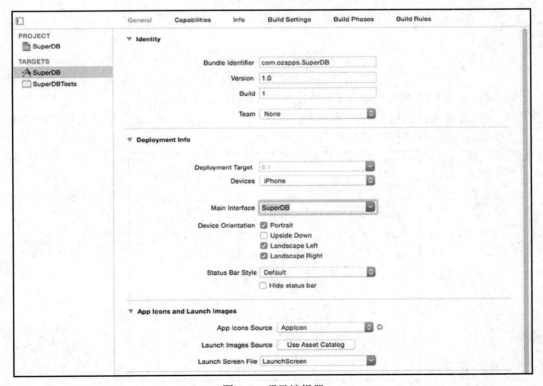

图 3-4　项目编辑器

　　现在读者需要设置自己的 storyboard（故事板）。在导航器窗口中查找并选择 SuperDB.
storyboard。此时，编辑器窗口应转换为 storyboard 编辑器（见图 3-5）。单击窗口左下方
的按钮。

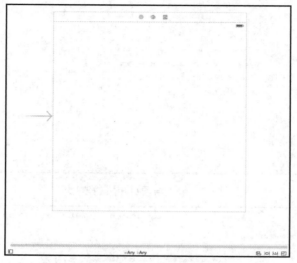

图 3-5　storyboard 编辑器

　　storyboard 文档大纲（见图 3-6）应出现在 storyboard 编辑器的左侧。现在这个视图是
空的，没有场景（我们稍后将对场景进行定义）。通常，storyboard 文档大纲提供场景的
分层视图，包括其视图控制器、视图和 UI 组件。

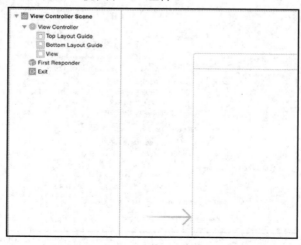

图 3-6　storyboard 文档大纲及提示按钮

### 3.1.1 添加场景

如果读者希望程序的场景可以支持导航功能，那么需要将导航控制器从对象库（位于工具窗口底部）拖动到 storyboard 编辑器，然后通过选中并单击 Delete 按钮删除原默认视图控制器。读者可以单击 View Controller Scene（视图控制器场景，默认情况下会出现）并将其删除。完成上述操作后读者的 storyboard 编辑器应如图 3-7 所示。

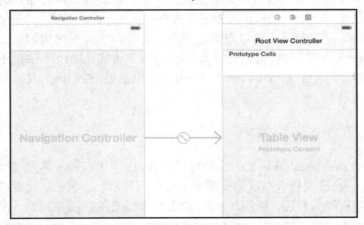

图 3-7 含有导航控制器的 storyboard 编辑器

注意：

如果读者发现场景的尺寸略大于 iPhone 可显示的大小，可使用快捷键乁⌘1（Cmd+Opt+1）；然后在 Interface Builder Document（接口生成器文档）下取消选中 Auto Layout（屏幕适配）复选框。在出现的对话框中，确保下拉列表显示 iPhone，然后单击 Disable Size Classes 按钮。

### 3.1.2 场景与页面跳转

有趣的是，当读者接着需要一个表视图控制器并进行相应的设置后，Xcode 决定以导航控制器为起点链接至该表视图。而读者现在看到的是两个场景：Navigation Controller Scene（导航控制器场景）和 Root View Controller Scene（根视图控制器场景）。在两个场景之间是一个页面跳转。这是一个从 Navigation Controller 指向 Root View Controller 的箭头。在这个箭头的中间有一个图标，该图标告诉读者这是一个手动的页面跳转。

场景基本上来讲就是一个视图控制器。最左边的场景标记为 Navigation Controller

（导航控制器），最右边的为 Root View Controller（根视图控制器）。导航控制器用于管理其他视图控制器。在第 2 章中，导航控制器管理主视图控制器和详细视图控制器。导航控制器还提供了导航栏，导航栏允许读者在主视图控制器中编辑和添加事件，并在详细视图控制器中提供 Back（返回）按钮。

页面跳转定义了从一个场景到下一个场景的过渡。在第 2 章的应用程序中，当读者在主视图控制器中选择了一个事件时，便会触发页面跳转，从而转换到详细视图控制器。

还有一件事读者需要知道：如果现在就运行该项目，那么将会显示黑屏，因为目前这个项目还无法实例化默认的视图控制器。每个 storyboard 都需要一个起点，即首先要显示的视图控制器。左侧的箭头可以指定这一点，并且由于没有在初始视图控制器上指定视图控制器，因此只能显示黑屏。请选择 Navigation Controller，然后按⌥⌘4（Cmd+ Opt+4）打开属性检查器，选中 is Initial View Controller（初始视图控制器）复选框，以显示出视图控制器左侧的箭头。

### 3.1.3　storyboard 文档大纲

现在读者的 storyboard 编辑器中已经有了一些内容，接下来一起看看 storyboard 文档大纲。打开 storyboard 文档大纲（如果屏幕上还没有显示）。现在，读者可以看到前面所描述的场景的层次结构视图（见图 3-8），以及每个场景的视图控制器、视图和 UI 组件。

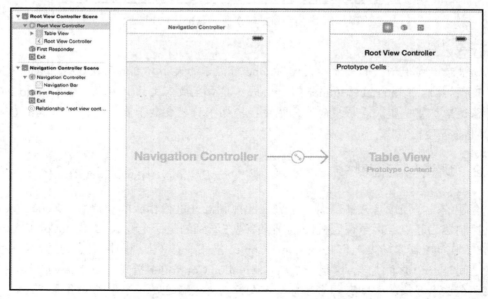

图 3-8　storyboard 文档大纲全貌

现在一起来看看到目前为止我们的工作情况。构建并运行 SuperDB 应用程序。读者应该能够看到图 3-9 所示的内容。

图 3-9 目前的 SuperDB 运行界面

## 3.2 应用程序架构

每个应用程序都可以有多种可行的架构方式。最显而易见的一种架构方法是选项卡式应用程序架构，即使应用程序成为选项卡式应用程序，然后为每个选项卡添加单独的导航控制器。在需要每个选项卡对应完全不同的视图以便于显示不同类型数据的情况下，这会是一种完美的架构方法。在 *Beginning iPhone Development with Swift* 一书中，读者曾经使用过这种方法，因为每个标签对应一个具有不同出口和不同操作的视图控制器。

但是，在现在这种情况下，读者将只实现两个选项卡（在后面的章节中将添加更多选项卡），每个选项卡将显示完全相同的数据，只是以不同的方式排序。选择一个选项卡后，表格将按超级英雄的名称排序；如果选择了另一个选项卡，将显示相同的数据，但按超级英雄的秘密身份排序。

无论选择哪个选项卡，在表格上单击任意一行都会做同样的事情：这将深入到一个新视图，读者可以在其中编辑被选中的超级英雄的相关信息（这部分信息将由读者在学习第 4 章时添加）。无论选择哪个选项卡，单击"+"（Add）按钮都将向同一实体添加一个新的实例。当读者进入另一个视图或开始编辑超级英雄时，之前的选项卡将不再参与活动。

对于读者的应用程序来讲，选项卡栏只是修改了单个表中数据的显示方式，而不需要与其他视图控制器发生实际的数据交换。那么，有人可能会问为什么多个导航控制器实例都在管理相同的数据集并以相同的方式响应单击呢？为什么不使用一个表控制器并根据选择的选项卡更改其呈现数据的方式？这是因为现在讲到的这个方法，只是读者在目前这个应用程序中采用的方法。也就是说，读者现在编写的应用程序还不能算是真正的选项卡式应用程序。

读者应用程序的根视图控制器将作为一个导航控制器，并且读者将使用一个标签栏专门用来接收用户输入的信息。通过这种方法向用户展示信息，其结果与为每个选项卡创建单独的导航控制器和表视图控制器向用户显示信息相同。而在幕后，读者将使用更少的内存，并且不必担心如何保持不同的导航控制器彼此同步的问题。

读者应用程序的根视图控制器将是 UINavigationController 的一个实例。读者还将创建自己的自定义视图控制器类 HeroListController，以充当此 UINavigationController 的根视图控制器。HeroListController 将会随着控制超级英雄信息显示方式和排序的选项卡一起显示超级英雄的名单。

这个应用程序的工作方式是这样的。当应用程序启动时，将从 storyboard 文件加载 HeroListController 实例。然后使用 HeroListController 实例作为其根视图控制器创建 UINavigationController 的实例。最后，将 UINavigationController 设置为应用程序的根视图控制器，并且，该根视图控制器会与包含标签栏和超级英雄表视图的 HeroListController 关联。

在第 4 章中，读者将在这个应用程序中添加一个表视图控制器，以实现超级英雄的内容视图。当用户单击超级英雄列表中的超级英雄时，该内容视图控制器将被推送到导航堆栈，其视图将暂时替换 UINavigationController 内容视图中的 HeroListController 视图。当然，现在并不需要为内容视图担心，这里只是想让读者知道将会发生的事情。

## 3.3　设计视图控制器界面

读者应用程序的根视图控制器现在是一个已经就绪的 UINavigationController，不需要为其编写任何代码。另外，读者刚刚将一个导航控制器对象放入 storyboard 中，Xcode

也为读者提供了一个 UITableViewController 作为该导航控制器栈的根基。然而，虽然读者将使用一个表来显示超级英雄列表，但读者现在的操作还不能使这个表成为可以继承 UITableViewController 的子类。因为还需要在界面中添加一个标签栏，所以读者将创建一个 UIViewController 的子类并在 storyboard 编辑器中创建自己的界面。这个用来显示超级英雄名单的表将作为视图控制器内容窗口的子视图存在。

如果尚未选中，请在导航器窗口中选择 SuperDB.storyboard 文件。还要确保工具窗口为可见。现在，读者的 storyboard 应该有两个场景：Navigation Controller 和 Root View Controller。选中 Root View Controller。

选中后，将只有 Root View Controller 场景和标签以蓝色突出显示。通过单击 Delete 键或选择 Edit→Delete 命令来删除此视图控制器。现在，读者的屏幕应该只剩下了导航控制器。

在工具窗口底部，从对象库中选择一个视图控制器，然后将其拖到 storyboard 编辑器中。此时，应该出现一个新视图控制器，请将其放在导航控制器的右侧（见图 3-10）。

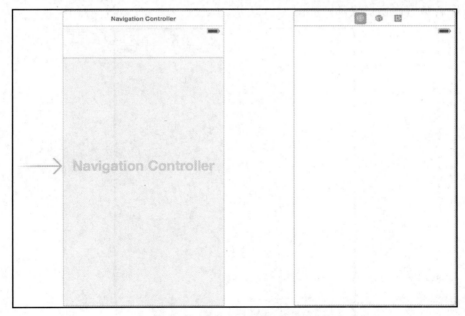

图 3-10　带有新视图控制器场景的 storyboard

在对新的视图控制器进行布局之前，我们先将其连接到导航控制器。选择导航控制器。将鼠标指针悬停在最左侧的图标上（见图 3-11），这时会弹出一个提示框，显示 Navigation Controller。通过 Control+拖动的方式从导航控制器图标处拖动指针到视图控制器视图。当释放鼠标时，读者可以看到一个包含各种可选择的页面跳转的弹出菜单（见图 3-12）。在 Relationship Segue 中选择 root view controller，这时，读者会在导航控制器和视图控制器之间看到一个页面跳转。另外，在视图控制器顶部也会出现一个导航栏。

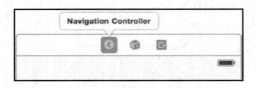

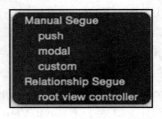

图 3-11　导航控制器图标　　　　　　　　　　图 3-12　页面跳转弹出菜单

　　现在读者可以开始设计视图控制器的界面了。首先，让我们添加标签栏。在对象库中查找 Tab Bar（标签栏），请确保正在抓取的目标是标签栏而不是标签栏控制器。读者只需要用户界面项。将标签栏从库中拖动到名为 View Controller（视图控制器）的场景中，并将其贴合放置在窗口底部，如图 3-13 所示。

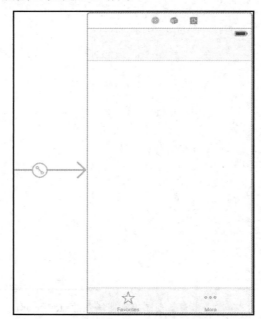

图 3-13　将标签栏贴合放置在场景底部

　　默认状态下标签栏有两个选项卡，这正是目前读者需要的个数。现在，一起来对每个图标和标签进行修改。确保标签栏处于选中状态，单击 Favorites（最喜欢的）上方的五角星标志，然后单击工具窗口中选择栏中的属性检查器按钮（左起第 4 个按钮），或者选择 View（视图）→Utilities（工具）→Show Attributes Inspector（显示属性检查器）命令。菜单快捷方式为⌥⌘4。

如果此时读者正确选择了标签栏的栏项，则属性检查器应显示 Tab Bar Item（标签栏项），标识符弹出提示框应显示 Favorites。在属性检查器中，为此选项卡指定 Title（标题）为 By Name，Image（图像）为 name_icon.png（见图 3-14）。现在，请单击标签栏中 More（更多）上方的 3 个点以选择右侧选项卡。使用检查器，为此选项卡设置 Title 为 By Secret Identity，设置 Image 为 secret_icon.png。

**注意：**

读者可以在本书提供的下载资料中找到文件 name_icon.png 和 secret_icon.png。

回到对象库，找到表视图一项。再次，请确保选取的是用户界面元素，而不是表视图控制器。将其拖动到选项卡上方的空白处。这时它应该会自动调整大小以适应整个可用的空间尺寸；读者也可能需要对其重新定位并相应地调整大小，使其达到刚好适合从顶部导航栏下方到标签栏顶部的尺寸。调整完成后，其效果如图 3-15 所示。

图 3-14　设置左侧选项卡的各种属性

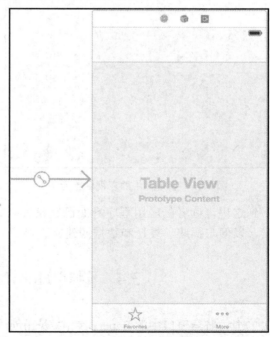

图 3-15　完成后的表视图场景

最后，选取一个表视图单元格并将其拖动到表视图的顶部（见图 3-16）。

选择表视图单元格并在工具窗口中调出属性检查器。读者需要更改一些属性才能获得所需的效果。首先，将 Style（样式）设置为 Subtitle（字幕文本），读者现在的属性检查器应如图 3-17 所示。这一选项为表视图单元格标题下方的文本显示提供了大标题文本字体和相对较小的字幕文本字体。接下来，为其指定 HeroListCell 的标识符值，该值会在稍后创建其他表视图单元格时使用。最后，将 Selection（选择）项从 Default（默认）更改为 None（无）。这意味着当读者单击表视图单元格时，该单元格将不会突出显示。

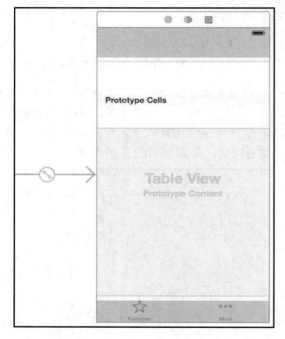

图 3-16　表视图中的表视图单元格

图 3-17　设置表视图单元格属性

到这里，读者的应用程序界面已经设置完成。接下来，需要对视图控制器界面进行定义，以便与插座、委托和数据源建立连接。

## 3.4　创建 HeroListController

单击导航器窗口中的 SuperDB 组。现在创建一个新文件（⌘N 或 File→New→File）。当出现新文件助手页（见图 3-18）时，在左侧窗格的 iOS 标题下选择 Cocoa Touch Class

（Cocoa Touch 类），然后单击 Next 按钮。

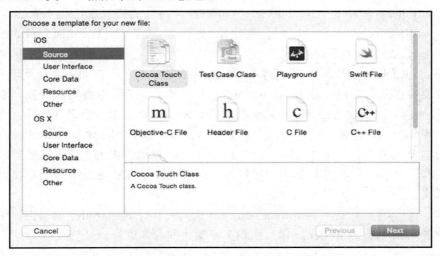

图 3-18　在新文件助手页中选择 Cocoa Touch Class 模板

在新弹出的页面（见图 3-19）中，将 Class（类）命名为 HeroListController，并使其成为 UITableViewController 的子类。请确保 Also create XIB file（同时创建 XIB 文件）复选框是未选中状态，并将 Language 设置为 Swift，然后单击 Next 按钮，文件保存在 SuperDB 项目文件夹，接着单击 Create 按钮即可在项目视图中添加一个新文件：HeroListController. swift。

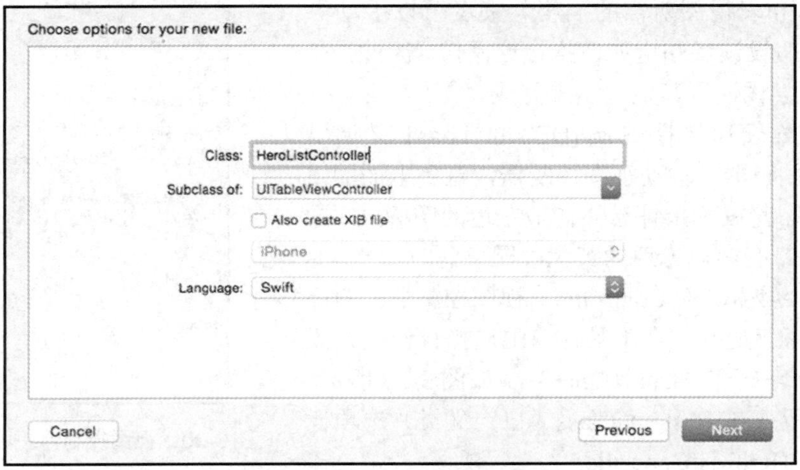

图 3-19　设置 UITableViewController

等一下，当读者在 MainStoryboard.storyboard 中创建界面时，使用了一个简单的 UIViewController，而不是 UITableViewController，而且之前说过，读者在这里不想使用 UITableViewController。那么，为什么现在却需要让 HeroListController 成为 UITableViewController 的子类呢？

如果读者回头翻看图 3-1，就可以看到这个应用程序会在表视图中显示英雄名单。该表视图需要数据源和委托，而 HeroListController 将作为该表的数据源和委托。通过在新文件助手中创建 UITableViewController 的子类，Xcode 将使用一个文件模板，该模板将预定义一组表视图数据源和委托方法。在导航器窗口中选择 HeroListController.swift，然后在编辑器窗口中查看该文件。读者应该看到 Xcode 自动提供的方法。这些方法大多已被标上注释，并且，比起要让其直接实现确定的功能，将这些方法用作程序良好的根模块更有意义。

当然，读者确实需要使 HeroListController 成为 UIViewController 的子类。单击导航器窗口中的 HeroListController.swift。找到类声明，并对其进行一些修改：

```
class HeroListController : UITableViewController {
```

修改为：

```
class HeroListController : UIViewController, UITableViewDataSource,
UITableViewDelegate {
```

现在读者需要将表视图数据源和委托连接到 HeroListController。当读者移动到这部分代码中时，创建选项卡和表视图所需的插座。读者可以手动添加，但本书假设读者知道如何执行该操作。因此，在这里让我们尝试使用其他方法来完成。

在导航器窗口选择 SuperDB.storyboard 并调出 storyboard 编辑器。滚动视图控制器，直到上面的 3 个图标可见。将鼠标指针悬停在最左边的图标上，这是一个中间带有白色方块的黄色圆圈。此时，Xcode 应弹出一个名为 View Controller（视图控制器）的提示框。单击将其选中。在工具窗口中选择身份检查器或使用快捷键⌥⌘3（Cmd+Opt+3），如图 3-20 所示。将 Class 字段（在 Custom Class（自定义类）选项栏下）更改为 HeroListController。

图 3-20　视图控制器中的身份检查器

在完成以上操作后，Xcode 已经将原来那个基础的 UIViewController 变为现在的

HeroListController，如果读者将鼠标指针悬停在视图控制器图标上，将看到弹出的提示框中显示 Hero List Controller。

## 3.4.1　建立关联和插座

首先要做的是使 HeroListController 成为表视图数据源和委托。从表视图区域以 Control+拖动的方式移动鼠标指针到 HeroListController 图标（见图 3-21）。释放鼠标，弹出插座菜单（见图 3-22），选择 dataSource（数据源）选项。重复以上动作，只是这次请选择 delegate（委托）选项。

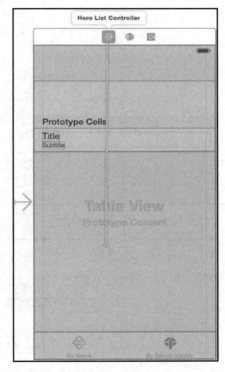

图 3-21　Control+拖动的方式移动指针到 HeroListController 图标

现在，读者要为选项卡和表格视图添加插座。在工具栏上，将编辑器从标准编辑器模式更改为助手编辑器模式。此时，编辑器窗口应分为两个视图窗口（见图 3-23）。左侧视图是正常的 storyboard 编辑器，右侧视图是一个显示 HeroListController 界面文件代码的代码编辑器。

再次，从表视图区域按住 Control 键拖动鼠标，这次的目的地是代码编辑器中类定义的下方（见图 3-24）。一旦释放鼠标，将会弹出关联窗口（见图 3-25）。在 Name（名称）字段中输入 heroTableView，并将其余字段保留为默认设置，单击 Connect（关联）按钮。

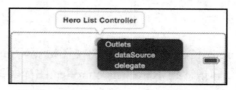

图 3-22　表视图中弹出的插座菜单

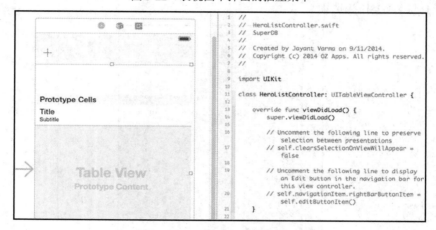

图 3-23　助手编辑器窗口

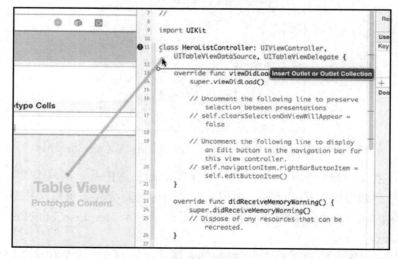

图 3-24　从表视图区域按住 Control 键拖动鼠标到 HeroListController 界面文件代码

图 3-25  关联弹出窗口

关联后，以下代码应被添加到@interface 声明的后面：

```
@IBOutlet weak var heroTableView: UITableView!
```

重复此过程，这一次是从选项卡处按住 Control 键拖动鼠标到新的@IBOutlet 声明下面。使用 heroTabBar 作为名称。此时，读者的选项卡应获得以下新的@IBOutlet 声明：

```
@IBOutlet weak var heroTabBar: UITabBar!
```

此时可能会看到 Xcode 正在标记一些错误，读者可能想知道原因，因为自己还没有开始编写代码。在编辑器中查看 HeroListController.swift 文件，会发现有 3 个地方被 Xcode 标有错误。删除 Xcode 标记错误的 override 关键字。现在，读者将只会在 class 声明附近遇到一个错误，这是因为读者尚未实现 UITableView 委托函数。查找名为 tableView: cellForRowAtIndexPath 的函数（此函数被包含在注释中，即在/*和之间），具体位置应该在第 45 行左右。通过删除函数上面一行中的/*，以及 return cell 后的*/和结束花括号来取消注释，同时删除 func 之前的 override 关键字。此时，Xcode 标记的错误将会全部消失。

## 3.4.2  导航栏按钮

如果读者此时构建并运行 SuperDB 应用程序，应该会得到如图 3-26 所示的内容。

现在，让我们添加 Edit 和 "+" （Add）按钮。请确保在工具栏中选择了标准编辑器，然后在导航器窗口中选择 HeroListController.swift。在编辑器窗口中找到以下方法：

```
override func viewDidLoad() {
```

在这个方法的底部，读者应该能看到以下代码：

```
// Uncomment the following line to display an Edit button in the navigation
bar for this view controller.
// self.navigationItem.rightBarButtonItem = self.editButtonItem()
```

将第 2 行取消注释，变为以下内容：

```
// Uncomment the following line to display an Edit button in the navigation
bar for this view controller.
self.navigationItem.rightBarButtonItem = self.editButtonItem()
```

要添加"+"（Add）按钮，读者需要返回 storyboard 编辑器。在导航器窗口中选择
SuperDB.Storyboard，将一个条形按钮项从对象库中拖动到 Hero 视图控制器中导航栏的
左侧。在工具窗口中选择属性检查器，或者用快捷键⌥⌘4（Cmd+Opt+4）。此时读者应
该看到关于条形按钮项的属性检查器（见图 3-27）。如果没有，请确保选中刚添加的条
形按钮项。将 Identifier（标识符）字段更改为 Add。此时该条形按钮项的标签应从 Item
更改为"+"。

图 3-26　运行后的 SuperDB

图 3-27　条形按钮项的属性检查器

现在，切换回助手编辑器显示模式。用 Control+拖动的方式将条形按钮项拖到
HeroListController.swift 文件中最后一个@IBOutlet 的下方。当弹出关联窗口时，添加名为
addButton 的关联。再次以 Control+拖动的方式将条形按钮项拖动到最后一个右大括号"}"
上方。这次，在弹出的关联窗口中，将 Connection 字段更改为 Action，并将 Name 设置
为addHero（见图 3-28），然后单击 Connect 按钮，之后读者会看到一个新的方法声明。

```
@IBAction func addHero(sender: AnyObject) {
}
```

此时构建并运行应用程序，读者会看到如图 3-29 所示的界面。单击 Edit 按钮，该按钮会变成 Done 的状态；单击 Done 按钮，则该按钮会返回 Edit 状态。然而当读者单击"+"按钮时，则什么都不会发生，那是因为读者没有编写-addHero:方法来告诉这个按钮应该做什么。当然，读者很快就会着手做这件事情。

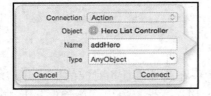

图 3-28　添加动作 addHero　　　　　　　图 3-29　场景界面布置完成

但是，现在两个选项卡之中没有任何一个是选中状态。也就是说，当用户启动应用程序时，两个选项卡都是关闭状态。用户可以选择其中任何一个，然后在两者之间切换。如果读者想要两个选项卡中的一个在应用程序启动时便为选中状态，则需要学习下面的内容来实现。

## 3.4.3　选项卡与用户默认值

如果读者希望自己的应用程序在启动时便自动使其中一个选项卡处于选中状态，则可以在 HeroListController 的 viewDidLoad 方法中添加类似下面的内容来轻松实现这一目的。

```
//Selet the TabBar button
let item = heroTabBar.items?[0] as UITabBarItem
heroTabBar.selectedItem = item
```

亲自动手试试。启动应用程序，可以看见 By Name 选项卡是选中状态。现在，选择 By Secret Identity 选项卡并在 Xcode 中停止应用程序。再次启动应用程序，By Name 选项卡仍是选中状态。接下来，如果应用程序可以记住用户退出前的最后一个选择操作，那不是更好吗？对于这一功能，读者可以通过使用用户默认值来实现。

请读者在 HeroListController.swift 文件中的 class 声明之前添加以下代码：

```
let kSelectedTabDefaultsKey = "Selected Tab"

enum tabBarKeys: Int {
    case ByName
    case BySecretIdentity
}
```

kSelectedTabDefaultsKey 是用于存储和检索用户默认值中所选选项卡指针的键。枚举值为 0 或 1。

切换到 HeroListController.swift 文件，并将以下内容添加到 viewDidLoad()方法的末尾：

```
//Selet the TabBar button
let defaults = NSUserDefaults.standardUserDefaults()
let selectedTab = defaults.integerForKey(kSelectedTabDefaultsKey)
let item = heroTabBar.items?[selectedTab] as UITabBarItem
heroTabBar.selectedItem = item
```

（如果读者输入以前的选项卡选择代码，请确保在此处进行相对应的更改。）

构建并运行应用程序，在两个选项卡之间进行切换，然后退出应用程序，并确保退出前选中了 By Secret Identity 选项卡。退出应用程序后重新启动，此时 By Secret Identity 选项卡应为选中状态。是吗？答案是没有。这是因为读者还没有编写代码来使选项卡随着用户的选择进行相应的调整。现在能做到的只是在应用程序启动时直接读取用户默认值中的数据。接下来，让我们继续编写代码，以便使用户默认值可以随着选项卡选择的改变而发生相应的变化。

选择 SuperDB.storyboard，然后按住 Control 键拖动选项卡到 Hero 视图控制器。在弹出的插座菜单中选择 delegate 选项（此时，这一选项应该是读者唯一的选择）。接下来，添加代码以处理 UITabBarDelegate，具体操作如下：

```
class HeroListController : UIViewController, UITableViewDataSource,
UITableViewDelegate {
```

改写为：

```
class HeroListController : UIViewController, UITableViewDataSource,
UITableViewDelegate, UITabBarDelegate {
```

现在需要给 UITabBarDelegate 添加名为 tabBar:didSelectItem: 的方法。 选择
HeroListController.m 并在编辑器中找到-addHero:方法正上方的位置。然后添加以下代码：

```
//MARK: - UITabBarDelegate Methods

func tabBar(tabBar: UITabBar, didSelectItem item: UITabBarItem!) {
  let defaults = NSUserDefaults.standardUserDefaults()
  let items: NSArray = heroTabBar.items!
  let tabIndex = items.indexOfObject(item)
  defaults.setInteger(tabIndex, forKey: kSelectedTabDefaultsKey)
}
```

现在，当退出并启动应用程序时，程序就会记住读者在退出前选择的最后一个选项卡。

✎ 注意：

如果读者发现编写代码后程序没有正确地工作，那么就需要检查在向 viewController
添加了新的协议后，是否也对委托进行了相应的设置。在上面这个例子中，读者需要转
到 storyboard，从选项卡处单击并拖动鼠标到界面左侧的黄色图标处，就像之前对表视图
所做的那样，并从弹出菜单中选择 delegate。

## 3.5　数据模型设计

现在读者需要定义应用程序的数据模型。正如之前在第 2 章中讨论的那样，Xcode
模型编辑器是读者用来设计应用程序数据模型的地方。在导航器窗口中单击 SuperDB.
xcdatamodel，打开模型编辑器（见图 3-30）。

与第 2 章所讲的数据模型不同，这里读者会从完全空白的数据模型开始。所以，让
我们一起一步一步地从头开始构建。首先需要添加到数据模型编辑器的是一个实体。请
记住，实体就像类定义，虽然它们本身不存储任何数据，但数据模型中至少需要有一个
实体，否则应用程序将无法存储任何数据。

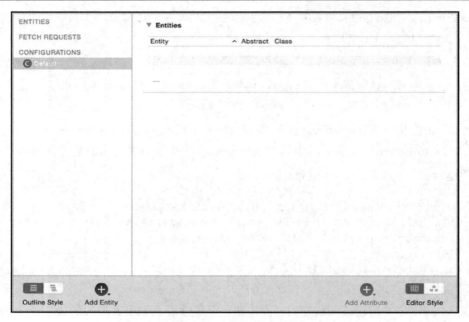

图 3-30　空白状态下的模型编辑器

## 3.5.1　添加实体

由于读者所编写的应用程序的目的是追踪超级英雄的信息，因此用一个实体来代表一个英雄是非常合乎逻辑的。在本章，读者将从相对简单的内容开始，仅追踪英雄的一小部分数据，如名称、秘密身份、出生日期和性别。当然，读者会在以后的章节中添加更多数据元素，但在本章，我们将只进行基础内容的构建。

将一个新实体添加到数据模型中，此时，一个名为 Entity 的新实体出现在顶部组件窗口中。该实体处于选中状态，并且名称 Entity 的字体突出显示。现在，将此实体重命名为 Hero。

## 3.5.2　编辑新实体

现在，一起来验证一下读者新创建的 Hero 实体是否已经被添加到默认配置中。在顶部组件窗口中选择 Default（默认）配置。此时，右侧的数据内容编辑器窗口应该已变成名为 Entities 的单个表。此表中目前只会有一个条目，即读者刚刚命名为 Hero 的实体。

Hero 旁边有一个名为 Abstract（抽象）的复选框。此复选框可以让读者创建一个不能被用于在运行时创建托管对象的实体。创建抽象实体是为了存储可以被多个实体共用的属性。在这种情况下，读者可以创建一个抽象实体来保存公共字段，然后将使用这些公共字段的实体作为该抽象实体的子项。这样做的好处就是，如果读者需要对这些常用字段进行修改，则只需要在一个位置进行操作。

接下来，Class 字段应为空白。这意味着 Hero 实体是 NSManagedObject 的子类。在第 6 章中，读者将了解如何创建 NSManagedObject 的自定义子类以添加功能。

读者可以通过选中此行然后使工具窗口可见来查看更多详细信息。现在，来一起使工具窗口可见，在工具窗口中，选择数据模型检查器（检查器选择栏上的第 3 个按钮）。工具窗口应类似于图 3-31。

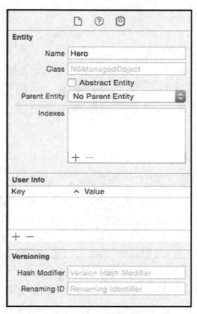

图 3-31　新实体的工具窗口

工具窗口的前 3 个字段（Name、Class、Abstract Entity）是读者在数据内容编辑器窗口中所能看到的内容的镜像。Abstract Entity（抽象实体）复选框下方是 Parent Entity（父实体）弹出菜单。在数据模型中，读者可以指定父实体，这类似于 Objective-C 中的子类。当读者指定另一个实体作为父实体时，新实体将接收该父实体的所有属性以及任何被添加到该父实体中的其他属性。将父实体弹出菜单设置保留为 No Parent Entity（无父实体）。

注意：

　　读者可能还想知道数据模型检查器中的其他区域都有些什么功能，如 User Info（用户信息）、Versioning（版本）和 Entity Sync（实体同步），以及通过这些设置，读者可以访问那些极少使用的高级配置参数。一般来讲这些配置参数不会被随意更改。

　　如果读者有兴趣了解更多有关这些高级选项的知识，可以通过阅读 *Pro Core Data for iOS* 一书来获得。Apple 还提供了以下在线指南：Core Data Programming Guide，地址为 http://developer.apple.com/library/ios/#documentation/Cocoa/Conceptual/CoreData/cdProgrammingGuide. html；Core Data Model Versioning and Data Migration Guide，地址为 http:// developer.apple. com/library/ios/#documentation/Cocoa/Conceptual/CoreDataVersioning/Articles/Introduction. html。

## 3.5.3　为 Hero 实体添加特性

　　现在读者已经拥有了一个实体，接下来必须为其添加特性，以便基于此实体的托管对象能够进行数据存储。在本章中，读者需要添加 4 个特性：name、secretIdentity、birthDate 和 sex。

### 1.　添加 name 特性

　　在顶部组件窗口中选择 Hero 实体并添加属性。添加后，名为 Attribute（特性）的条目应出现在内容编辑器窗口的 Attributes 表中。就像读者创建新实体时一样，新添加的特性将自动进入被选中状态。输入 name，这将更新新特性的名称。此时，Attributes 表应如图 3-32 所示。

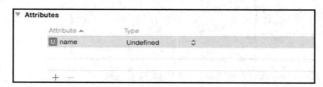

图 3-32　Attributes 表

　提示：

　　本书让读者选择使用大写 H 作为实体名称 Hero 的首字母，使用小写 n 作为读者添加的特性名称的首字母并非偶然。这些都是约定俗成的实体和属性的命名方式。实体以大写字母开头，属性以小写字母开头。在这两种情况下，如果实体或属性的名称由多个单词组成，则每个新单词的首字母大写。

Attributes 表的 Type 列用来指定特性的数据类型。默认情况下，数据类型设置为 Undefined。

现在，让我们再次使工具窗口可见（如果尚未被打开）。确保在内容编辑器窗口中选择了特性 name，然后选择数据模型检查器。在数据模型检查器中，第一个字段的名称为 Name，该字段内值应显示为 name（见图 3-33）。

图 3-33　新特性 name 的数据模型检查器

Name 字段下方有 3 个复选框：Transient（瞬态）、Optional（默认/可选）和 Indexed（索引）。如果选中 Optional 复选框，则该实体在其特性没有被分配任何值的情况下也可以被保存。如果取消选中 Optional 复选框，那么当 name 特性为 nil 时，任何基于此实体保存托管对象的尝试都将导致验证错误，从而阻止保存动作。在这个例子中，name 是读者用于标识英雄的主要特性，因此非常重要。取消选中 Optional 复选框，使该字段成为必需项。

Transient 复选框允许读者创建未保存在持久化存储中的特性。这种特性还可用于创建存储非标准化数据的自定义特性。现在，不要过分担心瞬态，使其保持未选中状态。读者将在第 6 章的内容中了解有关此复选框的知识。

最后一个复选框 Indexed 用于告诉底层数据存储将在此属性上添加索引。并非所有持久化存储都支持索引，但默认存储（SQLite）支持索引功能。在基于该字段进行搜索或排序时，数据库使用索引来提高搜索速度。在这里，读者将按姓名来为超级英雄们排序，因此选中 Indexed 复选框以告知 SQLite 将在用于存储此特性的数据的列上创建索引。

**注意：**

正确使用索引可以极大地提高 SQLite 持久化存储的性能。但是，在不需要它们的地方添加索引反而会降低性能。因此，在没必要使用索引的情况下，请读者将 Indexed 复选框保留为未选中状态。

**2．特性类型**

每个特性都有一个类型，用于标识该特性能够存储的数据类型。如果单击 Attribute Type 下拉列表（当前应设置为 Undefined），则可以看到 Core Data 支持的各种数据类型（见图 3-34）。这些是读者可以存储的所有类型的数据。就像读者将在第 6 章中所做的那样，每种数据类型都与用于设置或检索值的 Objective-C 类相对应，所以，在设置托管对象的值时，必须确保使用正确的类型。

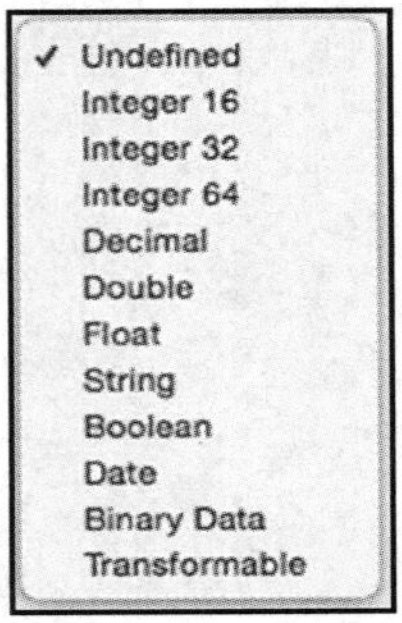

（1）整型数据类型

Integer 16（整型 16）、Integer 32（整型 32）

图 3-34　Core Data 所支持的数据类型

和 Integer 64（整型 64）都保持有符号整数（所有数字）。这 3 种数字类型之间的唯一区别是它们能够存储的值的范围。通常，读者应该选择那个在能够保证使用目的的前提下位数最小的整型数据类型。例如，如果读者确定自己所使用的特性永远不会包含大于 1000 的数字，那么请确保选择整型 16 而不是整型 32 或整型 64。这 3 种数据类型能够存储的最小值和最大值如表 3-1 所示。

表 3-1　整型数据类型的最小值与最大值

| 数 据 类 型 | 最 小 值 | 最 大 值 |
| --- | --- | --- |
| Integer 16 | −32768 | 32767 |
| Integer 32 | −2147483648 | 2147483647 |
| Integer 64 | −9223372036854775808 | 9223372036854775807 |

在运行时，读者可以通过用工厂方法（numberWithInt:或 numberWithLong:）创建的 NSNumber 实例设置托管对象的整数特性。

（2）十进制、双精度和浮点数据类型

Decimal（十进制）、Double（双精度）和 Float（浮点）数据类型都是针对十进制数字来讲的。双精度和浮点数据类型的小数点位置不是固定的，这一点与 C 语言下的浮点和双精度数据类型类似。这两种数据类型显示的十进制数据始终只能是近似值，因为这两种数据类型使用固定数量的字节长度来表示数据。小数点左边的数字越大，可用于保存数字小数部分的字节越少。双精度数据类型使用 64 位来存储单个数字，而浮点型数据类型使用 32 位来存储单个数字。大多数情况下，这两种数据类型可以正常工作。但是，当读者的应用程序需要包含某些数据（如货币）时，就会出现进位错误的问题，为此，Core Data 提供了十进制数据类型，不受进位误差的影响。十进制类型小数点两边的位数长度固定，整个类型的最高有效位数为 38，这样存储的值不会像其他两种类型一样由于小数点位置不固定而产生进位误差。

在运行时，读者需要使用 NSNumber 工厂方法（numberWithFloat:或 number WithDouble:）创建的 NSNumber 实例来设置双精度或浮点数据类型特性。另一方面，如果需要设置十进制数据类型特性，则必须使用类 NSDecimalNumber 实例。

（3）字符串型数据类型

String（字符串型）数据类型是读者使用的最常见属性类型之一。字符串特性能够以几乎任何语言或字符保存文本，因为该类型数据使用了 Unicode 在内部存储数据。NSString 实例可以在运行时设置字符串特性。

（4）布尔型数据类型

读者可以使用 Boolean（布尔型）数据类型存储布尔值（"真"或"假"），使用 numberWithBOOL:创建的 NSNumber 实例在运行时设置布尔特性。

（5）日期型数据类型

日期和时间戳数据可以使用 Data（日期型）数据类型存储在 Core Data 中。在运行时，使用 NSDate 实例设置日期特性。

（6）二进制数据类型

Binary Data（二进制数据）类型用于存储任何类型的二进制数据。读者可以使用 NSData 实例在运行时设置二进制特性。可以放入 NSData 实例的任何内容都可以存储在二进制特性中。但是，读者通常无法对二进制数据类型的数据进行搜索或排序。

（7）可转换数据类型

Transformable（可转换）数据类型是一种特殊的数据类型，该类型数据需要与值转换器一起工作，使读者可以基于任何 Objective-C 类来创建特性，甚至是创建那些在 Core Data 中没有相对应的数据类型的特性。例如，读者可以使用可转换数据类型来存储 UIImage 实例，或者存储 UIColor 实例。在第 6 章中，读者将看到有关可转换属性工作原理的内容。

### 3. 设置 name 的特性类型

显然，姓名是一个文本，因此 name 属于字符串特性。从 Attribute Type 下拉列表框中选择 String，然后内容窗格中将出现一些新的字段（见图 3-35）。就像 Interface Builder 检查器一样，内容窗格中的模型编辑器是上下文相关的。某些特性类型（如 String 类型）会有其他的配置选项。

图 3-35　选择 String 类型后的内容窗格

Min Length 和 Max Length 字段允许我们在该字段中设置最小和最大字符数。如果在这两个字段的任一字段中输入数字，则任何尝试保存字符数少于 Min Length 或大于 Max Length 的托管对象都将在保存时出现验证错误。

请注意，该强制执行发生在数据模型内部，而不是在用户界面中。除非在用户界面中明确了强制执行的限制条件，否则在用户实际保存数据模型之前不会进行这些验证。在大多数情况下，如果设置了强制执行的最小或最大长度，则还应采取一些步骤在用户界面中明确该强制执行。否则，用户在进行保存之前不会被告知错误，这可能会使他们在此浪费很多时间。在第 6 章中，读者会看到有关强制执行操作的示例。

下一个字段名为 Default Value（默认值），读者可以使用该字段来设置属性的默认值。如果在此字段中输入值，则基于当前实体的任何托管对象将自动将其对应的属性设置为读者在此处输入的任何值。因此，在这个应用程序中，如果读者在此字段中输入 Untitled Hero，则只要读者创建新的 Hero 托管对象，name 属性就会自动设置为 Untitled

Hero。所以，在该字段处输入 Untitled Hero。

字段 Reg. Ex.代表正则表达式。此字段允许读者使用正则表达式对输入的文本进行进一步验证，正则表达式是可用于表达模式的特殊文本字符串。例如，读者可以使用一个特性以文本的方式存储 IP 地址，然后通过输入正则表达式来确保只输入有效的数字 IP 地址 "\b\d{1,3}\.\d{1,3}\.\d{1,3}\. \d{1,3}\b"。如果读者不打算对该特性使用正则表达式，则请保留 Reg. Ex.字段为空。

✐ 注意：

正则表达式是一个复杂的话题，有很多专门的书籍和网站资料介绍这方面的知识。教授正则表达式已经超出了本书的范围，但如果读者对使用正则表达式进行数据模型级验证感兴趣，可自行查阅相关资料进行学习。

最后，保存这些设置。

#### 4．添加其余的特性

Hero 实体还需要另外 3 个特性，下面我们来一起添加它们。再次单击 Add Attribute 按钮。将此特性的名称设置为 secretIdentity，类型设置为 String。因为，每个超级英雄都有一个秘密身份，所以最好取消选中 Optional 复选框。由于将会对秘密身份进行排序和搜索，因此请选中 Indexed 复选框。对于 Default Value，请输入 Unknown。因为读者已经通过取消选中 Optional 复选框来强制使用该字段，所以提供默认值是个不错的主意。其余字段的设置保持不变。

✐ 注意：

请务必为 name 和 secretIdentity 特性输入默认值。如果不这样做，程序的运行就会出现问题。如果程序发生崩溃，请检查，以确保已经保存了源代码文件和 storyboard 文件。

第三次单击 "+" 按钮以添加另一个特性，指定其名称为 birthDate 并将其设置为 Data 类型。其余字段保留默认值。读者可能不知道所有超级英雄的生日，因此将此属性设置为 Optional。另外，一般情况下读者不会对 birthDate 进行大量的搜索或排序，因此无须为该特性编入索引。接下来可以通过设置最小值、最大值或默认日期的方式在此处进行一些额外的验证，但确实没有太多需要。没有默认值是可以的，设置最小或最大日期将排除不朽的超级英雄或时间旅行的可能性，这当然没必要。

完成添加 birthDate 特性后，现在距离该软件第一次迭代只剩下一个特性了，这就是 sex。读者虽然可以通过多种方式来存储此特定的信息，但为了简单起见（并且这样做将能够使读者在第 6 章中学习到一些其他有用的技巧），读者现在只需要以 String 类型存储 Male 或 Female 两个单词。现在，我们就添加 sex 特性并为其选择 String 类型，同时将该特性的属性设置为 Optional，因为很可能出现一两个雌雄同体的蒙面复仇者联盟成员。读者还可以使用正则表达式字段来限制 Male 或 Female 以外的单词输入。但是，这里将通过在用户界面中呈现选择列表而不是在数据模型中进行强制的方式来对该操作进行限制。

到现在为止，读者已经完成了对 SuperDB 应用程序第一次迭代的数据模型。记得进行保存，接下来，让我们继续下面的操作。

## 3.6　声明获取结果控制器

为了对表视图进行填充，读者需要获取存储在持久化存储中的所有 Hero 实体，而实现此目的的最佳方法是在 HeroListController 中使用获取结果控制器。要使用获取结果控制器，首先需要为其定义委托，以便在获取结果发生更改时得到通知。为了简化操作，读者将使 HeroListController 成为获取结果控制器的委托。

选中 HeroListController.swift 并在 import UIKit 后面添加代码 import CoreData，然后对 class 声明做如下更改：

```
import UIKit
import CoreData

class HeroListController : UIViewController, UITableViewDataSource,
UITableViewDelegate, UITabBarDelegate, NSFetchedResultsControllerDelegate {
```

现在读者已经声明了 NSFetchedResultsControllerDelegate，接下来需要完成控制器。读者可以在 HeroListController.swift 中声明该属性，但实际上并不需要将此属性公开，因为该属性只会在 HeroListController 中被使用。所以，该属性将是一个私有属性。

如有必要，将编辑器窗口滚动到文件的顶部。然后在 class 声明之后，添加以下代码：

```
private var _fetchedResultsController: NSFetchedResultsController!
```

## 3.7　实施获取结果控制器

为 fetchedResultsController 添加以下代码：

```
// MARK:- FetchedResultsController Property
```

```
private var fetchedResultsController: NSFetchedResultsController {
   get {
      }
}
```

我们将逐行逐步完成并解释所需编写的代码。

首先，获取结果控制器将采用延迟加载的方式，所以这里是具体的代码；所有这些代码都被编写在关键字 get 后面的大括号中。

```
if _fetchedResultsController != nil {
   return _fetchedResultsController
}
```

如果读者能够看懂上面这段代码，则会发现_fetchResultsController 变量的值为 nil，因此读者必须为其创建一个变量。首先要做的是实例化一个获取请求。

```
let fetchRequest = NSFetchRequest()
```

现在，读者将编写 Hero 实体的实体描述并设置获取请求实体。当读者完成这部分内容后，将需要设置获取批次的大小。出于运行表现的原因，程序会将查询到的结果分成不同的批次。

```
let appDelegate = UIApplication.sharedApplication().delegate as AppDelegate
let context = appDelegate.managedObjectContext
let entity = NSEntityDescription.entityForName("Hero",
inManagedObjectContext: context!)
fetchRequest.entity = entity
fetchRequest.fetchBatchSize = 20
```

获取的结果将取决于读者选择的选项卡，不同的选项卡会获得不同的值。另外，出于完整性检查的目的，如果用户未选择任何选项卡，程序就会读取用户默认值。

```
let array:NSArray = self.heroTabBar.items!
var tabIndex = array.indexOfObject(self.heroTabBar.selectedItem!)
if tabIndex == NSNotFound {
   let defaults = NSUserDefaults.standardUserDefaults()
   tabIndex = defaults.integerForKey(kSelectedTabDefaultsKey)
}
```

接下来设置获取请求的排序描述符。排序描述符是一个简单的对象，可以用来告诉获取请求应该使用哪个属性（特性）来比较实体的实例，以及是否应该按照升序（或降序）排列。获取请求需要排序描述符数组，排序描述符的顺序决定了比较时的优先级顺序。

```
var sectionKey: String!
switch (tabIndex){
    case tabBarKeys.ByName.rawValue:
        let sortDescriptor1 = NSSortDescriptor(key: "name", ascending: true)
        let sortDescriptor2 = NSSortDescriptor(key: "secretIdentity",
ascending: true)
        var sortDescriptors = NSArray(objects: sortDescriptor1,
sortDescriptor2)
        fetchRequest.sortDescriptors = sortDescriptors
        sectionKey = "name"
    case tabBarKeys.BySecretIdentity.rawValue:
        let sortDescriptor2 = NSSortDescriptor(key: "name", ascending: true)
        let sortDescriptor1 = NSSortDescriptor(key: "secretIdentity",
ascending: true)
        var sortDescriptors = NSArray(objects: sortDescriptor1,
sortDescriptor2)
        fetchRequest.sortDescriptors = sortDescriptors
        sectionKey = "secretIdentity"
    default:
        ()
}
```

如果选择了 By Name 选项卡，则意味着读者要求获取请求先按 name 特性排序，然后按 secretIdentity 排序，但如果选择了 By Secret Identity 选项卡，则意味着反转排序描述符。还记得之前设置的 sectionKey 字符串吗？接下来我们将用到它。

现在，读者将进行获取结果控制器实例化的最后步骤，此外将用到 sectionKey 并指定其缓存名称为 Hero。然后将该获取结果控制器委托分配给 HeroListController。

```
let aFetchResultsController = NSFetchedResultsController(fetchRequest:
                fetchRequest, managedObjectContext:context!,
                sectionNameKeyPath:sectionKey, cacheName: "Hero")
aFetchResultsController.delegate = self
_fetchedResultsController = aFetchResultsController
return _fetchedResultsController
```

最后，返回获取结果控制器的值。

## 3.8　获取结果控制器委托方法

由于已将获取结果控制器委托分配给了 HeroListController，因此需要实现这些方法。

在刚刚创建的 fetchedResultsController 方法之后添加以下内容：

```
// MARK: - NSFetchedResultsController Delegate Methods

func controllerWillChangeContent(controller: NSFetchedResultsController) {
    self.heroTableView.beginUpdates()
}

func controllerDidChangeContent(controller: NSFetchedResultsController) {
    self.heroTableView.endUpdates()
}

func controller(controller: NSFetchedResultsController, didChangeSection
            sectionInfo: NSFetchedResultsSectionInfo, atIndex
            sectionIndex: Int, forChangeType type:
NSFetchedResultsChange Type) {
    switch(type) {
        case .Insert:
            self.heroTableView.insertSections(NSIndexSet(index:sectionIndex),
                withRowAnimation: .Fade)
        case .Delete:
            self.heroTableView.deleteSections(NSIndexSet(index:sectionIndex),
                withRowAnimation: .Fade)
        default:
            ()
    }
}

func controller(controller: NSFetchedResultsController, didChangeObject
            anObject: AnyObject, atIndexPath indexPath: NSIndexPath?,
            forChangeType type: NSFetchedResultsChangeType,
            newIndexPath: NSIndexPath?) {
    switch(type) {
        case .Insert:
            self.heroTableView.insertRowsAtIndexPaths([newIndexPath!],
withRowAnimation: .Fade)
        case .Delete:
            self.heroTableView.deleteRowsAtIndexPaths([indexPath!],
withRowAnimation: .Fade)
        default:
            ()
    }
}
```

有关这些方法的具体解释，请参阅第 2 章的"获取结果控制器委托方法"一节。

# 3.9    其他后续工作

最后还有以下几项工作有待完成。

❑    实施 Edit 和"+"（Add）按钮。

❑    为表视图数据源和委托方法编写正确的代码。

❑    使用选项卡选择器对表视图进行排序。

❑    在程序启动时运行获取请求。

❑    错误处理。

看上去还有很多工作，其实不然，下面我们先从错误处理开始。

## 3.9.1    错误处理

读者可以通过使用一个简单的警告视图来显示错误，以使这件事情变得非常容易。要使用警告视图，读者需要实现一个警告视图委托。与 fetchedresultscontroller 类似，读者将使 HeroListController 成为警告视图委托。编辑 HeroListController class 声明如下：

```
class HeroListController: UIViewController, UITableViewDataSource,
UITableViewDelegate,UITabBarDelegate, NSFetchedResultsControllerDelegate {
```

## 3.9.2    实施 Edit 和"+"（Add）按钮

当读者单击"+"（Add）按钮时，应用程序不仅仅只是在表视图中添加了一行，而是同时向托管对象上下文添加了一个新的 Hero 实体。

```
@IBAction func addHero(sender: AnyObject) {
    let managedObjectContext = fetchedResultsController.
              managedObjectContext as NSManagedObjectContext
    let entity:NSEntityDescription = fetchedResultsController.
              fetchRequest.entity!
    NSEntityDescription.insertNewObjectForEntityForName(entity.name!,
              inManagedObjectContext: managedObjectContext)

    var error: NSError?

    if !managedObjectContext.save(&error) {
        let title = NSLocalizedString("Error Saving Entity", comment:
```

```
                            "Error Saving Entity")
        let message = NSLocalizedString("Error was : \(error?.description),
                quitting", comment: "Error was :
                    \(error?.description), quitting")
            showAlertWithCompletion("title", message:"message",
                    buttonTitle:"Aw nuts", completion:{_ in exit(-1)})
    }
}
```

读者可以通过以下代码声明函数 showAlertWithCompletion：

```
func showAlertWithCompletion(title:String, message:String,
        buttonTitle:String = "OK", completion:((UIAlertAction!)->Void)!) {
    let alert = UIAlertController(title: title, message: message,
                preferredStyle: .Alert)
    let okAction = UIAlertAction(title: buttonTitle, style: .Default,
                handler: completion)
    alert.addAction(okAction)
    self.presentViewController(alert, animated: true, completion: nil)
}
```

当单击 Edit 按钮时，程序将自动调用 setEditing:animated:方法，而读者所要做的只是将该方法添加到 HeroListController 中，但无须在界面文件中声明它。

```
override func setEditing(editing: Bool, animated: Bool) {
    super.setEditing(editing, animated: animated)
    addButton.enabled = !editing
    heroTableView.setEditing(editing, animated: animated)
}
```

这里要做的就是调用 super 方法，禁用"+"（Add）按钮（因为用户不会在编辑的同时添加英雄），并调用表视图上的 setEditing:animated:方法。

### 3.9.3 为表视图数据源和委托方法编写相应代码

以第 2 章中的 CoreDataApp 为例，读者需要对以下表视图数据源方法进行修改：

```
// MARK: - Table view data source

func numberOfSectionsInTableView(tableView: UITableView) -> Int {
    // #warning Potentially incomplete method implementation.
    // Return the number of sections.
    return fetchedResultsController.sections?.count ?? 0
}
```

```
func tableView(tableView: UITableView, numberOfRowsInSection section:
Int) -> Int {
    // #warning Incomplete method implementation.
    // Return the number of rows in the section.
    let sectionInfo = fetchedResultsController.sections![section] as
            NSFetchedResultsSectionInfo
    return sectionInfo.numberOfObjects
}
```

接下来，处理表视图单元格的创建，如下所示：

```
func tableView(tableView: UITableView, cellForRowAtIndexPath indexPath:
            NSIndexPath) -> UITableViewCell {
    let cellIdentifier = "HeroListCell"
    let cell = tableView.dequeueReusableCellWithIdentifier(cellIdentifier,
            forIndexPath: indexPath) as UITableViewCell

    // Configure the cell...

    let aHero = fetchedResultsController.objectAtIndexPath(indexPath)
                as NSManagedObject
    let tabArray = self.heroTabBar.items as NSArray!
    let tab = tabArray.indexOfObject(self.heroTabBar.selectedItem!)

    switch (tab){
        case tabBarKeys.ByName.rawValue:
            cell.textLabel?.text = aHero.valueForKey("name") as String!
            cell.detailTextLabel?.text = aHero.valueForKey
("secretIdentity") as String!
        case tabBarKeys.BySecretIdentity.rawValue:
            cell.detailTextLabel?.text = aHero.valueForKey("name") as String!
            cell.textLabel?.text = aHero.valueForKey("secretIdentity") as
String!
        default:
            ()
    }

    return cell
}
```

最后，取消对 tableView:commitEditingStyle:forRowAtIndexPath:的注释，以处理删除行。

```
    // Override to support editing the table view.
func tableView(tableView: UITableView, commitEditingStyle editingStyle:
```

```
                UITableViewCellEditingStyle, forRowAtIndexPath indexPath:
NSIndexPath) {

    let managedObjectContext = fetchedResultsController.
                        managedObjectContext as NSManagedObjectContext!
    if editingStyle == .Delete {
        // Delete the row from the data source
        // tableView.deleteRowsAtIndexPaths([indexPath],withRowAnimation:.
Fade)
        managedObjectContext.deleteObject(
            fetchedResultsController.objectAtIndexPath(indexPath) as
NSManagedObject)
        var error:NSError?
        if managedObjectContext?.save(&error) == nil {
            let title = NSLocalizedString("Error Saving Entity",
                            comment: "Error Saving Entity")
            let message = NSLocalizedString("Error was:\(error?. description),
                            quitting", comment: "Error was : \(error?.
                            description), quitting")
            showAlertWithCompletion(title, message: message, buttonTitle:
                                "Aw Nuts", completion: {_ in exit(-1)})
        }
    } else if editingStyle == .Insert {
        // Create a new instance of the appropriate class, insert it into
the array, and add a new row to the table view
    }
}
```

## 3.9.4　表视图排序

最后，在切换选项卡时，需要更改表视图的顺序。读者需要将以下代码添加给
tabBar:didSelectItem:委托方法：

```
func tabBar(tabBar: UITabBar, didSelectItem item: UITabBarItem!) {
    let defaults = NSUserDefaults.standardUserDefaults()
    let items: NSArray = heroTabBar.items!
    let tabIndex = items.indexOfObject(item)
    defaults.setInteger(tabIndex, forKey: kSelectedTabDefaultsKey)

    NSFetchedResultsController.deleteCacheWithName("Hero")
    _fetchedResultsController = nil

    var error: NSError?
```

```
  if !fetchedResultsController.performFetch(&error) {
    let title = NSLocalizedString("Error performing fetch", comment:
                                  "Error performing fetch")
   let message = NSLocalizedString("Error was : \(error?.description),
                                  quitting", comment: "Error was : \
                                  (error?.description), quitting")
   showAlertWithCompletion("title", message:"message", buttonTitle:
                          "Aw nuts", completion:{_ in exit(-1)})
  } else {
   self.heroTableView.reloadData()
  }
}
```

## 3.9.5　在程序启动时运行获取请求

在 HeroListController viewDidLoad 方法中添加以下内容：

```
//Fetch any existing entities
var error: NSError?
if !fetchedResultsController.performFetch(&error) {
  let title = NSLocalizedString("Error Fetching Entity", comment: "Error
                                Fetching Entity")
  let message = NSLocalizedString("Error was : \(error?.description),
                                quitting", comment: "Error was : \
                                (error?.description), quitting")
  showAlertWithCompletion(title, message: message, buttonTitle:
                        "Aw nuts", completion: { _ in exit(-1)})
}
```

所有的编程工作到这里已基本完成。

✐ 注意：

在上面这些代码中有 4 个地方调用了 showAlert 的同一段代码。我们可以为此进一步单独创建一个函数，用来接收错误代码以显示警报，我们将这个任务留给读者，这是很简单的。

# 3.10　运　行　测　试

还在等什么？做了这么多工作，是时候检验一下成果了。确保所有完成的内容都已保存，然后构建并运行应用程序。

如果一切顺利，当应用程序第一次启动时，读者会看到一个空表，顶部有一个导航栏，底部有一个标签栏（见图 3-36）。单击导航栏左边的"+"按钮将向数据库添加一个新的未命名的超级英雄；单击 Edit 按钮，则允许读者删除英雄。

**注意：**

如果读者的应用程序在运行时崩溃了，那么就要检查一下自己的应用程序是否编写正确。另外，一定确保在数据模型编辑器中为英雄的 name 和 secretIdentity 指定了默认值。如果读者已经这样做了，但应用程序仍然崩溃，请试着重置模拟器。方法如下：打开模拟器，从 iPhone 模拟器菜单中选择 Reset Contents and Settings。在第 5 章中，本书将向读者展示如何避免在对数据模型做出更改后出现此类问题。

现在向应用程序中添加一些未命名的超级英雄，并试着在两个选项卡之间切换，以确保在选择新选项卡时显示的内容会随之发生变化。当读者选择 By Name 选项卡时，屏幕显示的内容应该类似于图 3-1，但是当选择 By Secret Identity 选项卡时，屏幕的内容则应该类似于图 3-37。

图 3-36　运行状态下的 SuperDB 应用程序　　　图 3-37　选择 By Secret Identity 选项卡

选择 By Secret Identity 选项卡没有改变每行的顺序，但优先显示的信息发生了改变。

## 3.11　再　接　再　厉

在这一章中，读者做了很多事情。我们一起了解了如何创建一个使用了标签栏的以导航方式为基础的应用程序，并通过创建实体并为其赋予不同的属性学习了如何设计基本的 Core Data 数据模型。

虽然这个应用程序离最终完成还有一段距离，但读者已经为下一步打下了坚实的基础。请读者准备好翻开新的一页并开始学习创建一个内容编辑页面，该页面将允许用户编辑他们的超级英雄。

# 第4章 来自内容视图的挑战

在第 3 章中，读者构建了应用程序的主视图控制器，设置了按名称和秘密身份排序的功能，并编写了保存、删除和添加新英雄等程序。但目前的应用程序还不能为用户提供一种编辑特定英雄信息的方法，这意味着用户现在只能创建和删除名为 Untitled Hero 的超级英雄。这样的版本是不可能将其发布到 App Store 的。

没关系，应用程序开发本身就是一个迭代过程，任何应用程序的前几个迭代都可能没有足够的功能来独立运行。在本章中，读者将创建一个可编辑的内容视图，让用户可以为每个超级英雄的个人数据进行编辑。

读者要编写的控制器是 UITableViewController 的一个子类，这次使用的是一种在概念上有点复杂但易于维护和扩展的方法。这很重要，因为读者将向 Hero 托管对象添加新的特性，并以其他方式进行扩展，因此需要不断地对用户界面进行改进以适应这些变化。

读者完成编写新的内容视图控制器后，还将为应用程序添加新功能，以便让用户可以就地编辑每个特性。

## 4.1 视图实施方法选择

在 *Beginning iPhone Development with Swift* 一书中读者学习了如何使用 Interface Builder 构建用户界面。在 Interface Builder 中构建可编辑的内容视图无疑是一种方法，但另一种常见的方法是在实施过程中将内容视图做成分组表。查看一下 iPhone 的联系人应用程序或电话应用程序的联系人选项卡（见图 4-1），就会发现在 Apple 的导航类应用程序中，内容编辑视图是使用分组表来实现的，而不是使用 Interface Builder 生成的界面。

既然读者已经为 SuperDB 应用程序选择了 storyboard 作为界面开发工具，那么接下来的界面编辑仍将在 storyboard 中进行。无论出于什么目的，使用 storyboard 进行界面设计其实与使用 Interface Builder 构建界面没有什么差别。

iOS Human Interface Guidelines（http://developer.apple.com/library/ios/document/userexperience/Conceptual/MobileHIG）并没有给出任何关于何时应该使用基于表的内容视图而不是在 Interface Builder 中设计内容视图的实际指导，所以归结起来就是哪个更合适的问题。以下是本书的观点：如果读者正在构建一个基于导航的应用程序，并且数据可以合理而有效地以分组表的形式呈现，那么就应该使用分组表的形式。由于超级英雄数据的结构与联系人应用程序中显示的数据非常相似，因此基于表的内容视图就成为了最佳选择。

图 4-2 所示的表视图显示了来自单个英雄的数据，这意味着该表中的所有内容都来自一个托管对象。每一行所展示的内容都对应着一个该托管对象所包含的特性。例如，在第一分区中，有唯一一行显示了英雄的名字。在编辑模式下，单击某一行特性，将显示出相应的子视图，从而可以修改该特性。例如，对于字符串特性，将显示出一个键盘；而对于一个日期特性来说，则会显示出一个日期选择器。

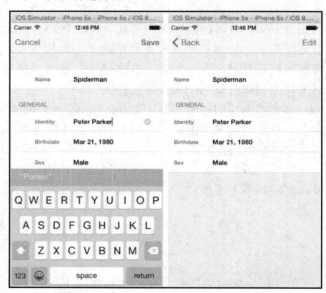

图 4-1　基于表格的内容编辑视图方式　　　　图 4-2　编辑查看模式下的内容视图

表视图在各分区和行中的具体组织形式并不是由托管对象本身决定的。正好相反，表视图的组织形式是由开发人员决定的，读者必须尝试预测什么样的组织形式能够被用户接受。例如，读者可以将所有特性按字母顺序排列，这将把出生日期放在首位。但对用户来说，这样做不是很直观，因为出生日期不是英雄们最重要或可以用来相互区分的决定性特性。一般来讲，英雄的名字和秘密身份才是最重要的特性，因此这两个特性应该在表视图中优先显示。

## 4.2　创建内容视图控制器

请读者找到在学习第 3 章时创建的 SuperDB 项目文件夹并复制一份当作副本。这样做是因为，如果在为程序添加新代码时出现问题，也不必从零开始。在 Xcode 中打开这个项目的新副本。

接下来，创建内容视图控制器。记住，我们正在创建的是一个基于表格的编辑视图，所以，读者需要子类化 UITableViewController。选择 SuperDB.storyboard 并打开 storyboard 编辑器。打开工具窗口（如果刚才没有打开），并在对象库中找到 Table View Controller（表视图控制器），将其拖到 HeroListController 右侧的 storyboard 编辑器中（见图 4-3）。

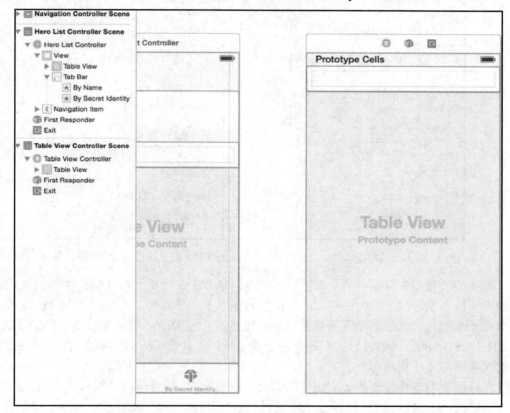

图 4-3　当前 storyboard 展现的外观

单击这个新表视图（视图中的灰色区域）并将工具窗口切换到属性检查器（见图 4-4）。

让我们再次看看图 4-2。内容视图包含了两个部分，所以我们将按下面的方式配置表视图。将 Style 字段从 Plain（普通）更改为 Grouped（分组）。完成之后，Separator（分割）字段应该会自动更改为 Default。接下来，因为已经知道了每个分区中具体的行数，分别是 1 和 3，而且由于数字是固定的，因此可以将 Content（内容）字段从 Dynamic

Prototypes（动态单元格）更改为 Static Cells（固定单元格）。同样，Content 字段下面的字段自动从 Prototype Cells（原型单元格）更改为 Sections（分区）。读者已经知道分区的数量是 2，因此请在该字段中输入 2。最后，我们不希望单元格在选中时被突出显示，因此将 Selection（选取）字段更改为 Single Selection（单一选取）。现在，表视图的属性检查器窗口应该如图 4-5 所示。

图 4-4　表视图特性　　　　　　　　　图 4-5　表视图特性设置的最终状态

现在的表视图中应该有两个分区，每个分区包含了 3 个单元格（见图 4-6）。分区 1 中的单元格数量超过了我们所需要的。这里只需要一个单元格。所以，请在分区 1 中选择第 2 个单元格。此时该单元格应该变为突出显示，按 Delete 键，删除该单元格（或者选择 Edit→Delete）。这时分区 1 还有两个单元格，并且最下边的单元格是突出显示的，请继续将该单元格删除。

在分区 1 中选择仅剩的一个表视图单元格。打开属性检查器，将 Style 从 Custom（自定义）更改为 Left Detail。将 Identifier 设置为 HeroDetailCell。最后，将 Selection 设置为 None。现在的属性检查器应该如图 4-7 所示。请用同样的方式对分区 2 中的 3 个表视图单元格特性进行设置。

一般来讲，在第二个分区中将需要一个标题标签。在分区 2 中选择 3 个单元格正上方或正下方的区域。选中后属性检查器中的内容会变为 Table View Section（表视图分区），如图 4-8 所示。在 Header（头信息）字段中输入 General。现在，分区 2 的标签名称应该已经随之变化。

图 4-6　完成特性设置后的表视图　　　　　　　图 4-7　设置表视图单元格特性

　　顺便说一下，注意表视图分区的属性检查器中的第一个字段是 Rows，读者可以使用该特性将分区 1 的行数从 3 更改为 1。

　　现在，读者的表视图应该如图 4-9 所示。看起来布局工作已经完成了。

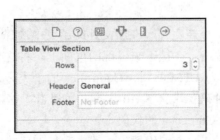

图 4-8　表视图分区的特性　　　　　　　　　　图 4-9　表视图布局完成

### 4.2.1　连接页面跳转

当用户单击 HeroListController 中的单元格时，我们希望应用程序会将界面转换到内容表视图。为达到这一目的，用 Control+拖动的方式从 HeroListController 中拖动表视图单元格到内容表视图（见图 4-10）。当弹出跳转菜单时（见图 4-11），在 Select Segue（选择跳转）标题下选择 push。

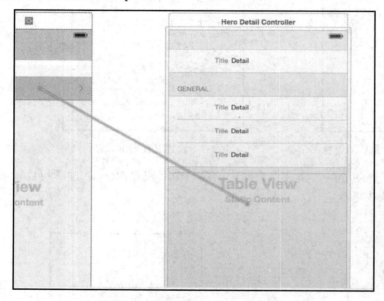

图4-10　用Control+拖动鼠标的方式创建页面跳转　　　　　图4-11　页面跳转弹出菜单

现在，读者需要创建表视图子类，以便填充内容表视图单元格。

### 4.2.2　HeroDetailController 类

在导航器窗口中单击 SuperDB 组并创建一个新文件。在新文件助手页中选择 Cocoa Touch Class（Cocoa Touch 类）并单击 Next 按钮。在接下来出现的页面上，将这个新建的类命名为 HeroDetailController，并使该类成为 UITableViewController 的子类。请确保 Also create XIB file 复选框处于未选中状态，并确保选择 Swift 作为开发语言，单击 Next 按钮完成文件的创建。在类声明之前添加导入 CoreData 的代码行。

接下来，选择 SuperDB.storyboard。在 storyboard 编辑器中，选中我们创建的内容表视图。请确保在内容表视图标签中能够看到 3 个图标。选择表视图控制器图标，并在工具窗口中打开身份检查器。在 Custom Class 中，将 Class 字段更改为 HeroDetailController。

还有一点。当子类化 UITableViewController 时，Xcode 给出了表视图数据源和委托方法的 HeroDetailController 实现代码。现在还不需要它们（但是稍后会需要），所以请先将这些代码注释掉。找到以下方法并将其注释掉（方法体也是）：

```
override func numberOfSectionsInTableView(tableView: UITableView) -> Int
override func tableView(tableView: UITableView, numberOfRowsInSection
section: Int) -> Int
```

到这里，我们完成了 HeroDetailController 的创建，并在 storyboard 中将内容视图控制器设置为 HeroDetailController 的一个实例。现在，将开始创建属性列表，以便定义表分区。

## 4.3　内容视图的挑战

表视图结构体系旨在有效地展示存储在各种数据集合中的数据。例如，可以使用表视图显示储存在 NSArray 或是在获取结果控制器中的数据。然而，当读者创建一个内容视图时，则通常会用其来显示来自单个对象的数据。在当前这个例子中，需要显示的就是一个用来代表单个超级英雄的 NSManagedObject 实例。虽然一个托管对象使用的是键值编码，但不意味该托管对象拥有以合理的顺序显示其属性的机制。例如，NSManagedObject 自己并不知道 name 特性相较于其他特性来说是最重要的，同样也不知道自己应该像图 4-2 那样将数据呈现出来。

找出一种适合的、高可维护性的方法在内容编辑视图中列举出不同分区和各行的内容是一项非常重要的任务。最明显的解决方案，同时也是在线示例代码中经常看到的解决方案，即使用枚举来列出表分区，然后在每个分区中添加枚举，添加枚举包含了各种常量以及每个分区的行数，如下所示：

```
enum HeroEditControllerSections:Int {
    case Name
    case General
    case Count
}

enum HeroEditControllerName:Int {
```

```
    case Row
    case Count
}

enum HeroEditControllerGeneralSection:Int {
    case SecretIdentityRow
    case BirthdateRow
    case SexRow
    case Count
}
```

然后，在每个提供索引路径的方法中使用 switch 语句。用户可以根据这些索引路径
表示的行和分区做出适当的操作，具体代码如下：

```
func tableView(tableView: UITableView, didSelectRowAtIndexPath indexPath:
NSIndexPath) {
  var section = indexPath.section
  var row = indexPath.row

  switch section {
    case HeroEditControllerSection.Name.rawValue:
      switch row{
        case HeroEditControllerName.Row :
          // Create a controller to edit name
          // and push it on the stack
          //...
          ()
        default:
          ()
      }
    case HeroEditControllerSections.General.rawValue:
      switch row {
        case HeroEditControllerGeneralSection.SecretIdentityRow.rawValue:
          // Create a controller to edit secret identity
          // and push it on the stack
          //...
          ()
        case HeroEditControllerGeneralSection.BirthdateRow.rawValue:
          // Create a controller to edit birthdate and
          // push it on the stack
          //...
          ()
        case HeroEditControllerGeneralSection.SexRow:
```

```
              // Create a controller to edit sex and push it
              // on the stack
              //...
              ()
          default:
              ()
      }
    default:
      ()
  }
}
```

但这种方法的问题是完全不具备可扩展性。像这样一组嵌套的 switch 语句需要出现在几乎每个采用了索引路径的表视图委托或数据源方法中，这意味着如果进行添加、删除行和分区等操作，则需要在多个位置更新代码。

此外，每个 case 语句下的代码都比较相似。在这种特殊情况下，读者将不得不创建新的控制器实例或使用指向现有控制器的指针，设置一些属性来指明哪些值需要被编辑，最后再将控制器推入导航堆栈。如果这些 switch 语句的任何地方出现了逻辑问题，那么读者将很可能不得不在几个地方甚至几十个地方对该逻辑进行修改。

## 4.4　使用属性列表控制表结构

正如读者所看到的，最明显的解决方案并不一定总是最好的。读者绝不希望类似的代码块七零八落地散落在控制器类中，也不希望维护多个复杂的决策树副本。所以，有一个更好的方法。

我们可以使用属性列表来镜像表结构。当用户浏览应用程序时，程序可以使用存储在属性列表中的数据来构造适当的表视图。属性列表是一种简单但功能强大的存储信息的方法。

接下来一起快速回顾一下属性列表。

## 4.5　什么是属性列表

属性列表是表示、存储和检索数据的简单方法。Mac OS X 和 iOS 系统都广泛使用了属性列表。在属性列表中，可以使用两种数据类型：基本型和集合型。可用的基本型数据类型有字符串型、数字型、二进制型、日期型和布尔型。可用的集合型数据类型是数组型和字典型。集合型也可以分为基本集合型和其他集合型。属性列表可以存储为两种文件类型：XML 和二进制数据。Xcode 提供了一个属性列表编辑器，使管理属性列表变得更容易。稍后，我们会一起讨论一下。

属性列表以根节点开始。从技术上讲，根节点可以是任何类型，基本型或集合型。然而，基本型的属性列表用处有限，因为这样的属性列表其实是只有一个值的"列表"，更常见的属性列表是以集合型（数组型或字典型）根节点开始的。当读者使用 Xcode 属性列表编辑器创建属性列表时，根节点类型将为字典型。

注意：

读者可通过阅读 Apple 的相关文档来了解更多关于属性列表的内容：

https://developer.apple.com/library/ios/documentation/Cocoa/Conceptual/PropertyLists/Introduction/Introduction.html

那么，如何使用属性列表来描述表视图呢？我们再看一下图 4-2，可以看到该表有两个分区。第一个分区没有标题，但是第二个分区有一个名为 General 的标题。每个分区中都包含一定数量的行（分别为 1 行和 3 行），其中每一行表示托管对象的特定属性。此外，每一行还有一个标签，该标签用来告诉用户该行显示的是什么特性的值。

首先，读者可以将一个表想象成一个数组，该数组中的每个项目都代表着表中的一个分区。而每个分区依次由一个字典表示。在区字典中都会有一个头键，头键以字符串类型存储着头信息的值。注意，在示例程序表的第一分区中没有头信息，这意味着读者使用了一个空字符串来表示该分区的头信息。

注意：

如果读者还记得，属性列表中只有 5 种基本数据类型：字符串型、数字型、二进制型、日期型和布尔值型。这意味着读者没有办法表示 nil 值。因此，读者必须使用一个空的字符串来表示 nil。

区字典的次键是关于行的。这个键的值将会是另一个数组，该行数组中的每一个项目即代表着表内每一行中的数据。每一行数据，都使用一个字典来表示。每个行字典都有一个标签键，该标签键引用的是与行中所要呈现的托管对象的特性名称相同的字符串，也就是说该特性的名称将同时被用作行标签和特性键的名称。

有点困惑是不是？别担心，文字描述可能会有些难以理解。图 4-12 用图形的方式对以上概念进行了解释。

以上这些应该是起始阶段读者表述表结构时所需要的所有数据结构。幸运的是，如果读者在将来发现还需要为每一行添加其他信息，那么只需要直接添加数据而不会影响整个表现有的设计。

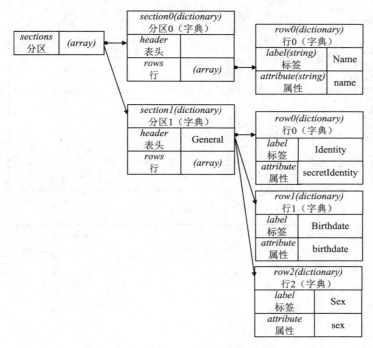

图 4-12　形化呈现的属性列表

现在一起来构建我们的内容视图吧！

# 4.6　通过属性列表定义表视图

在导航器窗口中选择 Supporting Files 组，选中后该组会以突出形式显示。现在，创建一个新文件。在新文件助手页中，选择标题 iOS 下面的 Resource（资源）。然后选择模板 Property List（属性列表），如图 4-13 所示，最后单击 Next 按钮。请将新的文件命名为 HeroDetailConfiguration.plist 并单击 Create 按钮。此时，一个名为 HeroDetailonfiguration.plist 的新文件出现在 Supporting Files 组中，并且该文件处于被选中状态，同时编辑器窗口应该切换成了该属性列表的编辑器模式（见图 4-14）。

前面我们说过属性列表的根节点类型可以是一个字典。这意味着每个节点都将是一个键值对。读者可以将键值对视为一个字符串，其值可以是任何基本型（字符串、数字、二进制、日期或布尔值）数据或集合型（数组或字典）数据。

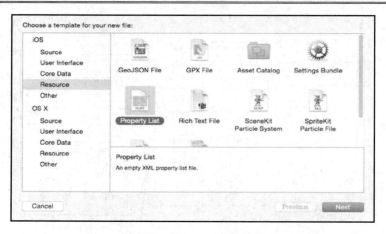

图 4-13　Resource 文件模板

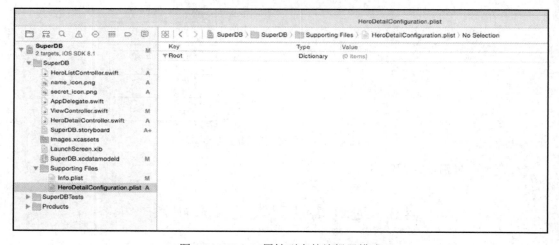

图 4-14　Xcode 属性列表的编辑器模式

　　接下来，将从创建区数组开始。为此，需要先向属性列表添加一个新的项目。有两种方法可以做到这一点。这两种方法都需要先选中 Key（键）列下名称为 Root（根节点）的行。使用第一种方法时，在属性列表编辑器的空白区域按住 Control 键同时单击鼠标左键，在弹出的菜单中选择 Add Row（添加行）选项。而另一种方法是使用常规菜单的方式来添加，即选择 Editor→Add Item（添加项目）选项。无论选择哪种方法，都可以在属性列表编辑器中添加新的一行（见图 4-15）。此时，该新项目的键名称应该为 New Item，并且该名称处于突出显示状态。输入 sections 并按 Return 键完成键名的更改。

　　接下来，单击 Type（类型）列下 String（字符串）旁边的箭头，查看可选的数据类

型。选择 Array（数组）。此时，Value 列应该变为(0 items)。因为向区数组中添加项有点
棘手，所以请确保认真执行下面的步骤。

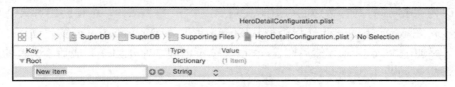

图 4-15　在属性列表中添加一个新项目

当将 sections 的类型从 String 更改为 Array 时，在 sections 键的左侧将会出现一个可
展开三角形图标（见图 4-16）。单击这个三角形图标，使其指向下方（见图 4-17）。现
在单击 sections 右侧的"+"按钮，在 sections 下面插入新的一行。此时，sections 的 Value
列被更改为(1 item)，新行的键名为 Item 0，类型为 String，Value 列处于被选中状态。现
在先不要输入任何东西，选中 sections 行，使其突出显示，然后再次单击 sections 旁边的
"+"按钮插入另一行，键名为 Item 1，类型为 String，仍然没有任何值。Value 单元格此
时应为选中状态且伴有一个图表。接下来将 Item 0 和 Item 1 的类型从 String 更改为
Dictionary（字典）（见图 4-18）。

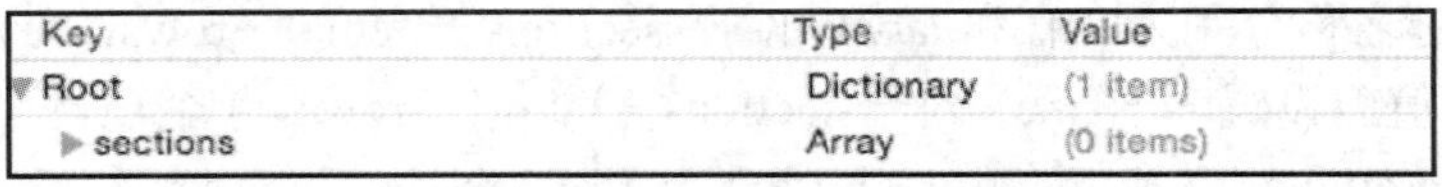

| Key | Type | Value |
| --- | --- | --- |
| ▼Root | Dictionary | (1 item) |
| ▶ sections | Array | (0 items) |

图 4-16　将类型从 String 更改为 Array

| Key | Type | Value |
| --- | --- | --- |
| ▼Root | Dictionary | (1 item) |
| ▼ sections | Array | (0 items) |

图 4-17　单击可展开三角形图标以便打开数组

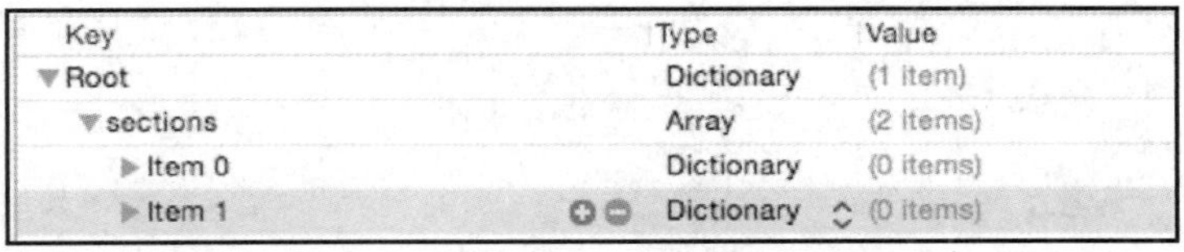

| Key | Type | Value |
| --- | --- | --- |
| ▼Root | Dictionary | (1 item) |
| ▼ sections | Array | (2 items) |
| ▶ Item 0 | Dictionary | (0 items) |
| ▶ Item 1 | Dictionary | (0 items) |

图 4-18　添加两个字典类项目

还记得要创建一个数组吗？该数组中的每个项目都表示表视图的一个分区。读者刚
刚已经创建了这两个项目。Item 0 便是 HeroDetailController 表视图的第一分区，而 Item 1
就是第二分区。

现在，读者要在每个分区下面创建行数组，以便保存每个分区的行信息。在 Item 0

旁边有一个可展开三角形图标，打开该三角形图标并单击 Item 0 旁边的 "+" 按钮，在 Item 0 下创建新的一行，该行的默认键名为 New Item，类型为 String。将键名更改为 rows，并将类型更改为 Array。打开行旁边的可展开三角形，单击 "+" 按钮，这将创建另一个 Item 0，不过这次是在 rows 下面。此处将类型从 String 更改为 Dictionary。重复此过程，在标题 Item 1 下添加一个 rows 项，然后在这个 rows 项下创建 3 个项目。完成后，读者的属性列表编辑器应该如图 4-19 所示。

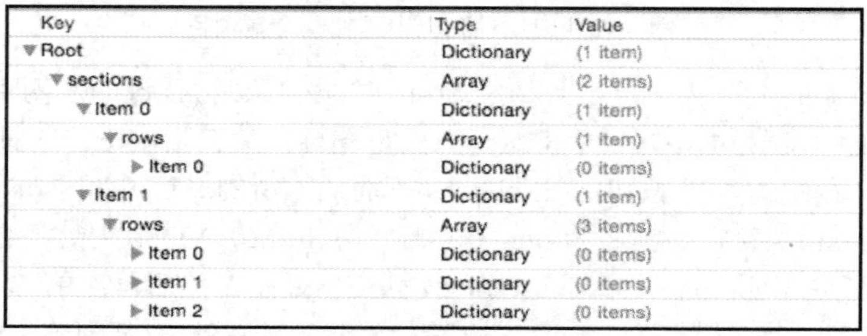

| Key | Type | Value |
| --- | --- | --- |
| ▼ Root | Dictionary | (1 item) |
| 　▼ sections | Array | (2 items) |
| 　　▼ Item 0 | Dictionary | (1 item) |
| 　　　▼ rows | Array | (1 item) |
| 　　　　▶ Item 0 | Dictionary | (0 items) |
| 　　▼ Item 1 | Dictionary | (1 item) |
| 　　　▼ rows | Array | (3 items) |
| 　　　　▶ Item 0 | Dictionary | (0 items) |
| 　　　　▶ Item 1 | Dictionary | (0 items) |
| 　　　　▶ Item 2 | Dictionary | (0 items) |

图 4-19　当前的 HeroDetailConfiguration.plist

对于每个行数组中的每个项目，读者需要添加另外两个条目。这两个条目的类型应为字符串型，键名称分别为 key 和 label。对于 sections→Item 0→rows，key 的值应设置为 name，label 的值应设置为 Name；对于 sections→Item 1→rows，3 个项目中的 key 和 label 的值分别是 secretIdentity 和 Identity、birthDate 和 Birthdate 以及 sex 和 Sex。完成后，属性列表编辑器窗口应该如图 4-20 所示。

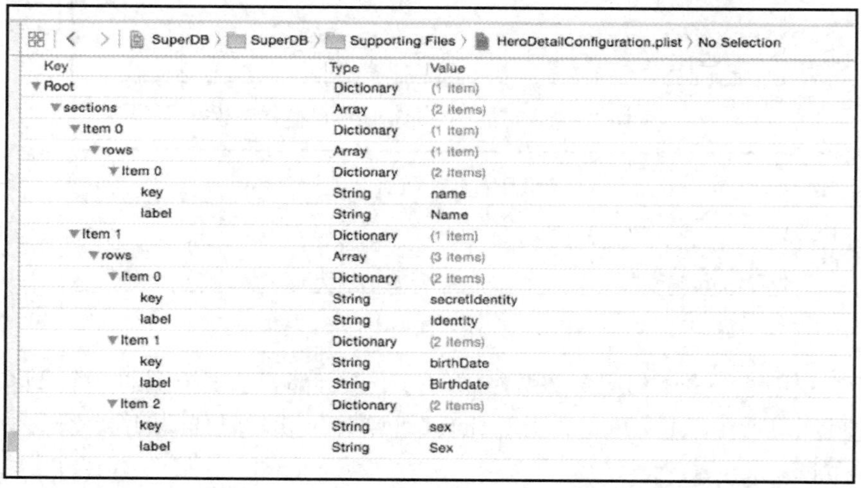

| Key | Type | Value |
| --- | --- | --- |
| ▼ Root | Dictionary | (1 item) |
| 　▼ sections | Array | (2 items) |
| 　　▼ Item 0 | Dictionary | (1 item) |
| 　　　▼ rows | Array | (1 item) |
| 　　　　▼ Item 0 | Dictionary | (2 items) |
| 　　　　　key | String | name |
| 　　　　　label | String | Name |
| 　　▼ Item 1 | Dictionary | (1 item) |
| 　　　▼ rows | Array | (3 items) |
| 　　　　▼ Item 0 | Dictionary | (2 items) |
| 　　　　　key | String | secretIdentity |
| 　　　　　label | String | Identity |
| 　　　　▼ Item 1 | Dictionary | (2 items) |
| 　　　　　key | String | birthDate |
| 　　　　　label | String | Birthdate |
| 　　　　▼ Item 2 | Dictionary | (2 items) |
| 　　　　　key | String | sex |
| 　　　　　label | String | Sex |

图 4-20　完成全部设置后的 HeroDetailConfiguration.plist

接下来，读者将会使用这个属性列表来建立 HeroDetailController 表视图。

## 4.7 属性列表解析

现在，读者需要添加一个属性来存储刚刚在 HeroDetailController.swift 中创建的属性列表中的信息。

```
var sections:[AnyObject]!
```

接下来，需要加载属性列表并读取 sections 键。在 viewDidLoad 结尾之前的位置添加以下代码：

```
var plistURL=NSBundle.mainBundle().URLForResource"HeroDetailConfiguration",
                                withExtension:"plist")
var plist = NSDictionary(contentsOfURL:plistURL!)
self.sections = plist.valueForKey("sections") as NSArray
```

读者声明了一个 AnyObject 的数组型属性 sections，该属性用来保存属性列表 HeroDetailConfiguration.plist 中数组 sections 的内容。使用 NSDictionary 类方法 dictionaryWithContentsOfURL:来读取属性列表中的内容，由于读者知道这个字典只有一个键名称为 sections 的键值对，所以将该键的值读入 sections 属性，然后使用该属性生成 HeroDetailController 表视图。

现在，读者已经建立了填充 HeroDetailController 表视图单元格所需的元数据，但是目前还没有实际的数据。针对这一点，可以通过以下两种方式从 HeroListController 中调入：单击一个单元格或者单击"+"（Add）按钮。

## 4.8 推 送 内 容

在使 HeroListController 发送数据之前，需要让 HeroDetailController 准备好接收数据。所以请添加以下属性到 HeroDetailController.swift 中的 HeroDetailController 声明：

```
var hero: NSManagedObject!
```

现在开始编辑 HeroListController 中的 addHero:函数。请对下面这行代码进行相应的修改：

```
NSEntityDescription.insertNewObjectForEntityForName(entity.name!,
                     inManagedObjectContext:managedObjectContext)
```

修改为：

```
var newHero=NSEntityDescription.insertNewObjectForEntityForName(entity.
       name!, anagedObjectContext: managedObjectContext)
       as NSManagedObject
```

然后在结尾处添加以下内容：

```
self.performSegueWithIdentifier("HeroDetailSegue", sender: newHero)
```

首先，将新的 Hero 实例分配给变量 newHero，然后告诉 HeroListController 执行名为 HeroDetailSegue 的页面跳转并将 newHero 作为触发控件传递。读者会好奇，那个名为 HeroDetailSegue 的页面跳转是从哪里来的？当然是我们自己创建的！

读者还记得之前创建的当用户单击 HeroListController 中的单元格时触发的页面跳转吗？现在需要将其处理掉。为什么？因为该跳转不能提供程序在单元格和"+"（Add）按钮间转换时所需的灵活性。读者需要创建一个手动的页面跳转并从代码中调用该跳转。

选中 SuperDB，找到 HeroListController 和 HeroDetailController 之间的页面跳转并将其删除。然后将光标放在 HeroListController 顶部（标签中的图标），按住 Control 键的同时拖动鼠标到 HeroDetailController（视图中的某个位置），此时会弹出页面跳转菜单。选择 push 菜单项，在两个视图控制器之间会出现一个新的页面跳转。选中该跳转，在属性查看器中将该跳转的 Identifier 项设置为 HeroDetailSegue（见图 4-21）。

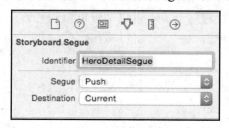

图 4-21　设置页面跳转标识符

现在，读者需要将 HeroListController 的单元格连接到 HeroDetailSegue。编辑 HeroListController.swift，找到方法 tableView:didSelectRowAtIndexPath:，替换方法主体或简单地创建如下函数：

```
func tableView(tableView: UITableView, didSelectRowAtIndexPath indexPath:
```

```
NSIndexPath){
    var selectedHero = self.fetchedResultsController.objectAtIndexPath
(indexPath)
        as NSManagedObject
    self.performSegueWithIdentifier("HeroDetailSegue",
                                sender: selectedHero)
}
```

　　本质上来讲，读者现在做的与刚才在 addHero:中做的是同样的事情，只不过 Hero 对象来自获取结果控制器，而不是被重新创建的。到目前为止，这看起来还不错，但是仍然没有向 HeroDetailController 发送任何数据。我们将在 UIViewController 方法 prepareForSegue:sender:中来处理这一点。将此方法添加到 HeroListController（可以直接从模板代码中取消注释；如果在模板中没有发现该段代码，那么可以把以下这一段内容放在 setEditing:animated:方法后面的任何地方）：

```
override func prepareForSegue(segue: UIStoryboardSegue,sender:AnyObject?) {
    // Get the new view controller using [segue destinationViewController].
    // Pass the selected object to the new view controller.
    if segue.identifier == "HeroDetailSegue"{
        if let _sender = sender as? NSManagedObject{
            var detailController:HeroDetailController = segue.destination
                            ViewController as HeroDetailController
            detailController.hero = sender as NSManagedObject
        } else {
            let title = NSLocalizedString("Hero Detail Error", comment: "Hero
                    Detail Error")
            let message = NSLocalizedString("Error trying to show Hero detail",
                    comment: "Error trying to show Hero detail")
            showAlertWithCompletion(title, message:"message", buttonTitle:
                    "Aw nuts", completion:{_ in exit(-1)})
        }
    }
}
```

　　注意，prepareForSegue:sender:在方法内部由 performSegueWithName:sender:调用。这是 Apple 为我们准备的一个连接方法，以便在显示 HeroDetailController 之前将一切进行正确的设置。

# 4.9　显　示　内　容

将 Hero 对象从 HeroListController 发送到 HeroDetailController。现在，可以进行显示内容的设置了。编辑 HeroDetailController.Swift 并找到函数 tableView:cellForRowAtIndexPath:。还记得吗？之前已经将其注释掉了，所以该函数不会出现在跳转栏函数菜单中。现在取消对该函数的注释，将程序替换为以下内容：

```
let cellIdentifier = "HeroDetailCell"
var cell = tableView.dequeueReusableCellWithIdentifier(cellIdentifier)
        as? UITableViewCell

if cell == nil {
    cell=UITableViewCell(style:.Value2,reuseIdentifier:cellIdentifier)
}

// Configure the cell...
var sectionIndex = indexPath.section
var rowIndex = indexPath.row
var _sections = self.sections as NSArray
var section = _sections.objectAtIndex(sectionIndex) as NSDictionary
var rows = section.objectForKey("rows") as NSArray
var row = rows.objectAtIndex(rowIndex) as NSDictionary

cell?.textLabel?.text = row.objectForKey("label") as String!
var dataKey = row.objectForKey("key") as String!

cell?.detailTextLabel?.text = self.hero.valueForKey(dataKey) as String!

return cell!
```

构建并运行应用程序。看到英雄列表后单击其中一个来查看内容。

没有成功是不是？为什么呢？问题是由出生日期特性引起的。如果读者还记得的话，出生日期特性是一个 **NSDate** 对象，但 cell.textLabel.text 需要的是一个字符串。关于 cell.textLabel.text 我们稍后再进行具体的操作，现在，需要对其进行如下更改：

```
cell?.detailTextLabel?.text = self.hero.valueForKey(dataKey)?.description
```

再试一次。查看现有的英雄并尝试添加一个新的英雄。添加英雄之后，读者的内容视图应该如图 4-22 所示。

图 4-22　新英雄的内容视图

## 4.10　编　辑　内　容

回顾图 4-2，并将其与图 4-22 进行比较，会发现图 4-2 右侧图片的导航栏中有一个 Edit 按钮，并且图 4-2 还在左侧图片中展示了内容视图的编辑模式。现在一起来添加 Edit 按钮并在 HeroDetailController 中实现编辑模式。

## 4.11　内容视图中的编辑模式

比较图 4-2 中的两张图片。这两张图片具体有什么不同呢？首先，右图中的 Edit 按钮在左图中被替换成了 Save 按钮。另外，Save 按钮会突出显示，Back 按钮被 Cancel 按钮取代，而且左图中的单元格似乎是缩进的。虽然看起来有很多变化，但是实现起来并没有那么复杂。

首先，将 Edit 按钮添加到导航栏。选择 HeroDetailController.swift 并找到 viewDidLoad

方法，取消对以下代码行的注释：

```
self.navigationItem.rightBarButtonItem = self.editButtonItem()
```

运行应用程序并进入内容视图。此时在导航栏的右边会出现一个 Edit 按钮。如果读者单击该按钮，表视图会显示出如图 4-23 所示的内容。

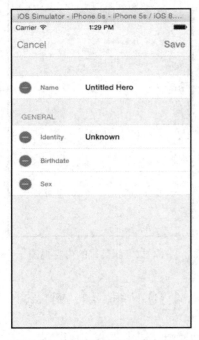

图 4-23 编辑模式下的内容视图

请注意，这时的 Edit 按钮已自动变为 Done 按钮并突出显示。如果单击 Done 按钮，其将恢复成 Edit 按钮。这很好，但是我们其实更希望 Done 显示为 Save。当然，这需要做进一步的工作。

如读者所看到的，editButtonItem 方法提供了一个 UIBarButton 的实例，该实例可以在 Edit 和 Done 按钮被按下时在两者之间相互切换，也可以使 HeroDetailController 中的编辑属性（该属性继承自 UITableViewController）在 true 和 false 状态之间相互切换，另外，该按钮还可以调用 setEditing:animated:制作回调效果。

我们想用 Save 替换 Done。为达到此目的，需要先用 Save 按钮替换 Edit 按钮，然后添加一个特定的方法来处理保存功能，读者将在稍后的内容中学习使用该方法。但首先，需要为 Save 按钮添加一个属性和一个回调方法。由于只有进入 HeroDetailController 内部时才会访问 Save 按钮，所以可以为其设置一个私有属性，而且由于回调方法只会被 Save 按钮使用，所以该回调方法也可以被设置成一个私有声明。编辑 HeroDetailController.swift 并将以下代码添加到类声明之后：

```
var saveButton: UIBarButtonItem!
```

接下来需要创建 Save 按钮的实例，并将其分配给变量 saveButton。现在请将以下代码添加到 HeroDetailController.swift 的 viewDidLoad 中，具体位置就在 viewDidLoad 中刚刚取消注释的 Edit 按钮代码的后面。

```
self.saveButton = UIBarButtonItem(barButtonSystemItem: .Save, target:
                  self, action: "save")
```

现在，需要实现 Edit 和 Save 按钮之间的切换。但应该在哪里调用这个方法呢？请记住，当 Edit 按钮被按下时，该按钮将调用 setEditing:animated:方法。所以，覆盖默认的 setEditing:animated:方法就可以实现按钮的切换。

```
override func setEditing(editing: Bool, animated: Bool) {
    super.setEditing(editing, animated: animated)
    self.navigationItem.rightBarButtonItem = editing ? self.saveButton : self.
    editButtonItem()
}
```

还需要添加保存方法（可以将该方法放在整个文件的底部，即最后一个大括号之前）。

```
//MARK: - (Private) Instance Methods

func save() {
    self.setEditing(false, animated: true)
}
```

保存现在的成果并运行应用程序。通过导航栏进入内容视图并单击 Edit 按钮，随着读者在进入和退出两种编辑模式之间的切换，该按钮也会在 Edit 和 Save 之间来回切换。现在，一起来对视图做进一步修改以便将 Back 按钮更改为 Cancel 按钮。

这个操作几乎与 Edit 和 Save 按钮的切换操作一模一样：声明一个属性和回调方法，以便在导航栏中切换按钮。不过，这里还需要另外一个属性来存储 Back 按钮，所以请将以下内容添加到 HeroDetailController.swift 中：

```
var backButton: UIBarButtonItem!
var cancelButton: UIBarButtonItem!
```

将当前导航栏左侧的 Back 按钮保存到变量 backButton 中，然后在 viewDidLoad 中创建一个 Cancel 按钮的实例，并将其分配给 navigationItem 上的 backButton。

```
self.backButton = self.navigationItem.leftBarButtonItem
self.cancelButton = UIBarButtonItem(barButtonSystemItem: .Cancel,
                    target: self, action: "cancel")
```

修改 setEditing:animated:以便实现 Back 和 Cancel 按钮之间的切换。

```
self.navigationItem.leftBarButtonItem = editing ? self.cancelButton :
                                        self.backButton
```

最后，添加 Cancel 的回调方法。目前，该回调方法与 Save 使用的方法相同，但我们很快就会在以后的内容中对其进行修改。

```
func cancel() {
    self.setEditing(false, animated:true)
}
```

再次运行应用程序。现在，当单击内容视图中的 Edit 按钮时，原来的 Back 按钮会变为 Cancel 按钮。如果按下这个 Cancel 按钮，则程序会退出编辑模式。

现在，要删除在编辑模式中出现在每个单元格左侧的那些红色按钮。当单击这些按钮时，按钮会发生旋转，同时，在相应的单元格中将出现一个 Delete 按钮。这些按钮的内容与目前的内容视图无关，我们不能删除这个特性（但是，可以清除该特性，或者将该特性的值设置为 nil），但又不想让这个按钮出现，因此读者需要将以下方法添加到 HeroDetailController.swift 中（可以与其他表视图委托方法放在一起）：

```
override func tableView(tableView:UITableView,editingStyleForRowAtIndexPath
            indexPath: NSIndexPath) -> UITableViewCellEditingStyle {
    return .None
}
```

再次运行应用程序会发现那些红色按钮不见了。现在，可以切换内容视图的编辑模式，但仍然还不能编辑任何内容。还需要做一些工作来添加具体的功能。

## 4.12　创建一个自定义 UITableViewCell 子类

现在，让我们再一起看看联系人应用程序。当编辑联系人的特性时，将出现一个键盘附属视图（见图 4-24），读者可以通过该附属视图进行内联编辑。接下来，我们将在 SuperDB 应用程序中模拟此功能，这需要开发一个自定义 UITableViewCell 子类。

先一起看看当前表视图单元格的布局。目前，我们对单元格内的两个部分（textLabel 和 detailTextLabel）进行了设置（见图 4-25）。这两个部分都是静态文本，可以通过编程的方式给这两个部分分配值，但无法通过用户界面进行交互。iOS SDK 没有提供一个类，使我们可以静态分配 textLabel、编辑 detailTextLabel 的部分，而这正是我们想要做的。

图 4-24　联系人应用程序的编辑界面

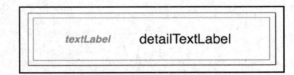

图 4-25　当前的表视图分解示意图

我们要做的关键一步是用 UITextField 来替换 detailTextLabel 属性。这将使我们能够对表视图单元格以内的内容进行编辑。由于替换了表视图单元格的一部分，所以还必须对 textLabel 进行替换；又因为该文本是静态的，所以我们将使用 UILabel。原则上，自定义表视图单元格最后应该如图 4-26 所示。

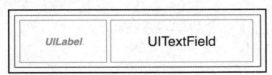

图 4-26　自定义表视图分解示意图

现在来开始实际的操作。

单击导航器窗口中的 SuperDB 组并创建一个新文件。在 Source 模板中选择 Choose Cocoa Touch Class，将该类设置为 UITableViewCell 的子类，并将其命名为 SuperDBEditCell。单击 Next 按钮，然后单击 Create 按钮。

我们需要的是一个 UILabel 和一个 UITextField，因此将以下属性添加到 SuperDBEditCell.

swift 中。

```
class SuperDBEditCell: UITableViewCell

    var label: UILabel!
    var textField: UITextField!
```

现在添加适当的初始化代码。编辑 SuperDBEditCell.swift 并添加代码 initWithStyle: reuseIdentifier:。具体内容如下：

```
override init(style: UITableViewCellStyle, reuseIdentifier: String?) {
    super.init(style: style, reuseIdentifier: reuseIdentifier)

    self.selectionStyle = .None

    self.label = UILabel(frame: CGRectMake(12, 15, 67, 15))
    self.label.backgroundColor = UIColor.clearColor()
    self.label.font = UIFont.boldSystemFontOfSize(UIFont.smallSystemFontSize())
    self.label.textColor = kLabelTextColor
    self.label.text = "label"
    self.contentView.addSubview(self.label)

    self.textField = UITextField(frame: CGRectMake(93, 13, 170, 19))
    self.textField.backgroundColor = UIColor.clearColor()
    self.textField.clearButtonMode = .WhileEditing
    self.textField.enabled = false

    self.textField.font = UIFont.boldSystemFontOfSize(UIFont.systemFontSize())
    self.textField.text = "Title"
    self.contentView.addSubview(self.textField)
}

required init(coder aDecoder: NSCoder) {
    super.init(coder: aDecoder)
}
```

注意，kLabelTextColor 是我们计算的一个常量，因此标签将具有与以前相同的颜色。请在类声明之前添加以下代码：

```
let kLabelTextColor = UIColor(red: 0.321569, green: 0.4, blue: 0.568627,
                              alpha: 1)
```

现在需要调整 HeroDetailController 以便可以使用 SuperDBEditCell。但在这之前，需要先调整 SuperDB.storyboard 中的配置。

　　打开 SuperDB.storyboard 并选中 HeroDetailController 中的第一个表视图单元格。打开身份检查器并将 Class 字段更改为 SuperDBEditCell，然后切换到属性检查器，将 Style 更改为 Custom。接下来对其他 3 个表视图单元格重复此操作。

　　在 HeroDetailController.swift 中找到 tableView:cellForRowAtIndexPath:并对其进行如下修改：

```
let cellIdentifier = "SuperDBEditCell" //"HeroDetailCell"
var cell = tableView.dequeueReusableCellWithIdentifier(cellIdentifier)
          as? SuperDBEditCell

if cell == nil {
    cell = SuperDBEditCell(style:.Value2,reuseIdentifier: cellIdentifier)
}

// Configure the cell...
var sectionIndex = indexPath.section
var rowIndex = indexPath.row
var _sections = self.sections as NSArray
var section = _sections.objectAtIndex(sectionIndex) as NSDictionary
var rows = section.objectForKey("rows") as NSArray
var row = rows.objectAtIndex(rowIndex) as NSDictionary
var dataKey = row.objectForKey("key") as String!

cell?.label.text = row.objectForKey("label") as String!
cell?.textField.text = self.hero.valueForKey(dataKey) as String!

return cell!
```

　　保存并运行应用程序。此时的应用程序在表现上应该与创建自定义表视图单元格之前相同，但现在读者可以开启真正的编辑功能了。重新编写 SuperDBEditCell.swift 中的 setEditing:方法。

```
override func setEditing(editing: Bool, animated: Bool) {
    super.setEditing(editing, animated: animated)
    self.textField.enabled = editing
}
```

　　保存并再次运行应用程序。导航到内容视图并进入编辑模式。单击 Identity 行中的 Unknown Hero。此时读者应该能够看到键盘输入视图出现在屏幕底部，而光标应该出现在 Unknown Hero 的末尾。单击另一行，则光标也会随机出现在该行中。

　　下面我们一起对 Identity 行进行修改。单击 Unknown Hero 以激活键盘输入视图，然后单击单元格右端的 x 按钮，删除 Unknown Hero，再输入 Super Cat 并单击 Save 按钮。

此时会退出编辑模式，英雄的新身份应该显示为 Super Cat。单击 Back 按钮返回英雄列表视图。

等等！发生了什么事？我们已经将一位英雄重命名为 Super Cat，但列表视图仍然显示为 Unknown Hero。如果此时单击该 Unknown Hero 行，弹出的内容视图也同样只会显示为 Unknown Hero。为什么程序没有保存我们的修改呢？

还记得当我们将 Save 按钮添加到内容视图时的情况吗？我们还添加了一个回调 save，以便在 Save 按钮被按下时发生调用。现在让我们再来看看这个回调。

```
func save() {
    self.setEditing(false, animated: true)
}
```

注意，这个方法不会保存任何东西！该方法所做的只是关闭编辑模式。下面我们一起来学习如何能够真正地保存读者所做的修改。

## 4.13　保 存 修 改

先来一起回顾一下我们的内容视图。内容视图是由 HeroDetailController 管理的表视图，而且 HeroDetailController 还有一个对 Hero 对象的引用，该引用是一个 NSManagedObject。表视图中的每一行都是我们自定义表视图单元格的类 SuperDBEditCell。在每行中，我们会分配一个不同的 hero 特性来显示。

现在，为了保存我们所做的更改，Save 按钮将会调用 save 方法，而这里就是我们需要保存对 NSManagedObject 所做的修改的地方。我们将更改 SuperDBEditCell 类，以便了解该类正在显示的是哪个特性。此外，还将定义一个属性 value，用来告诉我们单元格中的新数据。

首先，添加一个属性来保存 SuperDBEditCell.swift 的键。

```
var key: String!
```

接下来，为 value 属性定义一个属性覆盖方法。

```
//MARK: - Property Overrides
var value: AnyObject! {
    get{
        return self.textField.text as String
    }

    set {
```

```
       self.textField.text = newValue as? String
    }
}
```

最后，在 HeroDetailController.swift 的 return cell!语句前添加以下代码，以便向
tableView:cellForRowAtIndexPath 内的各单元格分配键名。

```
cell?.key = dataKey
```

然后在每个单元格中对 save 进行迭代，以更新 save 方法中 hero 的特性。

```
for cell in self.tableView.visibleCells() {
    let _cell = cell as SuperDBEditCell
    self.hero!.setValue(_cell.value, forKey: _cell.key)

    var error: NSError?
    self.hero!.managedObjectContext?.save(&error)
    if error != nil{
        println("Error saving : \(error?.localizedDescription)")
    }
}

self.tableView.reloadData()
```

保存并运行应用程序。再次导航到内容视图，并进入编辑模式。将 Identity 更改为
Super Cat 并单击 Save 按钮，再单击 Back 按钮返回到列表视图。此时应该能看到英雄的
身份显示为 Super Cat。

好吧，其实除了系统报错以外什么都没有发生！这是因为目前在 textField 保存的都
是字符串型数据，而需要保存到 birthDate 的是日期型数据，所以现在需要针对 birthdate
和 sex 特性设置专有输入视图，以便解决这个问题。

## 4.14　专有输入界面

注意，当读者单击内容视图中的 Birthdate 或 Sex 行时，将会弹出键盘输入视图。我
们允许用户通过键盘输入出生日期或性别并进行验证，但是还有一种更好的方法，那就
是可以创建 SuperDBEditCell 的子类来处理这些特殊的事项。

### 4.14.1　日期选择器 SuperDBEditCell 子类

单击导航器窗口中的 SuperDB 组并创建一个新文件。选择 Cocoa Touch Class 并将其

设置为 SuperDBEditCell 的子类。将该类命名为 SuperDBDateCell 并创建文件。然后参照以下内容编辑 SuperDBDateCell.swift:

```swift
import UIKit

let __dateFormatter = NSDateFormatter()

class SuperDBDateCell: SuperDBEditCell {

    private var datePicker: UIDatePicker!
    //lazy var __dateFormatter = NSDateFormatter()

    required init(coder aDecoder: NSCoder) {
        super.init(coder: aDecoder)
    }

    override init(style: UITableViewCellStyle, reuseIdentifier: String?) {
        super.init(style: style, reuseIdentifier: reuseIdentifier)

        __dateFormatter.dateStyle = .MediumStyle

        self.textField.clearButtonMode = .Never
        self.datePicker = UIDatePicker(frame: CGRectZero)
        self.datePicker.datePickerMode = .Date
        self.datePicker.addTarget(self,action:"datePickerChanged:",for
                              ControlEvents:.ValueChanged)
        self.textField.inputView = self.datePicker
    }

    //MARK: - SuperDBEditCell Overrides
    override var value:AnyObject! {
        get{
            if self.textField.text == nil || countElements(self. textField.
                                  text) == 0 {
                return nil
            } else {
                return self.datePicker.date as NSDate!
            }
        }
        set{
            if let _value = newValue as? NSDate {
                self.datePicker.date = _value
                self.textField.text = __dateFormatter.stringFromDate(_value)
```

```
        } else {
            self.textField.text = nil
        }
    }
}

//MARK: (Private) Instance Methods
@IBAction func datePickerChanged(sender: AnyObject){
    var date = self.datePicker.date
    self.value = date
    self.textField.text = __dateFormatter.stringFromDate(date)
  }
}
```

这都是在做些什么？首先，我们定义了 NSDateFormatter 类型的变量 __dateFormatter。之所以这样做，是因为创建 NSDateFormatter 是一个很耗时耗力的操作，而且读者绝不希望每次都要创建一个新的实例来格式化 NSDate 对象。所以可以将其设置成 SuperDBDateCell 的私有属性，然后延迟创建该类，但这也意味着我们将为 SuperDBDateCell 的每个实例创建一个新的属性。但通过这样的方法，我们只需在 SuperDB 应用程序的开发周期创建一个实例。

接下来，声明了一个私有的 UIDatePicker 属性（datePicker）和一个 datePicker 的回调（datePickerChanged）。

我们还向 initWithStyle:reuseIdentifier:添加了一些自定义初始化代码。这是实例化 datePicker 属性并将其分配给 textField inputView 属性的地方。通常 inputView 是 nil，用来告诉 iOS 为 textField 使用键盘输入视图。通过给其分配一个替代视图，我们告诉 iOS 在编辑 textField 时显示该替代视图。

SuperDBDateCell 覆盖 value 属性，以确保显示并返回一个 NSDate，而不是字符串。这里使用__dateFormatter 将日期型数据转换为字符串型数据，然后，再将其分配给 textField text 属性。

最后，再通过 UI 更改日期时实现 datePicker 的回调。每次在 datePicker 中更改日期时，都会更新 textField 以反映出该修改。

## 4.14.2 日期选择器 SuperDBEditCell 子类的使用

现在我们一起来回顾一下如何创建表视图单元格。在 HeroDetailController 中，我们通过 tableView:cellForRowAtIndexPath:方法创建了单元格。当第一次编写这个方法时，创建了一个名为 UITableViewCell 的实例,稍后使用一个自定义子类的实例 SuperDBEditCell

将其替换掉，现在，我们又为 IdexPath 创建了另一个子集，以便用来显示 birthdate 属性。那么如何告诉应用程序该使用哪个自定义子类呢？没错，这就需要我们把该信息添加到属性列表 HeroDetailConfiguration.plist 中。

单击 HeroDetailConfiguration.plist，展开所有的可展开三角形图标，这样就可以看到其中包含的所有内容。向下找到 sections→Item 0→rows→Item 0→key。单击 key 行，使其突出显示，再单击 key 旁边的“+”按钮，将新添加的行重命名为 class。在 Value 列中输入 SuperDBEditCell，然后对 sections→Item 1 下所有的 key 行重复此步骤，现在所有 rows 下的 Item 中的 class 行的 Value 列都应该显示 SuperDBEditCell，除了 birthdate 键下面的 class 行。该行的 Value 列应该显示 SuperDBDateCell（见图 4-27）。

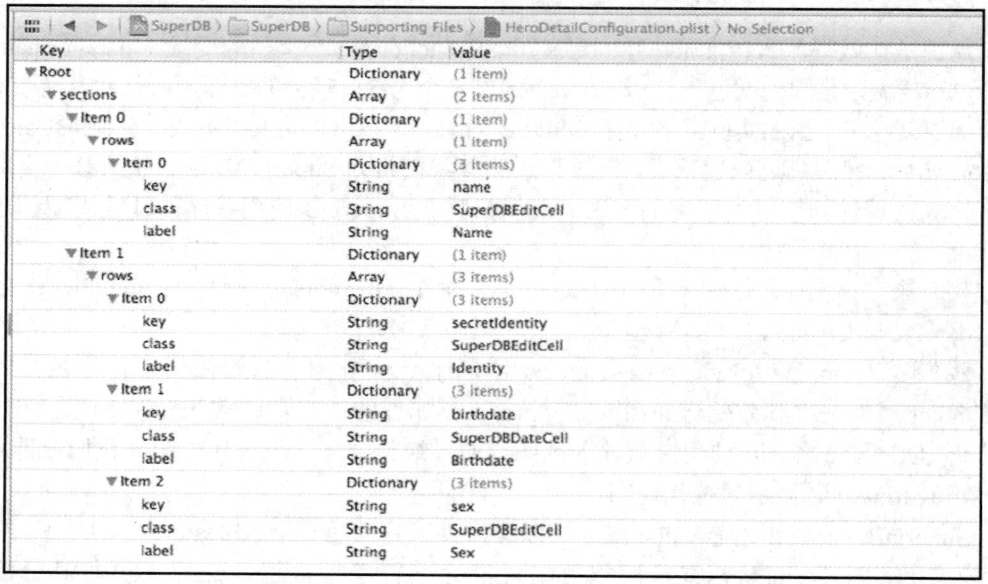

SuperDB 〉 SuperDB 〉 Supporting Files 〉 HeroDetailConfiguration.plist 〉 No Selection

| Key | Type | Value |
|---|---|---|
| ▼Root | Dictionary | (1 item) |
| ▼sections | Array | (2 items) |
| ▼Item 0 | Dictionary | (1 item) |
| ▼rows | Array | (1 item) |
| ▼Item 0 | Dictionary | (3 items) |
| key | String | name |
| class | String | SuperDBEditCell |
| label | String | Name |
| ▼Item 1 | Dictionary | (1 item) |
| ▼rows | Array | (3 items) |
| ▼Item 0 | Dictionary | (3 items) |
| key | String | secretIdentity |
| class | String | SuperDBEditCell |
| label | String | Identity |
| ▼Item 1 | Dictionary | (3 items) |
| key | String | birthdate |
| class | String | SuperDBDateCell |
| label | String | Birthdate |
| ▼Item 2 | Dictionary | (3 items) |
| key | String | sex |
| class | String | SuperDBEditCell |
| label | String | Sex |

图 4-27　添加了表视图单元格 class 键以后的 HeroDetailController.plist

接下来需要修改 tableView:cellForRowAtIndexPath:以便能够使用刚才在属性列表中添加的信息。打开 HeroDetailController.swift，根据以下内容对 tableView:cellForRowAtIndexPath:进行修改：

```
override func tableView(tableView: UITableView,
      cellForRowAtIndexPath indexPath: NSIndexPath) -> UITableViewCell {
   var sectionIndex = indexPath.section
   var rowIndex = indexPath.row
   var _sections = self.sections as NSArray
```

```
    var section = _sections.objectAtIndex(sectionIndex) as NSDictionary
    var rows = section.objectForKey("rows") as NSArray
    var row = rows.objectAtIndex(rowIndex) as NSDictionary
    var dataKey = row.objectForKey("key") as String!

    var cellClassName = row.valueForKey("class") as String
    var cell = tableView.dequeueReusableCellWithIdentifier(cellClassName)
as? SuperDBEditCell
    if cell == nil {
       switch cellClassName {
          case "SuperDBDateCell":
             cell = SuperDBDateCell(style: .Value2, reuseIdentifier:
                cellClassName)
          default:
             cell = SuperDBEditCell(style: .Value2, reuseIdentifier:
                cellClassName
       }
    }
    cell?.key = dataKey
    cell?.value = self.hero.valueForKey(dataKey)
    cell?.label.text = row.objectForKey("label") as String!

    return cell!
}
```

　　保存并运行应用程序。转到内容视图并进入编辑模式，单击 Birthdate 单元格标签旁边的位置，此时会出现辅助输入视图（日期选择器）。将日期设置为当前时间。当读者在日期选择器中更改日期时，表视图单元格中显示的日期也会随之改变。

📖 **注意：**

　　只有在日期选择器上进行实际更改时，日期才会被设置。分别旋转选择器上的月、日、年按钮，同时观察一下在 birthDate 文本字段中出现的日期。

　　还有一个输入项需要处理。在这个版本的应用程序中我们只会使用字符串特性编辑器来获取超级英雄们的性别（抱歉，这一点读者无法提出异议），这意味着在输入的内容上除了要求其为串字符类型外没有任何其他的验证。用户可以输入 M、Male、MALE，或者 Yes, Please，这些统统都会被应用程序接受。这也意味着，如果以后我们想让用户在应用程序中根据性别对他们的英雄进行排序或搜索，会遇到一些麻烦。因为这些数据太过混乱，以至于无法找到一致的方式将它们组织在一起，而这便是下一个要处理的问题。

### 4.14.3　实现一个选择器

正如前面看到的，可以使用正则表达式来强制用户以一定的拼写方式输入性别，如果用户输入了除 Male 或 Female 以外的其他内容，程序就会弹出一个警告，这将阻止用户输入我们想要的值以外的其他值，这种方式对用户来说并不十分友好。读者肯定不想让自己开发的程序惹恼用户。为什么一定要让用户打字呢？为什么不显示一个选择列表，让用户直接单击想要的那个呢？这似乎是一个绝好的主意！现在我们就一起来实现这个功能！

同样，创建一个新的 Cocoa Touch 类，并使其成为 SuperDBEditCell 的子类，然后将该类命名为 SuperDBPickerCell，因为我们将使用 UIPickerView。我们所做的大部分工作将与之前在 SuperDBDateCell 中所做的类似，但还是会有一些很重要的区别。

现在，让我们一起在 SuperDBPickerCell.swift 中编辑 SuperDBPickerCell 的实现，并添加一个名为 values 的属性，该属性是一个数组，包含可能的选择项。我们还需要将 UIPickerViewDataSource 和 UIPickerViewDelegate 协议代码添加到 SuperDBPickerCell 中。

```swift
import UIKit

class SuperDBPickerCell: SuperDBEditCell, UIPickerViewDataSource,
UIPickerViewDelegate {

  var values:[AnyObject]! = []
  var picker: UIPickerView!

  required init(coder aDecoder: NSCoder) {
      super.init(coder: aDecoder)
  }

  override init(style: UITableViewCellStyle, reuseIdentifier: String?) {
      super.init(style: style, reuseIdentifier: reuseIdentifier)

      self.textField.clearButtonMode = .Never

      self.picker = UIPickerView(frame: CGRectZero)
      self.picker.dataSource = self
      self.picker.delegate = self
      self.picker.showsSelectionIndicator = true

      self.textField.inputView = self.picker
  }

  //MARK: - UIPickerViewDataSource Methods
```

```
func numberOfComponentsInPickerView(pickerView: UIPickerView) -> Int {
    return 1
}

func pickerView(pickerView: UIPickerView, numberOfRowsInComponent
component: Int) -> Int {
    return self.values.count
}

// MARK: - UIPickerViewDelegate Methods
func pickerView(pickerView: UIPickerView, titleForRow row: Int,
                forComponent component: Int) -> String! {
    return self.values[row] as String
}

func pickerView(pickerView: UIPickerView, didSelectRow row: Int,
inComponent component: Int) {
    self.value = self.values[row]
}

//MARK: - SuperDBEditCell Overrides

override var value: AnyObject! {
    get {
        return self.textField.text as String!
    }

    set {
        if newValue != nil {
            var index = (self.values as NSArray).indexOfObject(newValue)
            if index != NSNotFound {
                self.textField.text = newValue as String!
            }
        } else {
            self.textField.text = nil
        }
    }
}
```

　　SuperDBPickerCell 在概念上与 SuperDBDateCell 一样，但在 SuperDBPickerCell 中我们使用的是 UIPickerView 而不是 NSDatePicker。为了告诉 pickerView 应该显示什么数据，我们需要让 SuperDBDateCell 符合协议 UIPickerViewDataSource 和 UIPickerViewDelegate。比起在 pickerView 上设置回调以便在选择器的值发生变化时做出反应，我们可以使用委

托方法 pickerView:didSelectRow:来达到这一目的。因为该值是以字符串类型存储的，所以并不需要覆盖值存取方法的实现。但是，我们确实需要覆盖值修改方法。

我们需要告诉应用程序将这个新类用于 Sex 特性。编辑属性列表 HeroDetailController.plist 中的 class 行，将 Value 列从 SuperDBEditCell 更改为 SuperDBPickerCell。请一定确保选择了正确的行进行修改。label 行的 Value 列应该是 Sex，而 key 行的 Value 列则是 sex。

如果现在运行应用程序并尝试编辑 Sex 特性，应该会看到屏幕底部出现了选择器轮。但是，没有可供选择的值。如果回去查看刚刚添加的代码，就会发现 picker wheel 是从 values 属性获取备选信息的，但我们还从来没有对其进行过设置。同样，为了解决这个问题我们虽然可以在 SuperDBPickerCell 对象中进行硬编码，但这会限制该对象的可用性。因此，我们可以改为向属性列表中添加一个新的项目。

就像前面处理 class 项目一样，需要添加一个新的 key，这个新的 key 将被命名为 values。与 class 键不同，我们只需将其添加到带有 sex 键的项目中即可。选中并编辑 HeroDetailController.plist，展开所有节点，在最后一项中找到键名为 label 的行，单击该行上的 "+" 按钮，将新添加的项目命名为 values，并将其 Type 列设置为 array。然后，向 values 数组中添加两个字符串项，并分别赋值为 Male 和 Female（见图 4-28）。

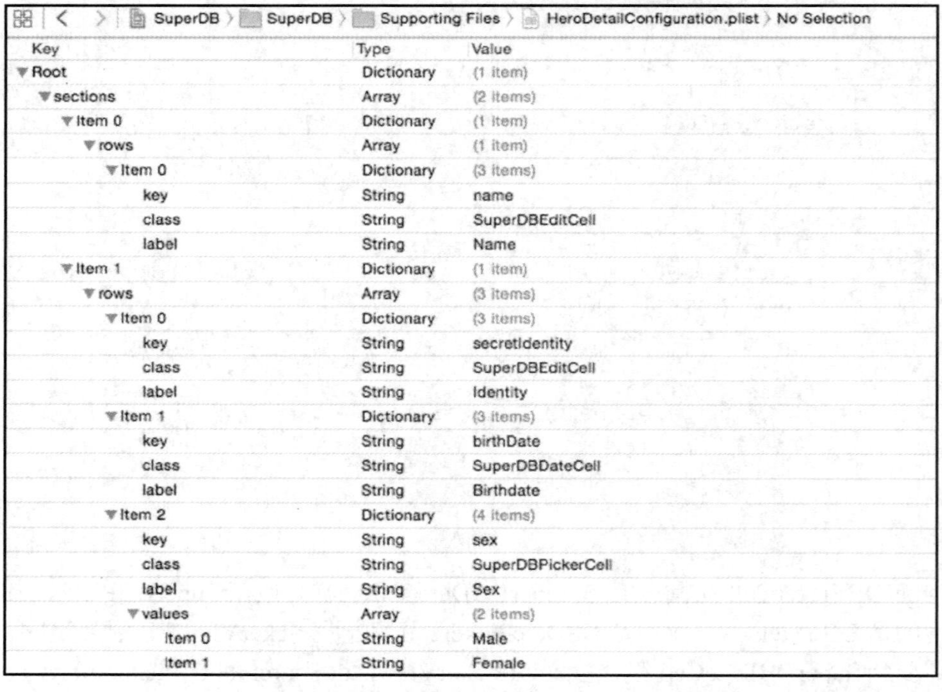

| Key | Type | Value |
| --- | --- | --- |
| ▼ Root | Dictionary | (1 item) |
| ▼ sections | Array | (2 items) |
| ▼ Item 0 | Dictionary | (1 item) |
| ▼ rows | Array | (1 item) |
| ▼ Item 0 | Dictionary | (3 items) |
| key | String | name |
| class | String | SuperDBEditCell |
| label | String | Name |
| ▼ Item 1 | Dictionary | (1 item) |
| ▼ rows | Array | (3 items) |
| ▼ Item 0 | Dictionary | (3 items) |
| key | String | secretIdentity |
| class | String | SuperDBEditCell |
| label | String | Identity |
| ▼ Item 1 | Dictionary | (3 items) |
| key | String | birthDate |
| class | String | SuperDBDateCell |
| label | String | Birthdate |
| ▼ Item 2 | Dictionary | (4 items) |
| key | String | sex |
| class | String | SuperDBPickerCell |
| label | String | Sex |
| ▼ values | Array | (2 items) |
| Item 0 | String | Male |
| Item 1 | String | Female |

图 4-28　为性别项赋值后的 HeroDetailController.plist

现在，需要对 HeroDetailController 中的 tableView:cellFor RowAtIndexPath:进行设置，
以便将 values 中的内容传递给表视图单元格。打开 HeroDetailController.swift 并在
tableView:cellForRowAtIndexPath:中其他单元格配置代码之前添加以下内容：

```
if let _values = row["values"] as? NSArray {
    (cell as SuperDBPickerCell).values = _values
}
```

此时，可以构建并运行该应用程序，但不会看到性别选择器。这是因为在
HeroDetailController 的 cellForRowAtIndexPath 方法中有一个 switch 语句，该语句只处理
SuperDBDateCell 类，对于所有其他类，该语句则识别不出区别。不过，只需要添加以下
这些内容，便可解决这一问题。

```
case "SuperDBPickerCell":
    cell = SuperDBPickerCell(style: .Value2, reuseIdentifier: cellClassName)
```

构建并运行应用程序。再次导航到内容视图并单击 Edit 按钮。单击性别单元格，此
时选择器视图中应该出现 Male 和 Female 两个选项。选择其中一个，单击 Save 按钮，则
性别单元格显示出相应的内容。

✎ 注意：

虽然读者可以像在 Objective-C 中那样使用 NSClassFromString 来替代 switch，但在
纯 Swift 语言中这样做会遇到一些限制。所以，这里还是选择使用 switch 语句编写代码。
因此，对于每个新添加的类，读者都必须在该类需要用到 switch 时，向 switch 添加相
应的处理该类的代码。

# 4.15　挑　战　完　成

这一章篇幅很长，有很多概念不容理解，但读者已经走过来了。现在应该祝贺一下
自己所取得的成绩。基于表的内容编辑视图控制器是最难编写的控制器类之一，但是现
在读者已经学习了很多知识，可以帮助自己创建这类视图。读者已经了解了如何使用属
性列表来定义表视图的结构，以及如何创建自定义 UITableViewCell 子类来编辑不同类型
的数据。

准备好继续了吗？我们开始吧！

# 第 5 章　模型变更：数据迁移和版本控制

到目前为止，读者已经通过构建一个功能齐全（尽管有些简单）的 Core Data 应用程序，掌握了大量有关 Core Data 体系结构和功能的知识。这意味着读者已经有了足够的 Core Data 功能来构建一个可靠的应用程序，并将其发送给测试人员，然后再将其发布到应用程序商店。

但是，如果读者对已有的数据模型进行了更新和修改，并将新版应用程序发送给只拥有旧版本的测试人员，那么会发生什么呢？试想一下 SuperDB 应用程序。假设读者决定向 Hero 实体添加一个新的特性，并将一个已有的特性属性从可选变为默认，然后又添加一个新实体，在这一切发生之后，读者可以将新版程序直接发送给用户使用吗？还是说，这样做只会导致他们出现各种问题？

目前真实的情况是，如果读者对数据模型进行更改，那么保存在用户 iPhone 的持久存储中的数据是不能被新版的应用程序使用的。因此，新版的应用程序会在启动时崩溃。如果在 Xcode 中启动新版本，那么将看到一个可怕的错误提示（这里重新编排了格式，以便于阅读）：

```
SuperDB[52806:1888093] Unresolved error
Optional(
    Error Domain=YOUR_ERROR_DOMAIN Code=9999
    "Failed to initialize the application's saved data"
    UserInfo=0x7fb8814310d0 {
        NSLocalizedFailureReason=There was an error creating or loading the
        application's saved data.,
        NSLocalizedDescription=Failed to initialize the application's
        saved data, NSUnderlyingError=0x7fb881754530
        "The operation couldn't be completed. (Cocoa error 134100.)"
    }),

Optional([
    NSLocalizedFailureReason: There was an error creating or loading the
    application's saved data.,NSLocalizedDescription: Failed to initialize
    the application's saved data, NSUnderlyingError: Error
    Domain=NSCocoaErrorDomain Code=134100
    "The operation couldn't be completed. (Cocoa error 134100.)"
    UserInfo=0x7fb8817544f0 {
        metadata={
            NSPersistenceFrameworkVersion = 519;
```

```
NSStoreModelVersionHashes =     {
    Hero = <2ec0477b 3074843a cf147f32 ab6cbecd e10738c6
            639d552f 89428ea5 44c62a71>;
};
NSStoreModelVersionHashesVersion = 3;
NSStoreModelVersionIdentifiers =    (
    ""
);
NSStoreType = SQLite;
NSStoreUUID = "9389945C-A40E-4861-BACB-74302FA9A148";
"_NSAutoVacuumLevel" = 2;
},
reason=The model used to open the store is incompatible with the
one used to create the store
}
])
```

如果这种情况发生在开发过程中，通常没什么大不了的。如果其他人没有我们开发的应用副本，而且我们没有任何不可替代的数据存储在程序中，那么我们可以通过在模拟器中选择 iPhone Simulator→Reset Content and Settings 或使用 Xcode 中的 Organizers 窗口卸载我们 iPhone 上的应用程序，然后 Core Date 会在我们下一次安装并运行应用程序时创建一个新的基于修改后的数据模型的持久化存储。

但是，如果其他人已经安装或使用过我们开发的上一个版本的应用程序，那么已经安装在这些用户 iPhone 上的应用程序则无法使用，除非他们卸载并重新安装该应用程序，但这样做会丢失所有已经存储在应用程序中的数据。

可想而知，这并不是什么会让用户高兴的事情。因此，本章将带读者了解如何对数据模型进行版本控制；本章还将讨论 Apple 在不同数据模型版本之间转换数据的机制，这也被称为数据迁移。这里将讨论两种迁移类型（轻量级迁移和标准迁移）以及它们之间的差异。最后，读者将亲手设置 SuperDB Xcode 项目来使用轻量级迁移，以便在接下来的几章中所做的更改不会给用户带来任何问题。

在本章结束时，SuperDB 应用程序将完成全部设置，并为新的开发做好准备，包括对数据模型的更改，而且不必担心新版本的发布会造成用户数据的丢失。

# 5.1　关于数据模型

当使用支持 Core Data 的模板创建一个新的 Xcode 项目时，项目中会出现一个以.xcdatamodel 文件形式存在的数据模型。在第 2 章中，读者看到过这个文件在应用程序委托的 managedObjectModel 方法中运行时是如何被加载到 NSManagedObjectModel 实例中的。如果想理解版本控制和迁移，很重要的一点就是深入了解这一过程中到底都发生了什么。

## 5.1.1　数据模型是被编译过的

项目中的.xcdatamodel 类不会以其他资源那样的方式被复制到应用程序的包中。数据模型文件包含了许多应用程序不需要的信息。例如，文件中包含了有关对象在 Xcode 模型编辑器的图形视图（见图 5-1）中布局信息，该信息只是为了使我们的工作更容易。但我们的应用程序根本不关心那些圆角矩形是如何被摆放的，因此没有理由在应用程序包中包含这部分信息。

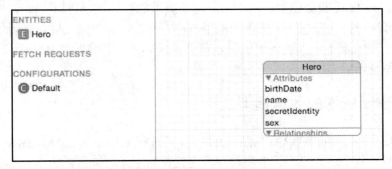

图 5-1　有关对象的布局

某些信息，如圆角矩形代表了左上角的 Hero 实体，Attributes 和 Relationships 旁边的可展开三角形图标是被展开状态等都存储在.xcdatamodel 文件中，而不是在.mom 文件中。

相反，.xcdatamodel 文件被编译成一个新的类型的文件，这个文件的扩展名为.mom，该文件代表了托管对象模型。这是一个更紧凑的二进制文件，只包含应用程序需要的信息。这个.mom 文件实际上是被加载用来创建 NSManagedObjectModel 实例的。

## 5.1.2　一个数据模型可以有多个版本

读者很可能只会从一般意义上来理解版本控制的含义。例如，当软件公司发布增加了新功能的软件版本时，该版本通常会有一个新的编号或名称，例如，读者正在使用的某个版本的 Xcode（本书使用的是 8.1 版）或某个版本的 Mac OS X（本书使用的是 10.10，也被称为 Yosemite）。

这些被称为版本标识符或版本编号，因为这些识别符和编号主要用于帮助客户区分同一软件的不同版本。一般来讲，新版本软件的版本识别符和版本编码会比旧版本的大。

　　然而，开发人员还会使用更加细致的版本控制形式。如果读者曾经使用过并发版本控制系统，如 CVS、SVN 或 Git，就会明白这是怎么回事。版本控制软件会以时间为基础跟踪所有用来组成项目的源代码和源文件（以及其他内容）的变化。

注意：

　　本书并不打算过多讨论常规的版本控制，但是如果读者是一名开发人员，那么细致地了解一下会是一件好事。幸运的是，网络上有很多资源可以学习如何安装和使用不同的版本控制软件包，读者可以自行查找。

　　Xcode 集成了几个版本控制软件包，但其本身也内置了一些版本控制机制，其中一个就是用于 Core Data 数据模型的。不断创建新版本的数据模型可以提高用户的满意度。一般来讲，每次向公众发布一个版本的应用程序，都意味着我们要创建新版的数据模型。这将创建一个新的副本，以便保留旧版本帮助系统确定如何将数据从一个版本生成的持久化存储更新到新版本中。

## 5.1.3　创建新版本的数据模型

　　在 Xcode 中单击 SuperDB.xcdatamodeld，然后选择 Editor→Add Model Version（添加新版数据模型）命令。此时，读者将被要求为这个新版本命名。因为 Xcode 在此提供的默认值（见图 5-2）是正确的，所以只需单击 Finish 按钮即可。

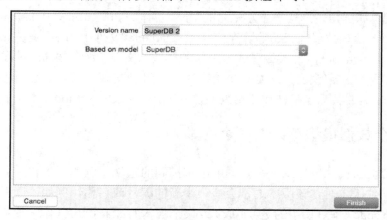

图 5-2　为新版本的数据模型命名

读者刚刚添加了数据模型的新版本。单击 Finish 按钮后，SuperDB.xcdatamodeld 文件旁边会出现一个可展开三角形图标，将其展开后会显示当前数据模型的两个不同版本（见图 5-3）。

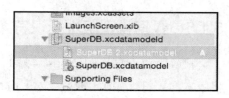

一个版本化的数据模型包含着当前有效的版本以及以往的多个版本，当前有效版本会在其图标上使用绿色复选标记，在读者的项目中则为SuperDB.xcdatamodel 文件，表示应用程序即将使

图 5-3　当前数据模型的两个不同版本

用的版本。在默认情况下，当创建一个新版本时，实际上创建的是原始版本的副本。新版本保留了与原始版本相同的文件名，只在副本的名称后面附加了一个依次增大的数字。该文件表示的是创建新版本以前的数据模型的样子，所以请不要随意更改。

另外，数字越大，文件越旧。这一事实可能有点奇怪，但是随着版本的增加，编号将变得更有意义。下次再创建新版本时，旧版本将被命名为 SuperDB 3.xcdatamodel，以此类推。编号对于所有非当前版本都是有意义的，因为每个版本的编号都比前一个版本的编号增加 1。通过保持当前模型的名称不变，读者很容易判断出哪个模型可以被更改。

## 5.1.4　当前数据模型版本

在图 5-3 中，文件 SuperDB.xcdatamodel 是数据模型的当前版本，而 SuperDB 2.xcdatamodel 是该数据模型的上一个版本。现在，读者可以安全地对当前版本进行修改，因为很清楚上一个版本的副本已经被另行保存，且内容已经被锁定，而这将使读者能够在发布新版应用程序时将用户的数据从旧版本迁移到新版本中。

现在，读者要对当前版本进行修改。为此，请选择 SuperDB.xcdatamodeld，然后在工具窗口中打开文件检查器（见图 5-4）。此时，读者会看到一个名为 Core Data Model 的部分。找到 Current 下拉列表框，在这里可以选择要成为当前模型的数据模型文件。通常情况下，我们不会频繁这样做，但是如果出于某种原因需要恢复到应用程序的旧版本，那么就可能需要多次进行这种操作。读者也可以使用迁移来返回到旧版本或移动到新版本。

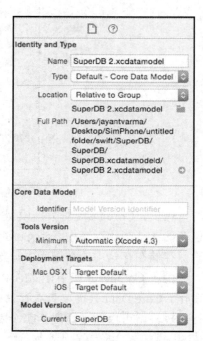

图 5-4　核心数据（目录）文件检查器

## 5.1.5　数据模型版本标识符

尽管可以在导航器窗口中选择特定的数据模型版本并打开文件检查器（见图 5-5），将版本标识符（如 1.1 或版本 A）分配给数据模型，但是这个标识符仅供我们自己使用，Core Data 完全不会理会这些。

图 5-5　设置版本标识符

相反，Core Data 对数据模型文件中的每个实体执行一个称为散列的数学计算。哈希值存储在持久化存储中。当 Core Data 打开持久化存储时，Core Data 使用这些哈希值来确保存储在存储中的数据版本与当前数据模型兼容。

由于 Core Data 使用存储的哈希值进行版本验证，所以我们根本不需要担心版本号的变化。Core Data 只需要查看存储的哈希值，并将其与数据模型当前版本计算的哈希值进行比较，就可以知道需要为哪个版本创建持久化存储。

# 5.2　迁　　移

正如在本章开头所看到的，当 Core Data 检测到正在使用的持久化存储与当前数据模型不兼容时，会抛出异常提醒。解决方案便是提供一个迁移，以便告诉 Core Data 如何将数据从旧的持久化存储迁移到与当前数据模型匹配的新存储中。

## 5.2.1　轻量级迁移和标准迁移

Core Data 支持两种不同类型的迁移。第一种称为轻量级迁移，仅在对数据模型进行相对简单的修改时才可以使用。例如，如果在实体中添加或删除了特性，或者从数据模型中添加或删除了实体，那么 Core data 完全能够自行解决将现有数据迁移到新模型中的问题。

以新特性为例，Core Data 只是为该特性创建存储，但不使用现有托管对象的数据来填充该存储。在轻量级迁移中，Core Data 实际上会分析这两个数据模型，并自动创建迁移。

如果进行的更改不是直接的，则无法通过轻量级迁移机制解决，那么就必须使用标准迁移。标准迁移包括创建映射模型，并可能编写一些代码来告诉 Core Data 如何将数据从旧的持久化存储迁移到新的持久化存储中。

## 5.2.2　标准迁移

我们在本书中对 SuperDB 应用程序所做的修改都属于非常简单直接的，而且对标准迁移的深入探讨也已经超出了本书的范围。不过，Apple 在开发人员文档中对该方面的知识有着相当全面的记录，所以读者完全可以通过以下链接来了解更多关于标准迁移的内容：

http://developer.apple.com/library/ios/#documentation/Cocoa/Conceptual/CoreDataVersioning/Articles/Introduction.html

# 5.3　将应用程序设置为轻量级迁移

另一方面，在本书的其余部分，读者将会大量使用轻量级迁移。在剩下的 Core Data 章节中，读者将为自己的数据模型创建新的版本，并让轻量级迁移处理数据转移。但是，轻量级迁移在默认情况下是不会打开的，因此需要对应用程序委托进行一些更改以便启用轻量级迁移。

　　编辑 AppDelegate.swift 并找到 persistentStoreCoordinator 方法。找到下面这一行内容：

```
if coordinator!.addPersistentStoreWithType(NSSQLiteStoreType,
    configuration: nil, URL: url, options: nil, error: &error) == nil
{
```

替换为：

```
var options = [NSMigratePersistentStoresAutomaticallyOption:true,
               NSInferMappingModelAutomaticallyOption:true]
if coordinator!.addPersistentStoreWithType(NSSQLiteStoreType,
configuration: nil, URL: url, options: options, error: &error) == nil {
```

　　打开轻量级迁移其实是在调用 addPersistentStoreWithType:configuration:URL:options:error:方法时，将字典传递给 options 参数，以便将新创建的持久化存储添加到持久化存储协调器中。在该字典中，使用两个系统定义的常量 NSMigratePersistentStoresAutomaticallyOption 和 NSInferMappingModelAutomaticallyOption 作为字典中的键，并且在这两个键下分别存储了一个 NSNumber，其布尔值都为真。读者在向持久化存储协调器添加新的持久化存储时，通过传递包含着这两个值的字典，来告诉核心数据读者想要其在检测到数据模型的版本发生变化时尝试自动创建迁移，如果核心数据能够创建迁移，则自动使用这些迁移将存储在当前持久化存储中的数据转移到新的持久化存储中。

　　有了这些修改，读者就可以毫无畏惧（当然，也不是完全没有畏惧）地开始对数据模型进行更改。通过使用轻量级迁移，读者更改的复杂性受到了限制。例如，不能将一个实体拆分为两个不同的实体，也不能将特性从一个实体移动到另一个实体，但轻量级迁移可以处理大部分读者在主要重构之外进行的更改。另外，一旦读者按照本章所教授的方法对自己的项目进行了设置，那么该功能基本上是不需要更多投入的。

## 5.4　开　始　迁　移

　　在经历了几个较长的、概念上比较难于理解的章节之后，可以通过学习如何为自己的项目设置迁移来休息一下，这也给了读者一个很好的喘息机会，但是不要低估迁移的重要性。使用读者开发的应用程序的人相信你一定会关注到他们的数据。因此，花些精力确保应用程序的更改不会给用户带来重大问题是很重要的。

　　任何时候，只要读者发布了带有新版本数据模型的新版应用程序，无论是使用本章中学习设置的轻量级迁移，还是使用更重量级的标准迁移，都一定要确保对这些迁移进行了彻底的测试。

迁移，特别是轻量级迁移，相对来说比较容易使用，但是轻量级迁移也有可能给用户带来极大的不便，所以不要因为轻量级迁移使用起来非常容易就觉得其安全无比。请用尽可能多的实际数据来对每个迁移进行彻底的测试。

带着这样的警惕性，让我们一起继续向 SuperDB 应用程序添加更多的功能。接下来是什么内容呢？自定义托管对象的乐趣和收益。

# 第6章 自定义托管对象

目前，Hero 实体是由类 NSManagedObject 的实例来表示的。获益于键值编码，读者可以创建整个数据模型，而不必创建专门用于保存应用程序数据的类。

然而，这种方法也有一些缺点。其中一个就是当托管对象使用键值编码时，读者使用 NSString 常量在代码中表示特性，但是编译器不会以任何方式检查这些常量。如果输入了一个错误的特性名称，编译器也不会捕捉到。另外，通篇使用 valueForKey: 和 setValue:forKey: 而不是仅仅使用属性和点符号的做法可能也有点乏味。

虽然我们可以为某些类型的数据模型特性设置默认值，但在这些类型中，不是所有的类型都可以设置条件默认值（例如将日期特性默认值设置为今天的日期）的；而对于另外一些类型的特性来说，则根本无法在数据模型中设置默认值。验证方法也是有限的。虽然我们可以掌控某些特性中的特定元素，如字符串的长度或数字的最大值，但是无法进行复杂或条件验证，以及依赖于多个特性中值的验证。

幸运的是，NSManagedObject 可以像其他类一样子类化，这是实现更高级的默认值设置和验证的关键，而且这一点也开启了通过添加方法向实体添加更多功能的大门。例如，我们可以创建一个方法以获得一个数值，该数值是通过实体中的一项或多项特性计算后得出的。

✎ 注意：

> 鉴于 Swift 还没有 100%映射到 Objective-C 中可用的每个功能，有些概念在 Swift 中并不存在。所以本书会尝试尽可能地使用纯 Swift 代码。

在本章，读者将为自己的英雄实体创建一个 NSManagedObject 的自定义子类。然后，使用该子类向实体添加一些额外的功能。读者还将向 Hero 添加两个新的特性。一个是英雄的年龄。与只是单纯地存储英雄的年龄不同，读者将根据每个英雄的生日计算出各自的年龄。因此，不需要 Core Data 在持久化存储中为英雄的年龄创建空间，所以读者将会用到瞬态特性类型，然后编写一个访问器方法来计算和返回英雄的年龄。瞬态特性类型告诉 Core Data 不要为该特性创建存储。在我们的这个项目中，将被要求在运行时根据需要计算英雄的年龄。

要添加的第二个特性是英雄最喜欢的颜色。目前，颜色没有特性类型，所以要实现一个叫作可转换特性的东西。可转换特性使用一个称为值转换器的特殊对象将自定义对象转换为 NSData 实例，以便将其存储在持久化存储中。读者将编写一个值转换器，该转换器将允许以前面提到的这种方式保存 UIColor 实例。图 6-1 展示了内容编辑视图在本章结束时的样子，可以看到上面提到的两个新的特性。

　　当然，读者现在还没有能够用于颜色的特性编辑器，所以必须编写一个特性编辑器来让用户选择英雄最喜欢的颜色。只需要创建一个简单的、基于滑块的颜色选择器即可（见图 6-2）。

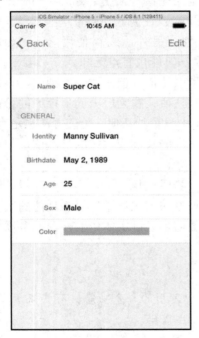 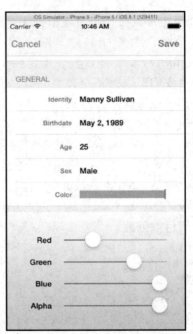

图 6-1　Hero 内容视图在本章结束时的样子　　图 6-2　一个简单的基于滑块的颜色特性编辑器

　　因为无法在数据模型中设置默认颜色，所以需要编写代码将 favoriteColor 特性的默认颜色设置为白色。如果不这样做，那么当用户第一次编辑颜色时，颜色将为 nil，而这将导致问题。

　　最后，将向 Birthdate 字段添加验证，以防止用户选择将来的生日，并且还会调整特性编辑器，以便当输入的特性验证失败时可以通知用户。还将为用户提供返回并修改该特性的选择，或者直接取消所做过的更改（见图 6-3）。

　　虽然这里只向 Birthdate 字段添加验证，但这种报告机制在用户为其他字段添加验证时是通用的。读者可以在图 6-4 中看到一个为其他字段添加的验证错误警告示例（由于我们平时的目标之一就是编写可重复利用的代码，所以验证机制还可用作对数据模型的强制验证，如最小长度验证）。

图 6-3　选择修复或直接取消修改

图 6-4　其他字段的验证错误警告示例

有相当多的工作要做，所以现在就开始吧。我们将继续使用第 5 章中的 SuperDB 应用程序。请确保已如第 5 章所示创建了新版本的数据模型，并启用了轻量级迁移。

# 6.1　更新数据模型

读者要做的第一项工作就是将两个新特性添加到数据模型中。请确保导航器窗口中 SuperDB 文件夹下 SuperDB.xcdatamodeld 文件旁的可展开三角形图标处于展开状态，然后单击数据模型的当前版本（上面带有绿色复选标记的那一个）。

出现模型编辑器后，首先确保处于表视图模式，然后在顶部组件窗口中选择 Hero 实体（见图 6-5）。

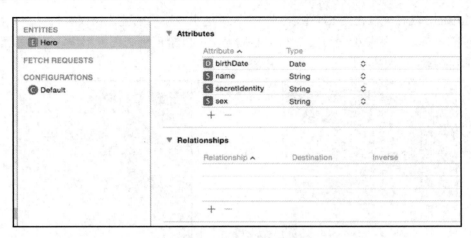

图 6-5　再次回到模型编辑器

### 6.1.1　添加 age 特性

单击模型编辑器右下角名为 Add Attribute 的 "+" 按钮，将新特性的名称更改为 age。在数据模型检查器中，取消 Optional 项的选中状态并单击选中 Transient 项。这将让 Core Data 知道我们不需要为该特性存储任何值。在读者的项目中，由于使用了 SQLite 作为持久化存储，因此这将告诉 Core Data 不要向用于存储英雄数据的数据库表添加年龄列。继续将特性类型更改为 Integer 16，因为年龄将作为一个整数来计算。这就是读者目前需要为 age 特性做的所有的事情。当然，按照目前的情况，还不能对这个特性做任何有意义的事情，因为该特性不能存储任何东西，而且目前还没有任何办法告诉这个特性如何计算年龄。但是，当创建了 NSManagedObject 的自定义子类后，这种情况将很快发生变化。

### 6.1.2　添加 favoriteColor 特性

下面添加另一个特性。这一次，将新的特性命名为 favoriteColor 并将 Attribute Type 设置为 Transformable。一旦将 Attribute Type 字段更改为 Transformable，读者应该会注意到一个新的名为 Name 的文本字段，其中包含的内容是以灰色显示的值转换器名称（见图 6-6）。

值转换器名称是使用可转换特性的关键。接下来的几分钟我们将一起更加深入地讨论值转换器，但是现在马上要做的是填充这个字段，以便节省稍后返回模型编辑器的时

间。该字段需要读者放置的是能把任何表示该特性的对象转换为 NsData 实例的特性值转
换器的类的名称，以便能够保存在持久化存储中，反之亦然。如果将该字段保留为空白，
则 CoreData 将使用默认值转换器 NSKeyedUnarchiveFromDataTransformerName。默认值
转换器通过使用 NSKeyedArchiver 和 NSKeyedUnarchiver 将符合 NSCoding 协议的任何对
象转换为 NSData 实例，从而处理大量对象。

图 6-6　将 favoriteColor 特性类型设置为可转换型

## 6.1.3　向 name 特性添加最小长度

　　接下来，请读者添加一些验证，以确保 name 特性至少有一个字符的长度。单击选中
name 特性。在数据模型检查器中，在标签 Validation 旁边的文本框中输入数字 1，以指
定输入到该特性的值至少要有一个字符长。输入后，Min Length 复选框应自动变为选中
状态。目前，这个验证看起来好像有点多余，因为在前面的章节中，读者已经为该特性
取消了 Optional 选项。但是这两个并不是一回事。Optional 复选框是未选中状态，意味着
如果 name 的值为 nil，则用户将无法保存。但是，应用程序会尽力确保 name 的值永远不
会为 nil。例如，为 name 提供一个默认值。如果用户删除该值，那么该字段仍然返回一
个空字符串，而不是 nil。然而，为了确保用户会输入一个实际的字符当作名称，读者有
必要添加相应的验证。

最后，保存当前的数据模型。

## 6.2　创建 Hero 类

现在是创建 NSManagedObject 的自定义子类的时候了。这将为读者提供添加自定义验证和默认值的灵活性，以及使用属性替代键值编码的能力，还将使读者编写的代码更易于阅读，并在编译时提供额外的检验。

在 Xcode 导航器窗口中单击 SuperDB 组。创建一个新文件。当新文件助手页出现时，在左边窗格的 iOS 标题下选择 Core Data，然后在右侧窗格中找到一个之前可能从未见过的图标：NSManagedObject subclass（见图 6-7）。选择该图标并单击 Next 按钮。

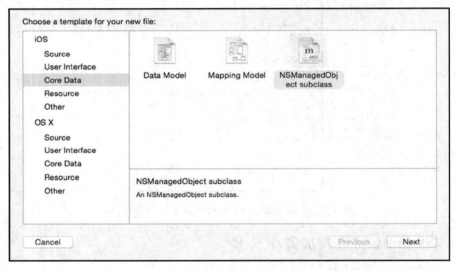

图 6-7　选择模板 NSManagedObject subclass

接下来，系统会提示选择要管理的实体的数据模型。当前的模型就是我们需要的，因此直接单击 Next 按钮即可。此时，系统将显示出所有的实体，并询问希望对哪一个实体进行管理（在本例中只有一个名为 Hero 的实体），如图 6-8 所示，确保选中 Hero 复选框并单击 Next 按钮。

最后，系统将提示选择保存将生成的类文件的位置（见图 6-9）。Language 一项依然设置为 Swift。保持 Use scalar properties for primitive data types 复选框为未选中状态。系统默认的保存位置没有问题，所以直接单击 Create 按钮即可。

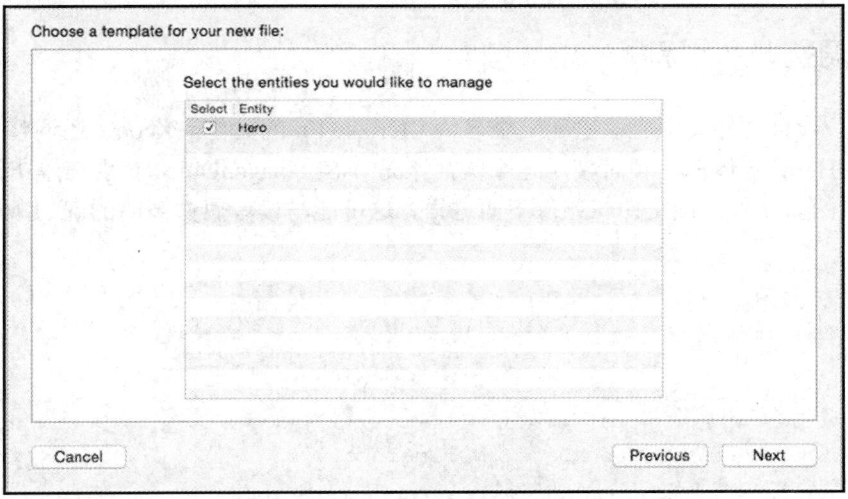

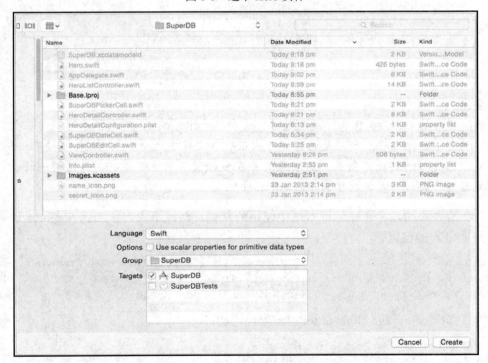

图 6-8　选中 Hero 实体

图 6-9　选择类文件的保存地址

## 6.2.1　调整 Hero 标题

现在，项目文件夹中应该出现一个名为 Hero.swift 的文件。Xcode 还调整了数据模型，以便 Hero 实体在运行时使用这个类而不是 NSManagedObject。现在单击这个名为 Hero.swift 的新文件。该文件应该像下面这样，这可能与读者属性声明的确切顺序不完全相同：

```
import UIKit
import CoreData

class Hero: NSManagedObject {

    @NSManaged var birthDate: NSTimeInterval
    @NSManaged var name: String
    @NSManaged var secretIdentity: String
    @NSManaged var sex: String
    var age: Int16
    @NSManaged var favoriteColor: AnyObject

}
```

警告：

如果读者的 Hero.swift 文件没有包含 age 和 favoriteColor，那么很有可能是在之前的操作中没有正确地保存。如果是这样，可以在项目文件中选择 Hero.swift 并按 Delete 键，确保文件已被移动到垃圾箱中，然后返回并在数据模型中重新正确创建这两个特性，保存数据模型，最后再重新创建 Hero.swift 文件。

现在需要添加几个将在验证方法中使用的常量。将以下内容添加到 imports 语句与 calss 声明之间的位置：

```
let kHeroValidationDomain = "com.oz-apps.SuperDB.HeroValidationDomain"
let kHeroValidationBirthdateCode = 1000
let kHeroValidationNameOrSecretIdentityCode = 1001
```

然后修改 date、age 和 favoriteColor 属性声明：

```
@NSManaged var birthDate: NSDate
@NSManaged var favoriteColor: UIColor
var age:Int
```

不用太担心常量。稍后我们会解释错误域和错误代码。在实现代码之前，还有很多工作要做，下面先一起看看都需要做些什么。

## 6.2.2　默认值

需要读者子类化 NSManagedObject 的最常见的核心数据任务之一是为特性或特性类型设置条件默认值，例如为可转换特性设置的默认值。

NSManagedObject 方法 awakeFromInsert 被设计为可以被子类覆盖，这一设定用于设置默认值。在对象的新实例插入至托管对象上下文后，或者代码使用或修改该对象前，awakeFromInsert 方法将被调用。

在项目中，有一个名为 favoriteColor 的可转换特性，该特性的默认颜色会被设置成白色。要做到这一点，需要在 Hero.swift 中的右花括号 "}" 前添加以下方法：

```
override func awakeFromInsert() {
    super.awakeFromInsert()
    self.favoriteColor = UIColor(red: 1, green: 1, blue: 1, alpha: 1)
}
```

注意：

这里没有为默认值使用 UIColor.whiteColor()。之所以代之使用 colorWithRed:green:blue:alpha:工厂方法，是因为该方法一直用来创建以 RGBA 模型为基础的颜色。UIColor 可以支持几个不同的颜色模型。稍后，会把 UIColor 分解为单独的组件（分别代表红色、绿色、蓝色和 alpha），以便将其保存在持久化存储中。还会让用户通过操作为每个组件操作设置的滑块来生成新的颜色。而 whiteColor 方法则不同，它不使用 RGBA 颜色空间创建颜色，相反，该方法只使用灰度颜色模型创建一种颜色，该模型只能用来表示具有灰色和 alpha 两个组件的颜色。

是不是很简单？只需创建一个 UIColor 的新实例并将其分配给 favoriteColor。awakeFromInsert 的另一个常见用法是将日期特性的默认值设置为当前日期。例如，可以通过向 awakeFromInsert 添加以下代码来将 birthdate 特性的默认值设置为当前日期：

```
self.birthDate = NSDate()
```

由于 age 的属性是通过计算获得的，因此读者创建了一个不带 setter 方法的 getter 方法，从而使其成为只读属性。将 age 声明按以下代码进行替换：

```
var age:Int {
    get {
```

```
    var gregorian = NSCalendar(calendarIdentifier:
                    NSCalendarIdentifierGregorian)
    var today = NSDate()
    var components = gregorian?.components(NSCalendarUnit.
                    YearCalendarUnit, fromDate: self.birthDate, toDate:
                    NSDate(), options: .allZeros)
    var years = components?.year
    return years!
  }
}
```

## 6.3　添 加 验 证

Core Data 为在代码中执行特性验证提供了两种机制：一种用于单一特性验证，另一种用于多个特性的值的验证。单一特性验证相对简单。例如，我们可能希望确保 date 项输入的数据是有效的，而不是 nil，或者 number 特性不是负数。多字段验证稍微复杂一些。假设有一个叫作 Person 的实体，该实体包含一个名为 legalGuardian 的字符串型特性，在这个特性中，我们可以追踪到在法律上对一个未成年人负有责任并能够为其做决定的人。该特性可能会被设置成必填项，但我们希望只有未成年人才会需要填写该特性，而成年人则不用。通过多特性验证，可以使我们能够将该特性设置成只有人员的年龄特性小于 18 岁时 legalGuardian 特性才为必填项，否则不需要。

### 6.3.1　单一特性验证

NSManagedObject 提供了一个名为 validateValue:forKey:error:的方法来进行单一特性的验证。该方法可以接收值、键和 NSError 句柄。可以通过覆盖此方法，并根据返回 true 或 false 来执行验证以便值是否有效。如果该值没有通过验证，还可以创建一个 NSError 实例来保存关于具体的无效内容以及无效原因的特定信息。虽然可以这么做，但是千万不要！事实上，Apple 明确表示开发人员不应该这么做。因为实际情况下我们不需要覆盖此方法，因为默认实现使用了一种很实用的机制来动态地将错误处理分派给类中没有定义的特殊验证方法。

例如，假设有一个名为 birthdate 的字段，NSManagedObject 将在验证期间自动在子类上查找名为 validateBirthdate:error:的方法。NSManagedObject 将为每一个特性在验证进行此操作，所以，如果想验证单独某个特性，那么所要做的只是按照 validate×××:error:的命名规则（×××表示要进行验证的特性名称）声明一个方法，以便返回一个布尔值来表示该特性的值是否通过了验证。

现在，让我们一起使用这个机制来防止用户在生日一栏中输入一个未来的日期。请在 Hero.swift 的右括号 "}" 之前，添加以下方法：

```
func validateBirthDate(ioValue: AutoreleasingUnsafeMutablePointer
                       <AnyObject?>, error:NSErrorPointer) -> Bool {
   var date = ioValue.memory as NSDate
   if date.compare(NSDate()) == .OrderedDescending {
      if error != nil {
         var errorStr = NSLocalizedString("Birthdate cannot be in the
              future", comment: "Birthdate cannot be in the future")
         var userInfo = NSDictionary(object: errorStr, forKey:
                                     NSLocalizedDescriptionKey)
         var outError = NSError(domain: kHeroValidationDomain,
              code: kHeroValidationBirthdateCode, userInfo: userInfo)
         error.memory = outError
      }
      return false
   }
   return true
}
```

如读者所见，这里有一些新的概念。当我们认为 Swift 是一个不含指针的开发软件时，这里却出现了指针。针对这一问题，读者目前所要知道的是，这是用于向下兼容了一部分 C 和 Objective-C APIs 的功能，而这部分功能仍然依赖指针来达到通过引用传递变量。在 Swift 中有一个名为 inout 的功能，但这是一个 Swift 选项而且不支持 Objective-C 和 C 类型的函数。指针是 Swift 中的一种结构，该结构有一个名为 memory 的成员，也就是内存地址，这就是函数之间传递数据的方法。

例如：

```
var date = ioValue.memory as NSDate
```

内存作为指针的一部分被用于将对象转换为 NSDate。在函数的末尾，读者会创建一个 NSError 对象，并将其分配给 NSErrorPointer 的 memory 属性。如果读者尝试直接为任何参数赋值，那么都会遇到编译器报错。

从前面的方法可以看出，如果输入一个未来的日期，系统会返回 false；如果日期在过去，则会返回 true。如果返回 false，还需要执行一些额外的操作。读者可以创建一个字典，并将一个错误字符串存储在键 NSLocalizedDescriptionKey 下面，它本就是一个为此目的而存在的系统常量。然后创建一个 NSError 的新实例，并将新创建的字典作为

NSError 的 userInfo 字典传递。这是在验证方法中回传信息的标准方法，几乎所有其他方法都以 NSError 的句柄作为参数。

注意，在创建 NSError 实例时，使用提前定义的两个常量：kHeroValidationDomain 和 kHeroValidationBirthdateCode。

```
var outError = NSError(domain: kHeroValidationDomain,
                        code: kHeroValidationBirthdateCode,
                    userInfo: userInfo)
```

每个 NSError 都需要一个错误域和一个错误代码。错误代码是唯一标识特定类型错误的整数型常量。错误域定义了生成错误的应用程序或框架。例如，有一个名为 NSCocoaErrorDomain 的错误域，该定义域标明了错误是由 Apple 的 Cocoa 框架中的代码导致的。读者可以通过使用反向的 DNS 式字符串来为自己的应用程序定义自己的错误域，并将其分配给常量 kHeroValidationDomain。该定义域将会被读者用到由于验证 Hero 对象而产生的任何错误上。当然读者也可以选择为整个 SuperDB 应用程序创建单个域，但是不如上述方法具体，也会使应用程序更容易调试。

读者通过创建自己的错误域，可以将错误尽可能地具体。同时还避免了在系统定义的常量列表中寻找用于特定错误的代码的问题。kHeroValidationBirthdateCode 将是读者在自己的域中创建的第一个代码，代码的值可以随意设为 1000，因为无论将这个错误代码设置为 0、1、10000 还是 34848 都是完全有效的。这是读者自己的领域，读者可以做任何想做的编码。

## 6.3.2   多特性验证

当需要基于多个字段来验证托管对象时，使用的方法会与单一特性验证使用的方法略有不同。在所有单字段验证方法启动之后，才会调用另一个方法来让我们执行更复杂的验证。实际上有两个这样的方法：一个是在对象被首次插入上下文时调用，另一个是在保存对现有托管对象的更改时调用。

当将新的托管对象插入上下文时，所使用的多特性验证方法名为 validateForInsert:；而更新现有对象时，实现的验证方法被称为 validateForUpdate:。在这两种情况下，如果对象通过验证，则返回 true；如果存在问题，则返回 false。与单一特性验证一样，如果返回 false，还应该创建一个 NSError 实例，用于标识所遇到的问题的具体内容。

在许多情况下，我们希望的是在插入和更新时执行相同的验证。而在这些情况下，并不需要我们对一段代码进行复制然后粘贴到另一处。相反，我们创建一个新的验证方法，并同时使用 validateForInsert:和 validateForUpdate:调用这个验证方法。

在读者的应用程序中，还不需要任何多特性验证（暂时的），但假设，读者现在不再需要 name 和 secrettidentity 两个特性的验证，而只需要对这两个中的一个进行验证。那么，读者可以通过在数据模型中选择 name 和 secrettidentity，然后使用多特性验证方法来实现这一点。要做到这一点，需要在 Hero 类中添加以下 3 个方法：

```swift
func validateNameOrSecretIdentity(error: NSErrorPointer) -> Bool{
    if countElements(self.name)==0 && countElements(self.secretIdentity) == 0 {
        if error != nil {
            var errorStr = NSLocalizedString("Must provide name or secret
                identity.", comment: "Must provide name or secret identity.")
            var userInfo = NSDictionary(object: errorStr, forKey:
                                NSLocalizedDescriptionKey)
            var outError = NSError(domain: kHeroValidationDomain,
                               code: kHeroValidationNameOrSecretIdentityCode,
                               userInfo: userInfo)
            error.memory = outError
        }
        return false
    }

    return true
}

override func validateForInsert(error: NSErrorPointer) -> Bool {
    return self.validateNameOrSecretIdentity(error)
}

override func validateForUpdate(error: NSErrorPointer) -> Bool {
    return self.validateNameOrSecretIdentity(error)
}
```

✎ 注意：

在 Apple 的开发者网站上有一些关于使用 Swift 指针与 C APIs 交互的文档。读者可以通过网址 https://developer.apple.com/library/prerelease/ios/documentation/Swift/concept/BuildingCocoaApps/InteractingWithCAPIs.html#//apple_ref/doc/uid/TP40014216-CH8-XID_16 找到该信息。然而，与其他 Apple 文档一样，该文档关于使用指针的信息有限，并且缺少示例或代码。在这种情况下，头文件是一个好的办法，读者可以在互联网上找到关于这些特定主题的信息。

# 6.4　添加验证反馈

在第 4 章中，读者创建了一个名为 SuperDBEditCell 的类，该类封装了可用于各种表视图单元格的公共功能。但 SuperDBEditCell 类不包含用于保存托管对象的代码，因为这个类只关心与显示相关的事情。读者确实存储了每个 SuperDBEditCell 实例显示的特性，但现在我们想要的是添加被编辑的特性验证失败时的反馈，并且不希望在子类之间重复添加此功能。

为此，读者要做的是让 SuperDBEditCell（或子类）的每个实例验证正在被其处理的特性。我们希望在表视图单元格失焦（即移动到另一个单元格）和用户试图保存时执行验证。如果编辑后的值没有通过验证，则相应地弹出一个警告对话框来告诉用户验证错误，并显示出两个按钮：Cancel，用于恢复原来的值；Fix，让用户可以重新编辑单元格。要处理这个问题，需要让 SuperDBEditCell 响应 UITextFieldDelegate 协议。如果用户单击导航栏上的 Cancel 按钮，则程序将撤销他们之前所做的所有修改。

首先，编辑 SuperDBEditCell.swift 并将类声明改为：

```
class SuperDBEditCell: UITableViewCell, UITextFieldDelegate {
```

接下来，需要向 NSManagedObject 添加一个属性：

```
var hero: NSManagedObject!
```

该模块不需要识别 NSManagedObject，因为其在 CoreData 中可用，所以添加 import CoreData。

现在添加如下验证方法：

```
//MARK: - Instance Methods

@IBAction func validate(){
    var val: AnyObject? = self.value
    var error: NSError?
    if !self.hero.validateValue(&val, forKey: self.key, error: &error) {
      var message: String!
      if error?.domain == "NSCocoaErrorDomain" {
        var userInfo:NSDictionary? = error?.userInf.
        var errorKey = userInfo?.valueForKey("NSValidationErrorKey")
                    as String
        var reason = error?.localizedFailureReason
        message = NSLocalizedString("Validation error on \(errorKey)\
```

```
            rFailure Reason:\(reason)", comment: "Validation error on \
            (errorKey)\rFailure Reason:\(reason)")
    } else {
        message = error?.localizedDescription
    }

    var title = NSLocalizedString("Validation Error",
            comment: "Validation Error")
    let alert = UIAlertController(title: title, message: message,
            preferredStyle: .Alert)
    let fixAction = UIAlertAction(title: "Fix", style: .Default, handler:{
        _ in
        var result = self.textField.becomeFirstResponder()
    })
    alert.addAction(fixAction)
    let cancelAction = UIAlertAction(title: "Cancel", style:
                        UIAlertActionStyle.Cancel){
        _ in
        self.setValue(self.hero.valueForKey(self.key)!)
    }
    alert.addAction(cancelAction)

    UIApplication.sharedApplication().keyWindow?.rootViewController?.
    presentViewController(
            alert, animated: true, completion: nil)
    }
}
}
```

接下来，需要 textField 委托方法 textField:didEndEditing:来调用验证方法。

```
//MARK: - UITextFieldDelegate Methods

func textFieldDidEndEditing(textField: UITextField) {
    self.validate()
}

func setValue(aValue:AnyObject){
    if let _aValue = aValue as? NSString{
        self.textField.text = _aValue
    } else {
        self.textField.text = aValue.description
    }
}
```

最后，需要单元格的 textField 知道这个新委托。在 SuperDBEditCell 的 init(style: reuseIdentifier:)方法中，就在 textField 被添加到单元格的 contentView 之前的位置，添加以下内容：

```
self.textField.delegate = self
```

以上都做了什么？首先，确保 UITextField 委托在 init 中（样式:reuseIdentifier:）被设置到 self。然后，添加了 validate 方法。基本上，validate 在 NSManagedObject 上调用了 validateValue:forKey:error: 。如果验证失败，则解析 NSError 对象并创建一个 UIAlertController。接下来，定义了 textFieldDidEndEditing:委托方法，当 SuperDBEditCell 类中的 NSTextField 退出编辑模式（用户从一个单元格进入另一个单元格，或者单击导航栏上的 Save 或 Back 按钮）时，将调用此方法。最后，添加 alertView:clickedButtonAtIndex:。该委托方法会在用户单击验证错误时显示的 UIAlertView 上的按钮时被调用。根据用户单击的是 Cancel 按钮还是 Fix 按钮，程序可以执行还原操作或是将焦点移动到表视图单元格中。

现在只需要将 Hero 对象从 HeroDetailController 向下传递到 SuperDBEditCell。编辑 HeroDetailController.swift 并找到 tableView:cellForRowAtIndexPath:。在所有其他与单元格配置有关的代码之前添加以下内容：

```
cell?.hero = self.hero
```

然后找到下面这行代码：

```
cell?.value = self.hero.valueForKey(dataKey)
```

将其修改为：

```
var theData: String! = self.hero.valueForKey(dataKey)?.description
cell?.value = theData
```

这是因为在默认情况下，从 valueForKey 返回值时，该值的类型是 AnyObject?。由于 textField 需要的是一个字符串，所以将值转换为字符串后得到的结果为 nil。方法描述是返回类的字符串表示形式的一种办法。

✎ 注意：

Swift 仍然与 Objective-C 和 C APIs 有着很多依赖关系。读者可能会在控制台中收到下面这样一条警告信息：

```
CoreData: warning: Unable to load class named 'Hero' for entity 'Hero'.
Class not found, using default NSManagedObject instead.
```

为了避免这种情况，读者需要在 Hero.swift 类的类声明之前添加@objc(Hero)。这是因为 Swift 中的类前缀是模块的名称空间，在本例中，则为 SuperDB.Hero，因此不能使用 Hero。但是如果有了@objc 前缀，就可以使用 Hero 或者是读者想起的其他任何名字。

## 6.5　更新内容视图

查看图 6-2，可以看到在表视图的 General 分区中还需要两个单元格。因此，在继续其他内容之前，先来更新以下内容视图。

打开 SuperDB.storyboard 并找到 HeroDetailController。通过单击表视图单元格外的区域来选择第二个表视图分区（General 标签的旁边是一个好位置）。打开工具窗口中的属性检查器，并将 Rows 字段的数字从 3 改为 5。现在，表视图的第二分区应该显示出 5 行。这就是读者需要在 storyboard 编辑器中做的。很容易，对吧？

再次查看图 6-2，发现第二分区中的标签按照 Identity、Birthdate、Age、Sex 和 Color 排序。而上次运行应用程序时，该分区中的标签是 Identity、Birthdate 和 Sex。所以接下来不仅需要添加 Age 和 Color 标签，还需要重新排序，让 Age 排在 Sex 之前。幸运的是，由于读者的单元格是通过属性列表配置的，所以相对来说这应该比较简单。

打开 HeroDetailConfiguration.plist，导航到 Root→Section→Item 1→rows→Item 1。如果最后一个 Item 1 旁边的可展开三角形图标是打开的，那么请关上。Item 1 和 Item 2 应该紧挨着。如果 Item 2 的可展开三角形图标是打开的，也要关上。现在选中最后一个 Item 1 并单击 Item 1 标签旁边的"+"按钮。此时，Item 1 和 Item 2 之间应该插入了新的一行。接下来将 Item 2 重命名为 Item 3，并将新 Item 命名为 Item 2。此时，新的 Item 2 应为字符串类型且没有值。

将新 Item 2 类型更改为 Dictionary 并打开其旁边的可展开三角形图标。这是读者应用程序的年龄单元格的配置。单击新 Item 2 旁边的"+"按钮 3 次，添加 3 行。将所有 3 行的类型保存为字符串，并为这 3 个新行设置以下键值对：key/age、class/SuperDBEditCell、label/Age。

现在，在 Item 3 之后添加一行并重复该过程，向新 Item 4 添加类型为 String 的 3 行，键值对分别为 key/favoriteColor、class/SuperDBEditCell、label/Color。

构建并运行应用程序，然后导航到内容视图。

此时的应用程序应该已经崩溃或无法正常工作了。为什么？

这是因为读者正在为 textField 的 text 属性分配 age 特性。Age 应该是一个 Int 实例，而 textField.text 接收的是一个 NSString。读者可以子类化 SuperDBEditCell 来处理 Int，但是实际中可能不需要这么做，因为在 SuperDBEditCell.swift 中修改这种方法要容易得多。

```
func setValue(aValue:AnyObject){
   if let _aValue = aValue as? String{
     self.textField.text = _aValue
   } else {
     self.textField.text = aValue.description
   }
}
```

如果读者发现显示了很多 int 值，可能不会选择这么做，但现在这么做是有效的。

再次构建并运行应用程序。如果此时添加一个新的英雄，应该会看到类似图 6-10 所示的内容。

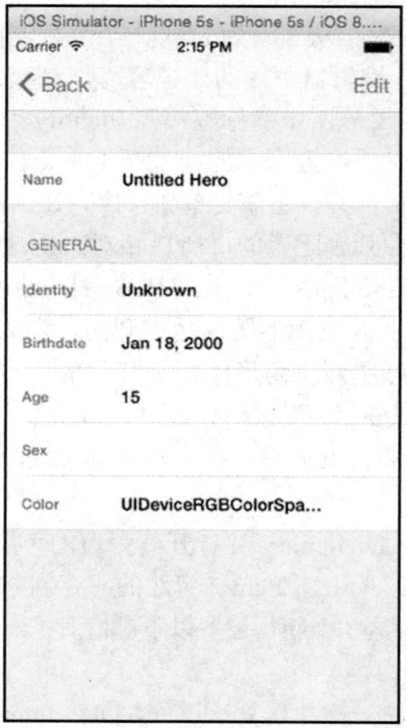

图 6-10　Hero 的内容视图

此时的 Age 单元格应该是有问题的。在编辑模式下，可以单击 Age 单元格，之后该单元格处于选中状态并显示输入键盘。但是，当我们试图从编辑模式保存时，应用程序会立即崩溃。现在一起来解决这个问题。

# 6.6　创建 SuperDBNonEditableCell

默认情况下，Age 单元格是可编辑的。有一个表视图数据源方法，即 tableView:canEditRowAtIndexPath:，该方法决定了一个特定的表视图单元格是否是可编辑的。默认情况下，这个方法是在 UITableViewController 模板中提供的，但是被注释掉了。因此，表视图假设所有单元格都是可编辑的。显然，我们需要此方法为 Age 单元格索引路径返回 false 值。

由于 HeroDetailController 保存方法中的这几行代码，导致了应用程序的崩溃：

```
for cell in self.tableView.visibleCells() {
    let _cell = cell as SuperDBEditCell
    self.hero.setValue(_cell.value, forKey: _cell.key)
```

当我们试图在 Hero 实体的 age 特性中设置值时，将会出现异常崩溃。记得吗？在数据模型中声明的年龄是瞬态的。这意味着年龄的值是计算出来的，没有办法设置。我们需要一种方法来检查是否应该将值保存在单元格中。

首先，需要定义一个不可编辑的 SuperDBEditCell 文件。但与其这样做，不如创建 SuperDBEditCell 的子类 SuperDBNonEditableCell，该子类使用一个 textField，但不允许对其进行编辑。这似乎是尝试 Xcode 重构功能的好时机。然而，Swift 还是一个比较新的软件，还很粗糙，所以有些功能可能不起作用，因此，我们还必须用一种费力的方式去做。

## 6.6.1　创建一个子类

单击 SuperDB 并创建一个新的 Cocoa Touch Class，将其命名为 SuperDBNonEditableCell，并使其成为 SuperDBEditCell 的子类。具体如下：

```
class SuperDBNonEditableCell: SuperDBEditCell {
```

## 6.6.2　移动代码

现在，Xcode 为 SuperDBCell 创建了这个文件，并将 SuperDBEditCell 作为 SuperDBCell 的子类，但除此之外就没有什么了。还记得吗？我们想让 SuperDBCellNonEditableCell 与 SuperDBEditCell 相同，但是 textField 永远不会被启用。

接下来从 SuperDBCellNonEditableCell 文件开始。因为该文件是 SuperDBEditCell 的子

类，所以已经具备了大多数功能。读者需要的只是 3 个函数或方法。SuperDBNonEditableCell
中的代码应该是这样的：

```
import UIKit

class SuperDBNonEditableCell: SuperDBEditCell {

  override func isEditable() -> Bool {
    return false
  }

  override init(style: UITableViewCellStyle,reuseIdentifier: String?) {
    super.init(style: style, reuseIdentifier:reuseIdentifier)
    self.textField.enabled = false
  }

  required init(coder aDecoder: NSCoder) {
    super.init(coder: aDecoder)
  }

}
```

接下来，调整 SuperDBEditCell。添加 isEditable 函数，如果返回 true，则表示其是可
编辑的。

```
func isEditable() -> Bool {
    return true
}
```

如果现在运行应用程序，将会看到 age 的 textField 是可编辑的！这意味着上面的办
法行不通吗？不是的，这里需要一小段代码来覆盖。如果查看 setEditing 方法就会发现，
我们是根据编辑模式设置启用标志的。因此，如果编辑模式为真，则 textField 将被启用。
用条件语句修复很简单。现在，只有当函数 isEditable 返回 true 且正处于编辑模式时，才
会开启可编辑功能。

```
self.textField.enabled = editing && self.isEditable()
```

### 6.6.3　可编辑属性

之前，在读者试图保存一个编辑过的英雄时，SuperDB 应用程序发生了崩溃，因为
其试图保存 Age 单元格中的值。所以我们希望 HeroDetailController 的 save 方法在更新其

Hero 实例时跳过 Age 单元格。

我们现在可以使用一些 Core Data 技巧，以便让 Hero 实例检查单元格的特性键是否为瞬态。但这看起来似乎需要做很多工作。记得吗？我们创建了 SuperDBNonEditableCell 类来处理那些不可编辑的字段（可能本来也不需要更新）。所以，读者想要的是让 SuperDBCell 在某些查询上返回 true，而 SuperDBEditCell 返回 false（反之亦然）。还记得在 SuperDBEditCell 和 SuperDBNonEditableCell 中创建了 isEditable 函数吗？如果单元格是 isEditable，则该函数可以进一步用于保存。现在，需要在 HeroDetailController.swift 中使用这个方法。在 save 方法中更新以下代码：

```
for cell in self.tableView.visibleCells() {
    let _cell = cell as SuperDBEditCell
    if _cell.isEditable() {
        self.hero.setValue(_cell.value, forKey: _cell.key)
    }
```

最后，读者需要更新 HeroDetailConfiguration.plist，以便让 Age 单元格使用 SuperDBNonEditableCell。打开 HeroDetailConfiguration.plist，按照导航路径 Root→sections→Item 1→rows→Item 2→class，将其值修改为 SuperDBNonEditableCell。

构建并运行应用程序。导航到内容视图并进入编辑模式。试着单击 Age 单元格，但会发现不可以，因为该单元格现在是不可编辑的。

## 6.7 创建颜色表视图单元格

现在读者已经完成了颜色值转换器，下面一起来思考如何输入英雄们最喜欢的颜色。查看图 6-1，这里有一个表视图单元格，其中显示了英雄最喜欢的颜色。当用户在编辑模式下选择最喜欢的颜色单元格时，我们希望显示一个颜色选择器（见图 6-2）。颜色选择器不能通过 iOS SDK 直接使用，就像读者在第 4 章中使用的日期选择器一样，必须从头建造一个。

### 6.7.1 自定义颜色选择器

单击导航器窗口中的 SuperDB 文件夹，创建一个新的 Cocoa Touch Class。当出现提示时，将类命名为 UIColorPicker 并使其成为 UIControl 的子类。UIControl 是控件对象（如按钮和滑块）的基类。这里定义的 UIControl 子类封装了 4 个滑块，而需要 UIColorPicker 声明的唯一属性就是其颜色。

```swift
var _color: UIColor!
```

其他所有属性都可以在一个名为 UIColorPicker.swift 的实现文件的类别里单独声明。

```swift
private var _redSlider: UISlider!
private var _greenSlider: UISlider!
private var _blueSlider: UISlider!
private var _alphaSlider: UISlider!
```

添加以下初始化代码：

```swift
required init(coder aDecoder: NSCoder) {
    super.init(coder: aDecoder)
}

override init(frame: CGRect) {
    super.init(frame: frame)

    labelWithFrame(CGRectMake(20, 40, 60, 24), text: "Red")
    labelWithFrame(CGRectMake(20, 80, 60, 24), text: "Green")
    labelWithFrame(CGRectMake(20, 120, 60, 24), text: "Blue")
    labelWithFrame(CGRectMake(20, 160, 60, 24), text: "Alpha")

    let theFunc = "sliderChanged:"
    self._redSlider = createSliderWithAction(CGRectMake(100, 40, 190, 24),
                function: theFunc)
    self._greenSlider = createSliderWithAction(CGRectMake(100, 80, 190,
                24), function: theFunc)
    self._blueSlider = createSliderWithAction(CGRectMake(100, 120, 190,
                24), function: theFunc)
    self._alphaSlider = createSliderWithAction(CGRectMake(100, 160, 190,
                24), function: theFunc)
}

private func labelWithFrame(frame: CGRect, text: String){
    var label = UILabel(frame: frame)
    label.userInteractionEnabled = false
    label.backgroundColor = UIColor.clearColor()
    label.font = UIFont.boldSystemFontOfSize(UIFont.systemFontSize())
    label.textAlignment = NSTextAlignment.Right
    label.textColor = UIColor.darkTextColor()
    label.text = text
    self.addSubview(label)
}
```

```
func createSliderWithAction(frame: CGRect, function: String)->UISlider{
    var _slider = UISlider(frame: frame)
    _slider.addTarget(self, action: Selector(function),
                      forControlEvents: .ValueChanged)
    self.addSubview(_slider)

    return _slider
}
```

这里定义了读者的颜色选择器的外观，并使用 init(frame:)方法在视图中放置滑块。在前面的代码中我们对代码进行了提炼，将这些看似类似的近两页篇幅的代码缩减到占半页篇幅的初始化代码，而且仍然保持足够的模块化，以便需要的时候在项目中使用。

接下来，需要覆盖 color 的属性以正确设置滑块的值：

```
//MARK: - Property Overrides
var color: UIColor{
    get { return _color}
    set {
      _color = newValue
      let components = CGColorGetComponents(_color.CGColor)

      _redSlider.setValue(Float(components[0]), animated: true)
      _greenSlider.setValue(Float(components[1]), animated: true)
      _blueSlider.setValue(Float(components[2]), animated: true)
      _alphaSlider.setValue(Float(components[3]), animated: true)
    }
}
```

现在，可以实现（私有）实例方法了：

```
//MARK: - (Private) Instance Methods
@IBAction func sliderChanged(sender: AnyObject){
    color = UIColor(red: CGFloat(_redSlider.value),
                  green: CGFloat(_greenSlider.value),
                   blue: CGFloat(_blueSlider.value),
                  alpha: CGFloat(_alphaSlider.value))
    self.sendActionsForControlEvents(.ValueChanged)
}
```

既然已经完成了自定义颜色选择器的创建，接下来就需要添加一个自定义表视图单元格类来使用该选择器。

## 6.7.2　自定义颜色表视图单元格

由于我们拥有一个自定义选择器视图，因此需要将 SuperDBEditCell 子类化，就像为 SuperDBDateCell 和 SuperDBPickerCell 所做的那样。但是如何在 SuperDBEditableCell 类中显示 UIColor 值呢？可以创建一个字符串来显示颜色的 4 个值（红、绿、蓝和 alpha）。对于大多数终端用户来说，这些数字毫无意义。用户在查看英雄详细信息时，都希望看到实际的颜色，但目前还没有在表视图单元格中显示颜色的机制。

如果读者构建一个复杂的表格视图单元格子类来显示颜色，是否考虑过这个子类可能还会在应用程序的其他地方备用？答案很可能是否定的。所以，尽管可以花费很多时间和精力来构建这个类，但是请不要这样做。这里有一个更简单的解决方案：用一个字符串填充文本字段，该字符串具有特殊的 Unicode 字符，显示为一个实矩形，然后添加代码来更改文本的颜色，以此来显示英雄最喜欢的颜色。

创建一个新的 Cocoa Touch Class，将其作为 SuperDBEditCell 的子类，并将其命名为 SuperDBColorCell，添加 UIColorPicker 类型的 colorPicker 作为 SuperDBColorCell.swift 的属性：

```
import UIKit

class SuperDBColorCell: SuperDBEditCell {
    var colorPicker: UIColorPicker!
    var attributedColorString: NSAttributedString!

    required init(coder aDecoder: NSCoder) {
        super.init(coder: aDecoder)
    }
```

还要添加一个实例方法 attributedColorString，该方法返回一个 NSAttributedString。特性字符串是一个字符串，但其还包含关于如何格式化自身的信息。在 iOS 6 之前，特性字符串非常有限。现在，读者能在 UIKit 对象中使用特性字符串，而且很快就会明白为什么需要这种方法。

定义 init(style:reuseIdentifier:)方法如下：

```
override init(style: UITableViewCellStyle, reuseIdentifier: String?) {
    super.init(style: style, reuseIdentifier: reuseIdentifier)

    self.colorPicker = UIColorPicker(frame: CGRectMake(0, 0, 320, 216))
    self.colorPicker.addTarget(self, action: "colorPickerChanged:",
                forControlEvents:.ValueChanged)
```

```
   self.textField.inputView = self.colorPicker
}
```

这应该非常容易理解。与其他 SuperDBEditCell 子类一样，读者已经实例化了选择器对象并将其设置为 textField 的 inputView。

接下来，覆盖 SuperDBEditCell 的值访问器和 mutator 方法：

```
//MARK: - SuperDBEditCell Overrides

override var value: AnyObject!{
   get{
      return self.colorPicker.color
   }
   set{
      if let _color = newValue as? UIColor {
        self.setValue(newValue)
        self.colorPicker.color = newValue as UIColor
      } else {
        self.colorPicker.color = UIColor(red:1, green:1, blue:1, alpha:1)
      }
      self.textField.attributedText = self.attributedColorString
   }
}
```

请注意 setValue 中的这一行：

```
self.textField.attributedText = self.attributedColorString
```

读者将使用新的 attributedText 属性，而不是设置 textField 的 text 属性。这告诉 textView 读者正在使用一个特性字符串，也就是使用该特性来格式化字符串。如果英雄喜欢的颜色特性没有被定义，那么可以将颜色选择器设置为白色。

现在来添加 colorPicker 回调方法：

```
//MARK: - (Private) Instance Methods

func colorPickerChanged(sender: AnyObject){
   self.textField.attributedText = self.attributesColorString
}
```

同样，读者还要告诉 textField 更新自身。但是怎样更新？

最后，将以下代码添加到 attributedColorString 的声明中：

```
var attributesColorString: NSAttributedString! {
   get{
      var block = NSString(UTF8String:
```

```
            "\u{2588}\u{2588}\u{2588}\u{2588}\u{2588}\u{2588}\u{2588}\
            u{2588}\u{2588}\u{2588}")
    var color:UIColor = self.colorPicker.color
    var attrs:NSDictionary = [
        NSForegroundColorAttributeName:color,
        NSFontAttributeName:UIFont.boldSystemFontOfSize(UIFont.
                            systemFontSize())]
    var attributedString = NSAttributedString(string: block!,
                            attributes:attrs)
    return attributedString
    }
}
```

首先，定义一个包含大量 Unicode 字符的字符串。\u{2588}是块字符的 Unicode 字符。读者所做的就是创建一个由 10 个块字符组成的字符串。接下来，要让颜色选择器告诉我们它本身的颜色，然后使用该颜色和系统粗体（14pt）来定义字典。读者使用的键是NSForegroundColorAttributeName 和 NSFontAttributeName。这些键是专门为支持 UIKit特性字符串定义的。从这两个键的名称可以推断，NSForegroundColorAttributeName 用于设置字符串的前景（或文本）颜色，NSFontAttributeName 允许我们为字符串定义所需的字体。最后，使用 Unicode 字符串块和特性字典实例化特性字符串。

也可以使用 textField 的常规文本属性并根据需要设置 textColor，但是本书认为这个特性字符串的简短演示可能会引起你的好奇心。特性字符串非常灵活和强大，值得读者花时间研究。

注意：

要了解更多关于特性字符串的信息，请查看 Apple 的特性字符串的编程指南。

## 6.8　清理选择器

在使用新的颜色选择器之前，还有一个步骤要完成。需要更新配置属性列表以便使用 SuperDBColorCell。打开 HeroDetailConfiguration.plist 并通过路径 Root→sections→Item 1→rows→Item 4→class 选中 class。将其值从 SuperDBEditCell 更改为 SuperDBColorCell。并在 HeroDetailController.swift 中添加一个 case 语句来创建这个 SuperDBColorCell。

```
case "SuperDBColorCell":
    cell = SuperDBColorCell(style: .Value2, reuseIdentifier: cellClassName)
```

都准备好了吗？一起来再次构建并运行程序。导航到内容视图，单击 Edit 按钮，然后单击颜色单元格。

是不是很奇怪？单元格中的内容（见图 6-11）似乎有些问题。

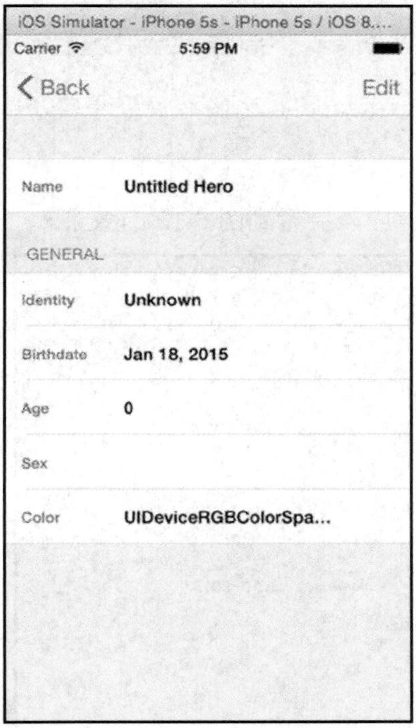

图 6-11　奇怪的颜色单元格

　　我们看到的颜色描述是以文本的形式展现的，但当编辑和移动滑块时，会看到色块。这到底是怎么回事？从逻辑上读者很容易注意到，移动滑块时文本内容显示是正确的，但是一旦离开 textField，信息就不能正确显示了。读者可能已经厌倦了在明知道应用程序无法运行时还要构建和运行应用程序。请把这看作是实际开发中的一种练习吧。很多时候，我们会认为自己已经把所有的事情都做对了，但是当运行应用程序时，却发现一切并没有按照自己所期望的样子正常运行。这时，必须进行（单元）测试、调试，或者思考解决方案。

　　首先，打开 HeroDetailController.swift，在 tableView:cellForRowAtIndexPath:method 中找到以下代码：

```
if let _theDate = theData as? NSDate {
   cell?.textField.text = __dateFormatter.stringFromDate(_theDate)
} else {
```

然后添加以下代码：

```
if let _theDate = theData as? NSDate {
    cell?.textField.text = __dateFormatter.stringFromDate(_theDate)
}else if let _color = theData as? UIColor {
    if let _cell = cell as? SuperDBColorCell {
        _cell.value = _color
        _cell.textField.attributedText = _cell.attributedColorString
    }
} else {
```

当再次运行应用程序时，应该会看到图 6-12 的效果。

图 6-12　SuperDBColorCell 正确显示了特性的内容

　　不错，终于可以正常使用了，但现在看起来还不够完美。我们可以用一些图形魔法来解决这个问题。读者现在应该还在编辑 UIColorPicker.swift，那么可以继续添加 import 方法：

```
import QuartzCore
```

现在添加以下常量：

```
let kTopBackgroundColor = UIColor(red: 0.98,green: 0.98,blue:0.98, alpha:1)
let kBottomBackgroundColor = UIColor(red: 0.79, green: 0.79, blue: 0.79,
                                     alpha: 1)
```

接下来，需要添加一个函数自定义绘制背景，请在 drawRect:方法中添加以下代码：

```swift
override func drawRect(rect: CGRect) {
    var gradient = CAGradientLayer()
    gradient.frame = self.bounds
    gradient.colors = [kTopBackgroundColor.CGColor,
                        kBottomBackgroundColor.CGColor]
    self.layer.insertSublayer(gradient, atIndex: 0)
}
```

在这里我们要说一下 drawRect:方法。该方法用于设置颜色选择器的背景颜色，并使其具有平滑的颜色过渡。多亏了 QuartzCore 框架，才能做到这一点。

还有最后一件事：要关闭 Color 单元格中的 Clear Text 按钮。这很简单。在 SuperDBColorCell.swift 中，将下面这行代码添加到 init(style:reuseIdentifier:)的初始化代码中即可。

```swift
self.textField.clearButtonMode = .Never
```

构建并运行应用程序。再次导航到内容单元格并对颜色单元格进行编辑。这回是不是好多了（见图 6-13）！

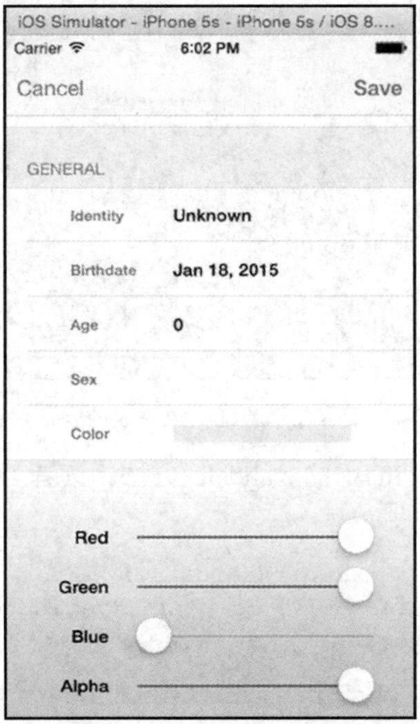

图 6-13　具有渐变背景的颜色选择器

# 6.9　最后一步

运行应用程序，并添加一个新的英雄。进入编辑模式，清除 Name 字段，然后单击 Identity 字段。与预期一样，程序弹出验证警告对话框，但是现在还不会显示故障的原因（见图 6-14）。

图 6-14　没有显示验证失败原因的验证对话框

回顾 SuperDBEditCell.swift 中的 validate 方法。读者可以看到信息是像下面这样填充的：

```
message = NSLocalizedString("Validation error on \(errorKey)\rFailure
          Reason: \(reason)", comment: "Validation error on\(errorKey)\
          rFailure Reason:\ (reason)")
```

调用 NSError 实例的方法返回值 nil：

```
var reason = error?.localizedFailureReason
```

在 iOS 4 之前，Core Data 填充了 localizedFailureReason，后来情况就不一样了。读者需要为此提供一个可以自定义的简单的修复方法。

NSError 提供了一个方法，该方法将返回一个整数型的错误代码。这段代码的值是根据错误的来源定义的。

✎ **注意：**

要了解更多关于 NSError 和错误代码的工作原理，请阅读以下网址中的错误处理编程指南：https://developer.apple.com/library/ios/#documentation/Cocoa/Conceptual/ErrorHandlingCocoa/ErrorHandling/ErrorHandling.html。具体来说，请阅读标题为"Error Objects, Domains, and Codes"的章节。

这里的错误代码都是在 Core Data 头文件中定义的。

✎ **注意：**

关于 CoreDataError.h 的信息可以在 Apple 网站的编程指南中查阅。

虽然读者可能碰巧知道自己得到的错误代码的值是 1670，并且知道该值被分配给了 NSValidationStringTooShortError 的枚举，但最好是用一些逻辑方法来处理这个特定的错误代码，这很容易实现，不过这里我们提出了更高一些的要求。

在本书提供的下载包中查找文件 CoreDataErrors.plist。这是我们创建的一个简单的属性列表文件，该文件将 Core Data 错误代码映射到一个简单的错误消息中。将此文件添加到 SuperDB 项目中，确保已经制作了副本。

读者可以创建一个 CoreDataError 类来处理这个 plist 的加载，但是为了方便起见，可以采用更简单的方法。首先，在 SuperDBEditCell.swift 的顶部（就在类声明之前）声明一个字典。读者可以将其初始化并设置一次，以便可以在所有模块中对其进行访问。

```
let __CoreDataErrors: NSDictionary = {
    var pList:NSURL = NSBundle.mainBundle().URLForResource
                      ("CoreDataErrors",withExtension:"plist")!
    var dict = NSDictionary(contentsOfURL: pList)
    return dict!
    }()
```

现在，读者需要编辑 validate 方法来使用这个字典。找到下面一行代码的开头处：

```
if error?.domain == "NSCocoaErrorDomain" {
```

根据以下代码编辑 if 代码块：

```
if error?.domain == "NSCocoaErrorDomain" {
    var userInfo:NSDictionary? = error?.userInfo
    var errorKey = userInfo?.valueForKey("NSValidationErrorKey") as String
    var errorCode:Int = error!.code
    var reason = __CoreDataErrors.valueForKey("\(errorCode)") as String
    message = NSLocalizedString("Validation error on \(errorKey)\rFailure
            Reason: \(reason)", comment: "Validation error on\
            (errorKey)\rFailure Reason: \(reason) ")
```

创建并运行应用程序。删除一个英雄的名字，并尝试移动到另一个字段。此时出现的验证警告对话框应该与图 6-4 所示相同了。

读者原本可以通过在 CoreDataErrors.plist 中编辑字符串的值并根据需要定制错误消息，希望 Apple 能尽快恢复这一功能。

## 6.10　颜色我们走了

到目前为止，读者应该已经很好地掌握了通过子类化和子类化 NSManagedObject 获得不可思议的功能。我们已经了解了如何使用这些来执行条件默认以及单字段和多字段验证。另外，读者还了解了如何使用自定义托管对象创建虚拟访问器，也了解了如何礼貌地通知用户其输入了导致托管对象验证失败的无效的特性信息，以及如何使用可转换属性和值转换器在 Core Data 中存储自定义对象。

这是一个内容繁多的章节，但是你也因此真正了解了 Core Data 是多么的灵活和强大。在继续介绍 iOS SDK 的其他部分之前，还有一章是关于 Core Data 的。读者准备好了，可以翻开新的一页来学习有关关系和获取属性的知识。

# 第 7 章　关系，获取属性以及表达式

欢迎来到 Core Data 的最后一章。到目前为止，读者的应用程序只包含了一个实体 Hero。在本章中，我们将向读者展示托管对象如何通过使用关系和获取属性来合并和引用其他托管对象。这将使读者能够创建比当前 SuperDB 应用程序复杂得多的应用程序。

然而，这并不是本章中读者唯一要做的事。在本章中读者还将把 HeroDetailController 转换为通用托管对象控制器。通过使控制器代码更加通用，控制器子类将变得更小，更易于维护。读者还将扩展配制属性列表，以允许定义额外实体视图。

在这一章我们有很多事情要做，所以不要犹豫了，现在就开始吧。

## 7.1　应用程序扩展：超能力名称和报告

在讨论细节之前，先快速了解一下本章将对 SuperDB 应用程序所做的修改。从表面上看，这些变化相对简单。读者将为应用程序的超级英雄们添加任意数量的超能力，并且生成一些在某些条件下当前英雄与其他英雄比较关系的报告，例如，哪些英雄比该英雄年轻或年长，性别相同或相异等（见图 7-1）。

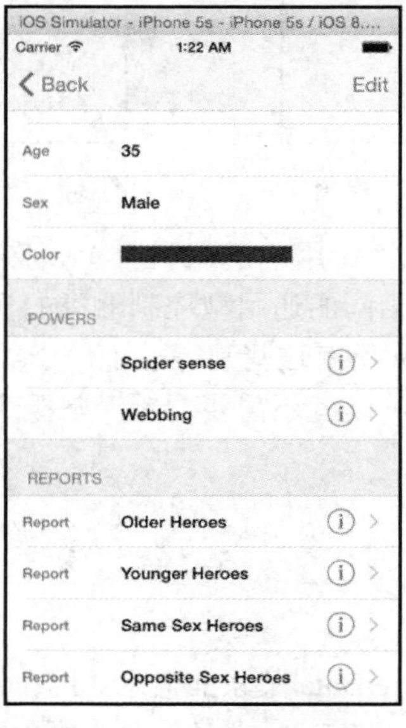

图 7-1　超能力及关系报告界面

　　超能力将由一个新的实体来表示，这意味着读者将创建一个新的实体，并将其命名为 Power。当用户添加或编辑一个超能力时，程序将向其展示一个新视图（见图 7-2），但实际上，该视图指向的是同一个用于编辑和显示英雄的对象的新实例。

　　当用户深入其中某一个报告时，将得到满足所选条件的关于其他英雄的列表，例如，在这里，读者可以看到所有出生日期早于蜘蛛侠的英雄（见图 7-3）。

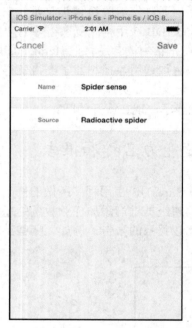

　　　图 7-2　编辑超能力的新视图　　　　　　　图 7-3　出生日期早于蜘蛛侠的英雄

　　单击报告中的任何一行都将使用户进入另一个视图来编辑该行报告涉及的那个英雄，该视图使用了另一个拥有相同的通用型控制器类的实例。用户将能够无限次地循环选择（受内存大小的制约），而所有这些都得益于一个类。

　　在开始实现这些更改之前，读者还需要理解一些概念，然后才开始对数据模型进行修改。

# 7.2　关　　系

　　第 2 章我们介绍了有关 Core Data 关系的概念。现在，我们将更加详细地介绍如何在应用程序中使用关系。关系是 Core Data 中最重要的概念之一。没有关系，实体就会被孤立。没有关系也就不可能让一个实体包含另一个实体或引用另一个实体。现在，一起来看一个简单的老式数据模型类的头文件示例，以使读者可以通过一个熟悉的参照物来理解。

```
import UIKit

class Person: NSObject {
    var firstName: String!
    var lastName: String!
    var birthdate: NSDate!
    var image: UIImage!
    var address: Address!
    var mother: Person!
    var father: Person!
    var children: [Person] = []
}
```

这里有一个表示单个人的类。我们用实例变量来存储关于这个人的各种信息并将这些信息展现给其他对象的属性。这里并没有什么惊天动地的事。现在，一起来考虑一下如何在 Core Data 中重新创建这个对象。

前 4 个实例变量，即 firstname、lastName、birthDate 和 image，都可以由内置的 Core Data 特性类型处理，因此可以使用特性在实体上存储该信息。两个 NSString 实例将成为字符串型特性，NSDate 实例将成为日期型特性，而 UIImage 实例将成为可转换特性，该特性的处理方法与第 6 章中的 UIColor 相同。

在那之后，我们创建了一个 Address 对象的实例。该对象可以用来存储街道地址、城市、州或省以及邮政编码等信息。然后是两个 Person 实例变量和一个可变数组，用于保存指向这个人的子女的指针。当然，还可以增加更多的数组来保存指向更多有关 Person 的其他对象的指针。

在面向对象的编程中，将指向另一个对象的指针作为实例变量，称为组合。组合是一个非常方便的东西，因为其允许我们创建更小的类并且重复使用对象，而不仅仅是复制数据。

在 Core Data 中，读者找不到组合这个东西，但是有一个在本质上与其相同的东西，这就是关系。关系允许托管对象包含对特定实体的其他托管对象的引用，这些对象被称为目标实体，有时也被称为目标。关系是核心数据属性，就像其他特性一样。因此，它们有一个赋值名称，该名称用作键值，目的用于设置和检索一个或多个由关系表示的对象。在 Xcode 的数据模型编辑器中，向实体添加关系的方法与添加特性相同。读者很快会在接下来的内容中了解这一具体过程。关系有两种基本类型：一对一关系和对多关系。

## 7.2.1　一对一关系

当创建一个一对一关系时，意思是说一个对象可以包含一个指向一个特定实体的单个托管对象的指针。在上面的示例中，Person 实体与 Address 实体就是一对一的关系。

一旦向一个对象添加了一个一对一关系，就意味着可以使用键值编码（KVC）将一个托管对象分配给这个关系，例如，可以像下面这样设置一个 Person 托管对象的 Address 实体：

```
var address: NSManagedObject = NSEntityDescription.
insertNewObjectForEntityForName("Address", inManagedObjectContext:
thePerson.managedObjectContext) as NSManagedObject
thePerson.setValue(forKey: "address")
```

检索对象也可以使用 KVC，只需要像以下代码一样设置特性：

```
address = thePerson.valueForKey("address") as NSManagedContext
```

当创建一个 NSManagedObject 的自定义子类时，就像在前面的章节中所做的那样，可以使用点符号来获取和设置这些属性。用来表示一个一对一关系的属性是 NSManagedObject 的实例或是 NSManagedObject 的子类，因此对地址的设置看起来就像设置特性一样。

```
var address: NSManagedObject = NSEntityDescription.
insertNewObjectForEntityForName("Address", inManagedObjectContext:
thePerson.managedObjectContext) as NSManagedObject
thePerson.address = address
```

另外，可以向下面这样来检索一个一对一关系：

```
var address: NSManagedObject = thePerson.address
```

几乎从所有方面来看，在代码中处理一对一关系的方法都与处理 Core Data 特性的方法一致。那就是通过 KVC 来获取和设置使用 Swift 对象的值。但与使用对应不同特性类型的基础类不同，这里使用的是表示实体的 NSManagedObject 或 NSManagedObject 的子类。

## 7.2.2　对多关系

对多关系允许我们使用关系将多个托管对象关联到一个特定的托管对象。这相当于在 Objective-C 中对集合类（如 NSMutableArray 或 NSMutableSet）或对 Swift 中的数组（如前面看到的 Person 类中的子女实例变量）使用组合。该示例使用了 Person 类型的数组，这是一个可编辑的有序的对象集合。该数组允许随意添加和删除对象。如果想让一个 Person 实例所表示的人拥有子女，只需将表示这个人的子女的 Person 实例添加到子女数组中。

在 Core Data 中，关系的工作方式略有不同。对多的关系是无序的。因为这些关系要么是由无序且不能被修改的 NSSet 实例来表示，要么是由可被修改的但同样是无序的 NSMutableSet 实例表示。下面就是一个如何使用 NSSet 获得一个对多关系并对其包含的内容进行迭代的例子：

```
var children: NSSet = thePerson.valueForKey("children")
for child in children{
    // do something
}
```

✍ 注意：

读者在这里是否察觉到了当对多关系以一个无序集合 NSSet 的形式被返回时会有一个潜在的问题？这就是当在表视图中体现该关系时，关系中对象的顺序必须一致，这一点很重要。如果集合是无序的，则不能保证每次单击某一行都能显示出期望的对象。在本章稍后的部分，读者将看到如何处理这个问题。

另一方面，如果想从一个对多关系中添加或删除托管对象，必须通过调用 mutableSetValueForKey:而不是 valueForKey:来让 Core Data 给予我们一个 NSMutableSet 实例，就像下面这样：

```
var child = NSEntityDescription.insertNewObjectForEntityForName("Person",
            inManagedObjectContext: thePerson.managedObject Context)
var children = thePerson.mutableSetValueForKey("children")
children.addObject(child)
children.removeObject(child)
```

如果不需要对一个特定关系中所包含的对象进行更改，则可使用 valueForKey:，就像对一对一关系数组所做的一样。记住，不要调用 mutableSetValueForKey:（除非需要更改组成关系的对象），因为那样会比调用 valueForKey:复杂一些。

除了使用 valueForKey:和 mutableSetValueForKey:，Core Data 还提供了在运行时动态创建的能够让我们从对多关系中添加和删除托管对象的特殊方法。每个关系都有 4 种这样的方法。每个方法的名称中都包含了与之相关的该种关系的名称。第一种方法允许向关系中添加单个对象，其中×××是关系的大写名称，其值要么是 NSManagedObject，要么是 NSManagedObject 的特定子类。

```
func add×××Object(value: NSManagedObject){
}
```

在 Person 示例中，将孩子添加到子女关系的方法如下：

```
func addChildrenObject(value: Person){
}
```

删除单个对象的方法遵循类似的形式：

```
func remove×××Object(value: NSManagedObject){
}
```

动态生成的向一个关系添加多个对象的方法采用以下形式：

```
func add×××(values: NSSet){
}
```

该方法接收包含在要添加的托管对象的 NSSet 实例。因此，将多子女添加到 Person 托管对象的动态创建方法如下：

```
func addChildren(values: NSSet){
}
```

最后，从关系中删除多个托管对象的方法如下：

```
func remove×××(values: NSSet){
}
```

请记住，这些方法是在声明自定义 NSManagedObject 子类时生成的。当 Xcode 遇到这些 NSManagedObject 子类声明时，会在该子类上创建一个类别，该子类声明的 4 种动态方法的名称是通过使用相关的关系名称构建的。由于这些方法是在运行时生成的，所以在读者的项目中不会找到任何实现这些方法的源代码。如果从不调用这些方法，则永远不会看到它们。只要已经在模型编辑器中创建了对多的关系，就不需要做任何额外的事情来访问这些方法。一经创建，随时调用。

✎ 注意：

有一个棘手的问题与为对多关系生成的方法有关。当第一次从模板生成 NSManagedO.bject 子类文件时，Xcode 声明了这 4 个动态方法。但如果我们已经拥了一个带有对多关系和 NSManagedObject 子类的数据模型，且决定向该数据模型再添加一个新的对多关系时会发生什么呢？如果将对多关系添加到现有的 NSManagedObject 子类中，则需要手动添加包含动态方法的类别，读者会在本章后面的部分对这一点进行实际操作。

使用这 4 种方法与使用 mutableSetValueForKey:没有任何区别。动态方法只是更方便一些，且使得代码更易阅读。

## 7.2.3　逆向关系

在 Core Data 中，每个关系都可以有一个逆向的关系。关系及其逆向关系就如同一枚硬币的两面。在 Person 对象示例中，子女关系的逆向关系可能会是一个被称为父母的关系，而且一种关系与其逆向关系不一定为同一种类的关系。例如，一个一对一的关系可以有一个对多的逆向关系。事实上，这很常见。如果从现实世界的角度考虑，一个人可以有很多子女。相反，一个孩子只能有一个亲生母亲和一个亲生父亲，但孩子可以有多个养父母和监护人。因此，出于实际的需求和对关系建模方式的考虑，我们可能会选择使用一对一关系或对多关系来作为某个关系的逆向关系。

如果将对象添加到关系中，Core Data 将自动找出正确的对象并将其添加到逆向关系中。所以，如果有一个叫 Steve 的人，并且给 Steve 添加了一个子女，则 Core Data 会自动生成孩子的父母 Steve。

虽然不是所有的关系都需要逆向关系，但 Apple 通常还是建议开发者在创建每个关系时同时创建并指定逆向关系，即使根本不需要在应用程序中用到这些逆向关系。事实上，如果读者没有为一个关系提供逆向关系，则会收到来自编译器的警告。但也会有一些例外，特别是当逆向关系将包含超级多的对象时，因为从关系中删除对象意味着会在逆向关系中同时触发该对象的删除。在逆向关系中的删除将需要迭代所有体现了该逆向关系的机构，如果机构十分庞大，则可能会影响性能。但是，除非读者有具体的理由不这样做，否则应该对每个逆向关系进行建模，因为这样有助于 Core Data 确保数据的完整性。如果因此出现性能问题，则稍后删除逆向关系也会相对容易。

✎ 注意：

读者可以通过网址 https://developer.apple.com/library/mac/documentation/Cocoa/Conceptual/CoreData/Articles/cdRelationships.html 来了解更多关于缺少逆向关系而导致完整性问题的信息。

## 7.2.4　获取属性

关系允许我们将托管对象与特定的其他托管对象关联到一起。在某种程度上，关系有点像 iTunes 的播放列表，用户可以把特定的歌曲放入列表，然后播放。如果读者是 iTunes 用户，那么应该知道有一种叫作智能播放列表的东西，该系统允许我们根据一定的标准创建播放列表，而不是具体歌曲列表。例如，可以创建一个智能播放列表，其中包含特定艺术家的所有歌曲。然后，当我们从该艺术家那里购买新歌时，这些歌曲会被自动添加到该智能播放列表中，因为该播放列表是基于标准构建的，而新歌正好满足这些标准。

**Core Data** 也有类似的东西。我们可以向实体添加一种类型的特性，使实体根据一定的标准将托管对象与其他托管对象关联，而不是关联某个具体的对象。与添加和删除托管对象不同，获取属性通过创建一个谓词来定义哪些对象应该被返回。读者可能还记得，谓词是表示选择条件的对象。谓词主要用于对集合进行排序和获取结果。

### 提示：

如果读者对谓词不是很了解，可以阅读由 Scott Knaster、Waqar Maliq 和 Mark Dalrymple 编写的 *Learn Objective-C on the Mac, Second Edition*（Apress, 2012）一书。该书整整用了一章来描述谓词。

获取属性永远是不可更改的。这意味着我们不能在运行时更改其内容。标准通常在数据模型中被指定好（具体过程稍后介绍），然后使用属性或 KVC 来访问满足该标准的对象。

与对多关系不同，获取属性是有序的集合，并且可以具有特定的排序顺序。但奇怪的是，数据模型编辑器不允许我们设定获取属性的排序顺序。如果读者关心获取属性中对象的顺序，则必须编写代码来实现这一点，本章稍后将对此进行详细阐述。

一旦创建了一个获取属性，再对其进行处理就非常简单了。只需使用 valueForKey: 在 NSArray 的实例中检索满足获取属性的条件的对象即可。

```
var olderPeople = person.valueForKey("olderPeople") as NSArray
```

如果使用一个自定义的 NSManagedObject 子类并为获取属性定义了一个属性，那么可以使用语法来检索在 NSArray 实例中符合获取属性的条件的对象，就像下面这样：

```
var olderPeople = person.olderPeople as NSArray
```

## 7.2.5　在数据模型编辑器中创建关系和获取属性

使用关系或获取属性的第一步是将其添加到数据模型中。现在，一起来在 SuperDB 应用程序中添加所需要的关系和获取属性。回顾图 7-1，读者可能会猜测到需要一个新的实体来表现英雄的超能力，以及从现有的英雄实体到将要创建的新的超能力实体之间的关系。另外，还需要 4 个获取属性来表现 4 个不同的报告。

## 7.2.6　删除规则

每个关系，不管是哪种类型，都有一个叫作删除规则的东西。删除规则具体规定了当关系中的一个对象被删除时会发生什么。有 4 种可能的删除规则。

❑ 作废：这是默认的删除规则。使用该删除规则时，当一个对象被删除，逆向关系将被更新以使其不会指向任何东西。如果逆向关系是一对一关系，则该逆向关系将被设置为 nil。如果逆向关系是对多关系，则被删除的对象也将从逆向关系中被删除。此选项用于确保不再引用被删除对象的引用。

❑ 无操作：如果指定了一个无操作的删除规则，那么当我们从关系中删除一个对象时，其他对象不会发生任何变化。使用此特定规则的实例极其罕见，并且通常仅限于没有逆向关系的一对一关系。这个操作很少使用，因为其他对象的逆关系最终会指向一个不再存在的对象。

❑ 级联：如果将删除规则设置为级联，那么在删除托管对象时，关系中的所有对象也将被删除。这是一个比作废删除规则更危险的选项，因为删除一个对象会导致删除其他对象。当一个关系的逆向关系为一对一关系且关系中的对象没有用于任何其他关系时，才会选择级联。如果关系中的对象仅用于此关系，而没有任何其他影响，那么我们很可能需要使用一个级联删除规则，因为这样就不会将任何单个对象遗留在持久化存储中占用空间。

❑ 拒绝：由于任何与此规则关联的任何对象，都会被此删除规则保护起来以防止该对象被删除，从而使其成为数据完整性方面最安全的选项。拒绝删除规则并不经常使用，但是如果遇到那种只要对象在某个特定关系中有任何关联对象，就不能删除该对象的情况，那么拒绝删除规则将是我们的选择。

# 7.3　表达式和聚合

表达式的另一个用途是在特性还没有被全部加载到内存的情况下聚合这些特性。如果想要获得特定特性的平均值、中值、最小值或最大值，如英雄的平均年龄或女性英雄的数量，则可以使用表达式来实现这一点（几点）。事实上，读者需要了解一些 Core Data 的工作原理，以便理解其中的原因。

读者在 HeroListController 中使用的获取结果控制器包含了数据库中所有英雄的对象，但其没有将所有对象都作为托管对象加载到内存中。Core Data 有一个叫作 fault 的概念。一个 fault 有点像托管对象的替身。一个 fault 对象知道一点其所代表的托管对象的信息，如唯一的 ID，或者显示的一个特性的值，但是它不能算是一个完整的托管对象。

当 fault 因为某些原因被触发时，就会变成一个完整的托管对象。触发 fault 通常发生在访问 fault 不知道的特性或键时。但 Core Data 足够聪明，可以在必要的时候将 fault 转换为托管对象，因此读者编写代码时通常不需要担心自己是在处理 fault 还是在处理托管对象。但是，了解这种机制非常重要，因为了解之后读者就不会在无意中触发不必要的 fault 而导致程序运行问题。

很可能，读者获取结果控制器中的 fault 对 Hero 的性别特性一无所知。因此，如果读者要在获取结果控制器中通过遍历所有英雄来获得女性英雄的数量，那么将会触发每个 fault，并使其成为托管对象。这是非常没有效率的，因为会占用比实际需要多得多的内存和处理能力。相反，读者可以使用表达式从 Core Data 中检索聚合值，而无须触发 fault。

下面是一个如何使用表达式检索应用程序中计算出的所有女性英雄年龄的示例（不能在获取请求中使用 age，因为 age 是一个不能被存储的瞬态特性）：

```swift
var ex = NSExpression(forFunction: "average:",
                arguments: [NSExpression(forKeyPath: "birthDate")])
var pred = NSPredicate(format: "sex == 'Female'")
var ed = NSExpressionDescription()
ed.name = "averageBirthDate"
ed.expression = ex
ed.expressionResultType = .DateAttributeType

var properties = [ed]

var request = NSFetchRequest() as NSFetchRequest
request.predicate = pred
request.propertiesToFetch = properties
request.resultType = .DictionaryResultType

var context = self.managedObject.managedObjectContext!
var entity = NSEntityDescription.entityForName("Hero",
            inManagedObjectContext: context)
```

```
request.entity = entity

var results:NSArray = context.executeFetchRequest(request, error: nil)!
var date = results[0].valueForKey(ed.name) as NSDate
println(">> Average birthdates for female heroes: \(date)")
```

## 7.4　添加超能力实体

在开始进行所有的修改之前，请先在导航器窗口中单击当前版本数据模型（带有绿色复选标记的版本），然后从 Design（设计）菜单的 Data Model（数据模型）子菜单中选择 Add Model Version（添加模型版本），来创建一个新版本的数据模型。这可以确保使用先前版本的数据模型收集的数据可以被正确迁移到本章将要创建的新版数据模型中。

单击当前数据模型以调出模型编辑器。使用模型编辑器窗口左下角的加号图标，添加一个新实体，并将其命名为 Power。读者可以将所有其他字段中的内容保留为默认值如（见图 7-4）。

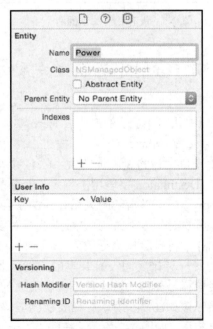

图 7-4　将新实体命名为 Power 并保留其他字段的默认值

　　回顾图 7-2，读者可以看到超能力对象有两个字段：一个用于标识超能力的名称，另一个用于标识超能力的来源。为了尽可能地保持简单，这两个特性只包含字符串类型的值。

　　在数据模型编辑器中依然选择 Power，然后为其添加两个特性。将其中一个命名为 name，取消选中 Optional 复选框，类型设置为 String，并为其设置一个默认值 New Power。将第二个特性命名为 source，类型同样设置为 String。Optional 选项为选中状态。不需要默认值。完成添加和设置后，模型编辑器的图表视图中应该出现两个圆角矩形（见图 7-5）。

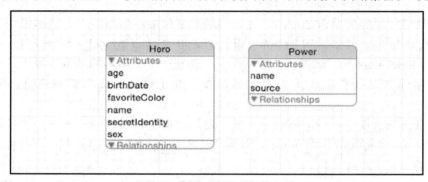

图 7-5　没有任何关系的两个实体

## 7.5　创建超能力关系

　　此时，Power 实体是被选中状态。通过单击代表 Hero 实体的圆角矩形以选中该实体。现在，单击并按住标记为 Add Attribute 的"+"按钮，然后从弹出的菜单中选择 Add Relationship。在数据模型检查器中，将新添加的关系的名称改为 powers 并将 Destination（目标）字段更改为 Power。Destination 字段用于指定哪个实体的托管对象可以被添加到该关系中，因此通过选择 Power，可以指示此关系存储的是各种超能力。

　　现在还不能为其指定逆向关系，但我们确实希望选择对多关系类型，以指示每个英雄可以拥有多个超能力。同样，将删除规则更改为 Cascade。在读者的应用程序中，每个英雄都有自己的一组超能力——英雄之间没有共享的超能力。所以当英雄被删除时，我们希望确保英雄的超能力也同样被删除，这样就不会有孤立的数据被留在持久化存储中。完成之后，数据模型检查器应该如图 7-6 所示。图表视图应该在 Hero 和 Power 实体之间绘制出一条线，以表示新的关系，如图 7-7 所示。在线上，一个箭头表示一个一对一的关系，一个双箭头表示一个对多的关系。

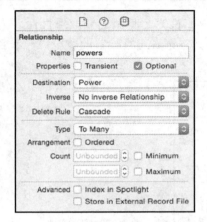

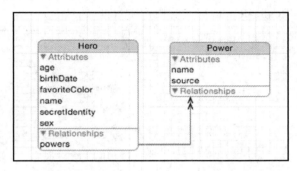

图 7-6　超能力关系的数据模型检查器　　　　　图 7-7　用圆角矩形之间绘制的线表示关系

## 7.6　创建逆向关系

实际上，读者的应用程序中并不需要逆向关系，但我们还是会遵循 Apple 的建议创建一个逆向关系。由于逆向关系是一对一关系，所以不会造成任何性能影响。再次选择 Power 实体，向其添加关系。将此新关系命名为 hero，并选择 Hero 实体为 Destination。如果读者现在查看图表视图，应该会看到两条线，分别代表刚刚创建的两个关系。

接下来，单击逆向弹出菜单并选择 powers，这表明该关系与前面创建的关系相反。一旦完成了选择，图表视图中的两条关系线将合并成一条两边都有箭头的单线（见图 7-8）。

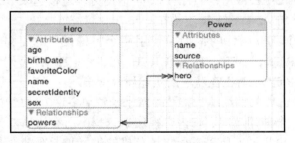

图 7-8　反向关系表示为一条两边都有箭头的单线

## 7.7　创建 olderHeroes 获取属性

再次选择 Hero 实体，以便向其添加一些获取属性。单击并按住标记为 Add Attribute

的"+"按钮，选择 Add Fetched Property（添加获取属性）。将新的获取属性命名为
olderHeros。注意，在数据模型检查器中只剩下另一个允许读者进行设置的字段：一个名
为 Predicate（谓词）的白色文本框（见图 7-9）。

图 7-9　数据模型检查器的获取属性

💡提示：

　　*关系和获取的属性都可以使用自己的实体作为目的地。*

　　谓词是一个会返回布尔值的语句。可以将其看作一个 if 或 while 条件语句。谓词一般
被用于一组 Cocoa 或者 Core Data 对象。谓词不依赖于正在搜索的特定数据，而是提供了
一种抽象的方法用以定义过滤数据的查询。简单来讲，谓词使用运算符比较两个值。比
如，运算符"=="，用于检验两个值是否相等。还有一些更复杂的运算符可以用于字符
串间的比较（如使用 LIKE 或 CONTAINS）。谓词可以连接起来形成复合谓词。通常情
况下，谓词通过运算符 AND 或 OR 连接在一起。

　　我们能够在一个获取属性的谓词中使用两个特殊的变量：$FETCH_SOURCE 和
$FETCHED_PROPERTY。$FETCH_SOURCE 可以引用托管对象的特定实例，
$FETCHED_PROPERTY 是对正在获取的实体属性的描述。

　　读者可以通过 Apple 的谓词编程方法指南来了解更多这方面的知识。

　　读者需要定义一个谓词，用于在内容视图中查找出所有比当前英雄年龄更大的英雄
（即比该英雄的生日更早）。所以需要将该英雄的生日与所有其他英雄实体进行比较。
如果$FETCH_SOURCE 是读者的英雄实体，则谓词如下：

```
$FETCH_SOURCE.birthdate > birthdate
```

　　在数据模型检查器的 Predicate 字段中输入此公式。记住，日期实际上只是一个整数；
日期越晚，其值越大。

## 7.8　创建 youngerHeroes 获取属性

现在来添加另一个名为 youngerHeroes 的获取属性。仍选择 Hero，谓词设置与之前相同，只是运算符将是<instead of>。在数据模型检查器中输入下面的 youngerHeroes 谓词：

```
$FETCH_SOURCE.birthdate < birthdate
```

需要注意的是，获取属性检索所有与之匹配的对象，这可能也包括正在执行获取的对象。这意味着可以创建一个结果集，例如当在 Super Cat 上执行获取时，返回 Super Cat。

年轻英雄和年长英雄的获取属性都会自动排除正在进行评估的英雄本身。因为英雄不能比自己年长或年轻，他们的生日总是与比较的值相等，所以没有英雄会满足读者刚刚创建的两个评估标准。

现在一起来添加一个获取属性，其条件会稍微复杂一些。

## 7.9　创建 sameSexHeroes 获取属性

我们将创建的下一个获取属性的名称为 sameSexHeroes，该获取属性返回与当前英雄性别相同的所有英雄。但是，我们不能指定返回所有相同性别的英雄，因为当前英雄也被包含在这个获取属性中。Super Cat 当然和 Super Cat 是同一性别的，但当用户看到与 Super Cat 性别相同的英雄人物列表时，是不会想到会看到 Super Cat 的。

下面创建另一个获取属性，将其命名为 sameSexHeroes。打开模型编辑器，确保 Destination 被设置为 Hero。对于谓词字段，请输入以下内容：

```
($FETCH_SOURCE.sex == sex) AND ($FETCH_SOURCE != SELF)
```

这个复合谓词的左半部分的作用是非常清楚的，但右半部分是在做什么呢？由于获取属性谓词将返回所有与之匹配的对象，包括拥有该获取属性的对象，而在本例中，内容视图中的当前英雄也符合该标准，所以我们将当前英雄排除在外。

读者可以比较名字并排除与当前英雄同名的英雄。这可能行得通（除了两个英雄可能有相同的名字）。也许用名字排除不是最好的方法，但是，目前的确没有什么值可以唯一地标识一个英雄呢。

幸运的是，谓词可以识别一个名为 SELF 的特殊值，该值返回的是正在被比较的对象。$FETCH_SOURCE 变量表示的是正在发生获取请求的对象。因此，要排除触发获取请求的对象，只需要返回$FETCH_SOURCE != SELF 的对象。

## 7.10　创建 oppsiteSexHeroes 获取属性

创建一个名为 oppsiteSexHeroes 的获取属性，并输入以下谓词：

```
$FETCH_SOURCE.sex != sex
```

请确保在继续后面的内容之前保存当前数据模型。

## 7.11　向 Hero 类添加关系和获取属性

由于已经创建了 NSManagedObject 的自定义子类，因此需要更新该类以包含新的关系和获取属性。如果读者还没有对 Hero 类进行过任何更改，那么可以从数据模型重新生成类定义，新生成的版本将包含关系的属性和方法，以及刚刚添加到数据模型中的获取属性。由于读者已经添加了用于验证的代码，所以需要手动对其进行更新。现在单击 Hero.swift 并添加以下代码：

```
@NSManaged var powers:NSSet!
@NSManaged var olderHeroes:NSArray!
@NSManaged var youngerHeroes:NSArray!
@NSManaged var sameSexHeroes:NSArray!
@NSManaged var oppositeSexHeroes:NSArray!
```

## 7.12　更新内容视图

查看图 7-1 可知，有两个新的表视图分区（Powers 和 Reports）要添加到内容视图中，不幸的是，这并不会像在第 6 章的 General 分区中添加新单元格那么容易。实际上，读者根本不能使用 storyboard 编辑器来进行设置。原因是 Powers 分区是由动态数据驱动的。在直到有一个需要进行检查的英雄实体之前，读者不会知道 Powers 分区到底需要多少行，而应用程序中所有其他的分区都有一组固定的行。

首先，读者需要让 HeroDetailController 的当前配置更加偏向于数据驱动。打开 SuperDB.storyboard 并且找到 HeroDetailController。选择表视图并打开属性检查器。将表视图的 Content 字段从 StaticCells 更改为 Dynamic Prototypes。此时的内容视图应该会变成一个带有分区、标题名为 PROTOTYPE CELLS 的单表视图单元格（见图 7-10）。

图 7-10　将表视图内容更改为动态原型

选中这个仅剩的表视图单元格，打开属性检查器。在 Identifier 字段中进行删除，使其为空。

现在打开 HeroDetailController.swift。找到 numberOfSectionsInTableView:和 tableView: numberOfRowsInSection:方法。不能使用跳转栏来进行查找，因为已经将其注释掉了，但是如果查找标签 Table view data source，则应该能定位到正确的位置附近。取消对这些方法的注释，并修改如下：

```
override func numberOfSectionsInTableView(tableView: UITableView) -> Int {
    // Return the number of sections.
    return self.sections.count
}

override func tableView(tableView: UITableView, numberOfRowsInSection
                        section: Int) -> Int {
    // Return the number of rows in the section.
    var sectionDict = self.sections[section] as NSDictionary
    var rows = sectionDict.objectForKey("rows") as NSArray
```

```
    return rows.count
}
```

这里只通过使用配置信息来确定表视图需要多少个分区以及每个分区中有多少行。

现在，配置信息还不包含分区头值。如果此时运行该应用程序，内容视图将如图 7-11 所示。

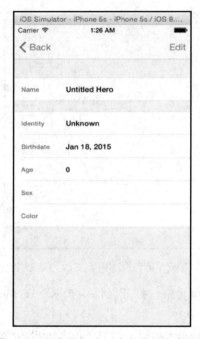

图 7-11　没有常规分区头名称的内容视图

现在将头信息添加到属性列表配置中。编辑 HeroDetailConfiguration.plist 并按照 Root→Section→Item 1 路径导航到相应位置。展开 Item 1 并添加一个新项目，给该项目添加一个 header 键，值为 General，类型为 String（见图 7-12）。

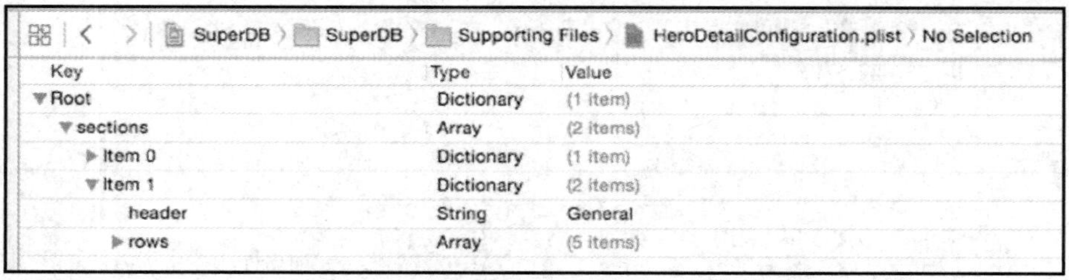

| Key | Type | Value |
| --- | --- | --- |
| ▼ Root | Dictionary | (1 item) |
| ▼ sections | Array | (2 items) |
| ▶ Item 0 | Dictionary | (1 item) |
| ▼ Item 1 | Dictionary | (2 items) |
| header | String | General |
| ▶ rows | Array | (5 items) |

图 7-12　在属性列表中添加常规分区头

现在回到 HeroDetailController.swift，并且添加以下方法（请把该方法放在 tableView: numberOfRowsInSection:语句后面）：

```
override func tableView(tableView: UITableView, titleForHeaderInSection
section: Int) ->
String? {
    var sectionDict = self.sections[section] as NSDictionary
    return sectionDict.objectForKey("header") as? String
}
```

应该与设想的相同，出现一个名为 General 的头标签，但由于读者没有在第一分区（Item 0）中创建分区头项目，所以 objectForKey:将返回 nil，从表视图的方面解释就是没有分区头标签。

现在可以添加新的 Powers 和 Reports 分区了。

回到 HeroDetailConfiguration.plist 属性列表并展开 sections 项，然后确保 Item 0 和 Item 1 都是关合状态。将鼠标指针悬停在 Item 1 上，直到 Item 1 旁边出现 "+" 和 "–" 按钮。单击 "+" 按钮，将出现一个新项目 Item 2。将 Item 2 的类型设置为 Dictionary 并展开，然后向 Item 2 添加一个新行，键为 header，值为 Powers。

## 7.12.1　对配置的反思

在继续下一步之前，先考虑一下自己属性列表的详细配置。读者刚刚添加了一个新的分区以表示 Powers，同时又添加了一个分区头项目，包含了表示分区头名称的字符串。现在需要添加 rows 项目了，对吧？

可能并不是这样。

记得吗？rows 项目是一个数组，告诉了我们如何配置分区中的每个单元格，以及要使用什么标签、单元格类和属性键。单元格的数量由数组中所包含的项目的数量决定。但 Powers 的情况几乎相反。因为读者并不知道需要多少行，具体的数字来自于 Hero 实体的 Powers 关系，而且每个单元格在配置方面应该是相同的。

这里有两种方法可供读者选择。下面我们一起讨论一下这两种方法。

第一种是对于 Powers 分区，我们将使 rows 项目成为一个字典，该字典将包含 3 个字符串项目，键分别是 key、class 和 label。这些键与 rows 被设置为数组时，其中包含的项目所使用的键是相同的。因此，可以推断出，当 rows 项目是一个字典时，该分区就是数据驱动的；但是当 rows 项目是一个数组时，该部分就属于配置驱动的。

还有另一种方法，就是对于每个分区以及分区头项目，都定义一个名为 dynamic 的布尔型项目。如果返回的值为 true，则该分区就是数据驱动；如果为 false，则该部分便是配置驱动。对于所有情况，rows 都是一个数组，但是对于动态分区，只包含一个条目，如果没有动态项，则与 dynamic 项被设置为 false 时的情况相同。

两种方法都可以使用。也许还可以提出更多的想法，但这并不是这里的目标。无论采用哪种方法，都需要添加大量的代码，之前，我们已经将这些代码放入了 HeroDetailController 类中。虽然只是在 HeroDetailController 内部添加了该逻辑代码，但是随着功能越来越复杂，代码也变得更加混乱。因此，我们将重构该应用程序，以便单独拉出属性列表-处理代码，将其从 HeroDetailController 中分离到一个新的类（HeroDetailConfiguration）中。然后读者会决定使用哪种方法来处理数据驱动的 Powers 分区。

创建一个新的 Cocoa Touch Class。使其成为 NSObject 的子类，并将其命名为 HeroDetailConfiguration。

查看 HeroDetailController，可以看到我们是将 sections 数组放入了一个私有类别中。读者将对 HeroDetailConfiguration 进行相同的操作。请打开 HeroDetailConfiguration.swift 并添加以下代码：

```
class HeroDetailConfiguration: NSObject {
    var sections:[AnyObject]!

    override init() {
        super.init()
        var pListURL = NSBundle.mainBundle().URLForResource
                    ("HeroDetailConfiguration",withExtension: "plist")!
        var pList = NSDictionary(contentsOfURL: pListURL) as NSDictionary!
        self.sections = pList.valueForKey("sections") as [AnyObject]
    }
}
```

现在一起回到 HeroDetailController.swift 中，看看 sections 数组是在哪里被使用的。以下方法可以访问 HeroDetailController 的 sections 数组：

```
numberOfSectionsInTableView:
tableView:numberOfRowsInSection:
tableView:titleForHeaderInSection:
tableView:cellForRowAtIndexPath:
```

我们可以用其来为 HeroDetailConfiguration 设计方法。以下就有 3 个需要用到的方法：

```
numberOfSections
numberOfRowsInSection:
headerInSection:
```

现在我们一起在 HeroDetailConfiguration.swift 中实现这些功能，应该很简单。

```swift
func numberOfSections() -> Int {
    return self.sections.count
}

func numberOfRowsInSection(section: Int) -> Int{
    var sectionDict = self.sections[section] as NSDictionary
    if let rows = sectionDict.objectForKey("rows") as? NSArray{
        return rows.count
    }
    return 0
}

func headerInSection(section: Int) -> String? {
    var sectionDict = self.sections[section] as NSDictionary
    return sectionDict.objectForKey("header") as? String
}
```

这与之前在 HeroDetailController 中实现的功能基本相同。

现在来看看在 HeroDetailController tableView:cellForRowAtIndexPath:中都做了什么。我们需要的核心内容是在方法开头的这部分：

```swift
var sectionIndex = indexPath.section
var rowIndex = indexPath.row
var _sections = self.sections as NSArray
var section = _sections.objectAtIndex(sectionIndex) as NSDictionary
var rows = section.objectForKey("rows") as NSArray
var row = rows.objectAtIndex(rowIndex) as NSDictionary
var dataKey = row.objectForKey("key") as String!
```

本质上，我们得到了一个特定索引路径的行字典。这就是读者需要 HeroDetailConfiguration 对象做的事：为索引路径提供一个行字典。为了这一点，需要的方法应该是这样的：

```swift
func rowForIndexPath(indexPath: NSIndexPath) -> NSDictionary{
```

请读者将其添加到 HeroDetailConfiguration.swift.中。

不用担心如何处理实现 Powers 分区的问题，只需要对现成的功能进行复制即可。在本例中，只需添加 HeroDetailController 中 tableView:cellForRowAtIndexPath:开头的 5 行代码，并将其放到新方法中：

```swift
func rowForIndexPath(indexPath: NSIndexPath) -> NSDictionary{
    var sectionIndex = indexPath.section
```

```
    var rowIndex = indexPath.row
    var section = self.sections[sectionIndex] as NSDictionary
    var rows = section.objectForKey("rows") as NSArray
    var row = rows.objectAtIndex(rowIndex) as NSDictionary
    return row
}
```

现在一起来编辑 HeroDetailController.swift，以便可以使用新的 HeroDetailConfiguration 类。用一个用于 HeroDetailConfiguration 的属性声明替换分区的属性声明：

```
var sections:[AnyObject]!
var config: HeroDetailConfiguration!
```

用 config 初始化代码替换 viewDidLoad 中分区的初始化代码：

```
var pListURL = NSBundle.mainBundle().URLForResource
            ("HeroDetailConfiguration",withExtension: "plist")
var pList = NSDictionary(contentsOfURL: pListURL!)
self.sections = pList?.valueForKey("sections") as NSArray

self.config = HeroDetailConfiguration()
```

替换 numberOfSectionsInTableView 中的代码：

```
override func numberOfSectionsInTableView(tableView: UITableView) -> Int {
    // Return the number of sections.
    return self.sections.count
    return self.config.numberOfSections()
}
```

替换 tableView:numberOfRowsInSection:中的代码：

```
override func tableView(tableView: UITableView, numberOfRowsInSection
                        section: Int) -> Int {
    // Return the number of rows in the section.
    var sectionDict = self.sections[section] as NSDictionary
    var rows = sectionDict.objectForKey("rows") as NSArray
    return rows.count

    return self.config.numberOfRowsInSection(section)
}
```

替换 tableView:titleForHeaderInSection:中的代码：

```
override func tableView(tableView: UITableView, titleForHeaderInSection
section: Int) ->
```

```
String? {
    var sectionDict = self.sections[section] as NSDictionary
    return sectionDict.objectForKey("header") as? String

    return self.config.headerInSection(section)
}
```

最后，替换 tableView:cellForRowAtIndexPath:中的代码：

```
var sectionIndex = indexPath.section
var rowIndex = indexPath.row
var _sections = self.sections as NSArray
var section = _sections.objectAtIndex(sectionIndex) as NSDictionary
var rows = section.objectForKey("rows") as NSArray
var row = rows.objectAtIndex(rowIndex) as NSDictionary

var row = self.config.rowForIndexPath(indexPath)
var dataKey = row.objectForKey("key") as String!
```

此时，应用程序运行起来应该与更改之前一样。但是，会显示一个分区头标签为
Powers、没有行的分区（正如读者编写代码时所期望的那样）。

## 7.12.2　封装与信息隐藏

在继续处理 Powers 分区之前（保证很快就会讲到），先一起再看一遍 HeroDetailController
tableView:cellForRowAtIndexPath。读者的 HeroDetailConfiguration 正在返回一个行字典。
然后，会在方法的其余部分使用这些信息：

```
var row = self.config.rowForIndexPath(indexPath)
var dataKey = row.objectForKey("key") as String!
    ...
if let _values = row["values"] as? NSArray {
    ...
cell?.key = dataKey
cell?.label.text = row.objectForKey("label") as String!
var theData:AnyObject? = self.hero.valueForKey(dataKey)
cell?.value = theData
```

虽然保持这种方式是可以的，但是读者可能希望在 HeroDetailConfiguration 中使用一个
方法来替换掉这些调用。为什么？简而言之，出于两个概念：信息隐藏和封装。信息隐藏
是隐藏实现细节的思想。假设我们更改了存储配置信息的方式。在这种情况下，我们必须
更改填充表视图单元格的方式。但通过将特定的访问调用放到 HeroDetailConfiguration 里

面，我们就不需要担心配置存储机制是否会发生变化。我们可以自由地修改内部实现，而不必担心表视图单元格的代码。封装则是将所有配置访问代码放入 HeroDetailConfiguration 对象中，而不是将访问代码到处散落在视图控制器中。

查看在行字典上对 objectForKey: on 的调用，读者可能想要下面的方法：

```
func cellClassnameForIndexPath(indexPath: NSIndexPath) -> String
func valuesForIndexPath(indexPath: NSIndexPath) -> NSArray
func attributeKeyForIndexPaths(indexPath: NSIndexPath) -> String
func labelForIndexPath(indexPath: NSIndexPath) -> String
```

接下来，将这些方法添加到 HeroDetailConfiguration.swift 中：

```
func cellClassnameForIndexPath(indexPath: NSIndexPath) -> String {
    var row = self.rowForIndexPath(indexPath) as NSDictionary
    return row.objectForKey("class") as String
}

func valuesForIndexPath(indexPath: NSIndexPath) -> NSArray {
    var row = self.rowForIndexPath(indexPath) as NSDictionary
    return row.objectForKey("values") as NSArray
}

func attributeKeyForIndexPaths(indexPath: NSIndexPath) -> String {
    var row = self.rowForIndexPath(indexPath) as NSDictionary
    return row.objectForKey("key") as String
}

func labelForIndexPath(indexPath: NSIndexPath) -> String {
    var row = self.rowForIndexPath(indexPath) as NSDictionary
    return row.objectForKey("label") as String
}
```

最后，用新方法替换 HeroDetailController tableView:cellForRowAtIndexPath:中的代码：

```
    //var row = self.config.rowForIndexPath(indexPath)
    var row = self.config.rowForIndexPath(indexPath)
    //var dataKey = row.objectForKey("key") as String!
    var dataKey = self.config.attributeKeyForIndexPaths(indexPath)

    //var cellClassName = row.valueForKey("class") as String
    var cellClassName = self.config.cellClassnameForIndexPath(indexPath)

    ...
```

```
cell?.key = dataKey
//cell?.label.text = row.objectForKey("label") as String!
cell?.label.text = self.config.labelForIndexPath(indexPath)

//var theData:AnyObject? = self.hero.valueForKey(dataKey)
var theData:AnyObject? = self.hero.valueForKey(dataKey)

cell?.value = theData
```

如果读者愿意，可以这样继续重构其他代码，但这些已经足够开始后面的内容了。

## 7.12.3　数据驱动的配置

现在，是处理这次重构最关键的地方了，即通过设置属性列表来处理数据驱动的
Powers 分区。前文曾经详细介绍了两种可行的方法。在这里，我们将采用的方法是添加
一个动态布尔项，并将行项目保持为数组。对于动态布尔值为真的项目，行项目数组将
只有一个元素，并且会忽略掉多出来的。

打开 HeroDetailConfiguration.plist 并通过路径 Root→sections→Item 2 导航到相应位
置。如果可展开三角形是关闭状态，那么请将其展开。选中名为 header 的项，并在其后
面添加两个新项目。将第一个项目命名为 dynamic，类型设置为 Boolean，值为 YES；将
第二个项目命名为 rows，类型设置为 Array。在 rows 数组中添加一个字典项，并给该字
典项添加 3 个 item。分别为这 3 个项目命名为 key、class 和 label，类型都为 String；将
key 的值设置为 powers，将 class 的值设置为 SuperDBEditCell，label 的值为空。

此时，我们的属性列表编辑器应该如图 7-13 所示。

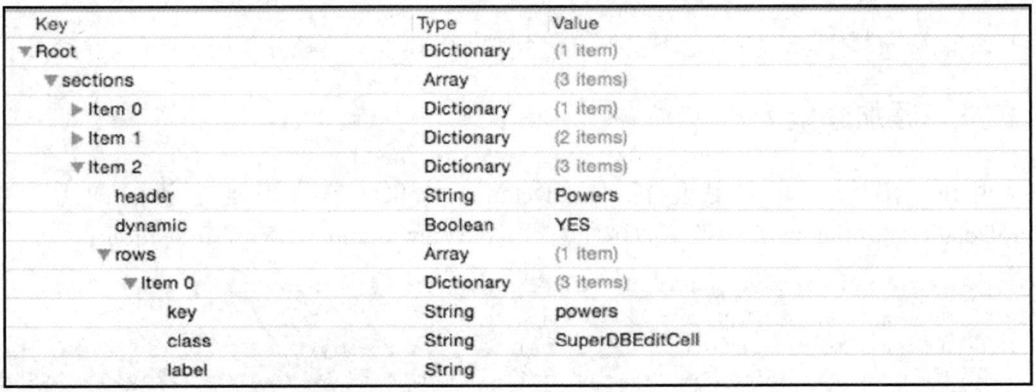

| Key | Type | Value |
| --- | --- | --- |
| ▼ Root | Dictionary | (1 item) |
| ▼ sections | Array | (3 items) |
| ▶ Item 0 | Dictionary | (1 item) |
| ▶ Item 1 | Dictionary | (2 items) |
| ▼ Item 2 | Dictionary | (3 items) |
| header | String | Powers |
| dynamic | Boolean | YES |
| ▼ rows | Array | (1 item) |
| ▼ Item 0 | Dictionary | (3 items) |
| key | String | powers |
| class | String | SuperDBEditCell |
| label | String | |

图 7-13　超能力分区的属性列表设置

现在，我们需要 HeroDetailConfiguration 来使用这个新的动态项。

首先，定义一个方法来检查我们所查看的分区是否为动态。现在一起来将该方法添加到 HeroDetailConfiguration.swift 中：

```
func isDynamicSection(section: Int) -> Bool{
    var dynamic = false
    var sectionDict = self.sections[section] as NSDictionary
    if let dynamicNumber = sectionDict.objectForKey("dynamic") as? NSNumber{
        dynamic = dynamicNumber.boolValue
    }
    return dynamic
}
```

默认情况下，读者可以假设 configuration property list 分区中没有动态条目，那么该分区就不是动态的。

现在，我们需要更新 rowForIndexPath:方法来处理动态分区。只需要替换一行代码：

```
    var rowIndex = indexPath.row
    var rowIndex = self.isDynamicSection(sectionIndex) ? 0 : indexPath.row
```

在这里，添加以下方法：

```
func dynamicAttributeKeyForSection(section: Int) -> String? {
    if !self.isDynamicSection(section) {
        return nil
    }
    var indexPath = NSIndexPath(forRow: 0, inSection: section)
    return self.attributeKeyForIndexPaths(indexPath)
}
```

如果该分区不是动态的，则返回 nil。否则，创建索引路径并使用现有的功能。

## 7.12.4　添加超能力

现在，我们可以继续更新 HeroDetailController 来使用这个新的配置。在 HeroDetailController.swift 中像下面这样编辑 tableView:numberOfRowsInSection::

```
var rowCount = self.config.numberOfRowsInSection(section)
if self.config.isDynamicSection(section){
    if let key = self.config.dynamicAttributeKeyForSection(section) {
        var attributedSet = self.hero.mutableSetValueForKey(key) as NSSet
        rowCount = attributedSet.count
    }
```

```
}
```

```
return rowCount
```

要让 HeroDetailConfiguration 告诉我们该分区的行数。如果该分区是动态的，则读取行配置以确定要在 Hero 实体中使用什么属性。该属性将是一个组数据，因此需要将其转换为数组以获知其大小。

我们的英雄实体目前仍然还没有任何超能力。所以，需要一种方法来为英雄们添加新的超能力。显然，在编辑 Hero 的内容视图时就可以这样做。运行该应用程序，导航到内容视图并单击 Edit 按钮，可以看到 Powers 分区仍然是空白的。现在回头来看地址簿应用程序：当我们需要一个新地址时，会出现一个带绿色"+"按钮的单元格，可以通过该按钮来添加一个新地址（见图 7-14）。下面我们需要做的就是模仿这种操作。

图 7-14　在地址簿应用程序中添加一个新地址

打开 HeroDetailController.swift，找到刚刚被修改过的 tableView:numberOfRowsInSection: 方法，并找到以下代码：

```
rowCount = attributedSet.count
```

更改为：

```
rowCount = self.editing ? attributedSet.count + 1 : attributedSet.count
```

　　然而，这还不够。我们还需要在进入编辑模式时刷新表视图。在 setEditing:animated:
对 super 的调用后面添加下面一行：

```
self.tableView.reloadData()
```

　　如果读者现在运行该应用程序并在内容视图中编辑一个英雄（见图 7-15），会遇到
两个问题。首先，Powers 分区中的新单元格中会出现一个奇怪的值。其次，如果读者在
进入和退出编辑模式时仔细观察，就会发现转换过程似乎不再如以前平顺。所有的单元
格似乎都在跳动。虽然一切算是正常工作，但用户体验并不好。

图 7-15　添加超能力的第一步

　　一起来看一下 HeroListController 中的 fetchedResultsControllerDelegate 方法。更新开始时，
会在表视图上调用 beginUpdates 方法。然后使用 insertRowsAtIndexPath:withRowAnimation:
和 deleteRowsAtIndexPath:withRowAnimation:进行插入或删除行。最后，当更新完成时，
会在表视图上调用 endUpdates。在进入和离开编辑模式时，需要对 Powers 分区做类似的
操作。

在 HeroDetailController.swift 中添加新的方法声明：

```
func updateDynamicSections(editing: Bool){
    var section: Int
    for (section=0; section < self.config.numberOfSections(); section++){
        if self.config.isDynamicSection(section){
            var indexPath:NSIndexPath
            var row = self.tableView.numberOfRowsInSection(section)
            if editing{
                indexPath = NSIndexPath(forRow: row, inSection: section)
                self.tableView.insertRowsAtIndexPaths([indexPath],
                                        withRowAnimation:.Automatic)
            } else {
                indexPath = NSIndexPath(forRow: row-1, inSection: section)

                self.tableView.deleteRowsAtIndexPaths([indexPath],
                                        withRowAnimation: .Automatic)
            }
        }
    }
}
```

现在从 setEditing:animated:调用该方法：

```
override func setEditing(editing: Bool, animated: Bool) {
    self.tableView.beginUpdates()
    self.updateDynamicSections(editing)
    super.setEditing(editing, animated: animated)
    self.tableView.endUpdates()

    self.navigationItem.rightBarButtonItem =editing ? self.saveButton: self.
    editButtonItem()
    self.navigationItem.leftBarButtonItem = editing ? self.cancelButton :
                                        self.backButton

    self.tableView.reloadData()
}
```

现在，在进入和退出编辑模式时，向 Powers 分区添加和删除单元格看起来要顺畅得多。

回顾第 4 章，当读者第一次编写 HeroDetailController 时，实现了 tableView:editingStyleForRowAtIndexPath:的表视图委托方法：

```
override func tableView(tableView: UITableView, editingStyleForRowAtIndexPath
indexPath: NSIndexPath) -> UITableViewCellEditingStyle {
```

```
    return .None
}
```

这段代码用来在内容视图进入编辑模式时关闭表视图单元格旁边的 Delete 按钮。现在，我们希望使用该段代码在 Powers 分区的单元格旁边显示适当的按钮。

```
override func tableView(tableView: UITableView,editingStyleForRowAtIndexPath
                indexPath: NSIndexPath) -> UITableViewCellEditingStyle {
    //return .None
    var editStyle:UITableViewCellEditingStyle = .None
    var section = indexPath.section
    if self.config.isDynamicSection(section) {
        var rowCount = self.tableView.numberOfRowsInSection(section)
        if indexPath.row == rowCount - 1 {
            editStyle = .Insert
        } else {
            editStyle = .Delete
        }
    }
    return editStyle
}
```

想要让 Insert 按钮工作，需要实现表视图数据源方法 tableView:commitEditingStyle:forRowAtIndexPath:。这个方法已经存在于 HeroDetailController.swift 中，但是被注释掉了。所以读者可以通过跳转栏的表视图数据源部分找到它。取消注释，并对其进行修改，以使其看起来像下面这个样子：

```
override func tableView(tableView: UITableView,
            commitEditingStyle editingStyle: UITableViewCellEditingStyle,
            forRowAtIndexPath indexPath: NSIndexPath) {
    var key = self.config.attributeKeyForIndexPaths(indexPath)
    var relationshipSet = self.hero.mutableSetValueForKey(key)
    var managedObjectContext = self.hero
```

我们每次得到一个新的超能力单元格时，都会显示一些奇怪的字符串，Relationship 'powers'…这是因为这里显示的是一个在 Hero 实体上调用的 powers 键的 valueForKey:的结果。我们需要更新 tableView:cellForRowAtIndexPath:来处理这里的动态分区。替换 if cell == nil block 代码块后面的内容，具体如下：

```
cell?.label.text = row.objectForKey("label") as String!
cell?.key = dataKey

var theData:AnyObject? = self.hero.valueForKey(dataKey)
```

```
cell?.value = theData

if let _theDate = theData as? NSDate {
   cell?.textField.text = __dateFormatter.stringFromDate(_theDate)
}else if let _color = theData as? UIColor {
   if let _cell = cell as? SuperDBColorCell {
      _cell.value = _color
      //_cell.textField.text = nil
      _cell.textField.attributedText = _cell.attributedColorString
   }
} else {
   cell?.textField.text = theData?.description
}

cell?.hero = self.hero

if let _values = row["values"] as? NSArray {
   (cell as SuperDBPickerCell).values = _values
}

return cell
```

替换为：

```
cell?.hero = self.managedObject
cell?.key = dataKey
cell?.label.text = self.config.labelForIndexPath(indexPath)
var theData:AnyObject? = self.managedObject.valueForKey(dataKey)

if let _cell = cell as? SuperDBPickerCell {
   _cell.values = self.config.valuesForIndexPath(indexPath)
}
cell?.textField.text = nil
cell?.value = theData

if self.config.isDynamicSection(indexPath.section) {
   var relationshipSet = self.managedObject.mutableSetValueForKey(dataKey)
   var relationshipArray = relationshipSet.allObjects as NSArray
   if indexPath.row != relationshipArray.count{
      var relationshipObject = relationshipArray.
                   objectAtIndex(indexPath. row) as NSManagedObject
      cell?.value = relationshipObject.valueForKey("name")
      cell?.accessoryType = .DetailDisclosureButton
```

```
        cell?.editingAccessoryType = .DetailDisclosureButton
    }else {
        cell?.label.text = nil
        cell?.textField.text = "Add New Power …"
    }
}else {
    if let value = self.config.rowForIndexPath(indexPath).objectForKey
("value") as?
    String {
        cell?.value = value
        cell?.accessoryType = .DetailDisclosureButton
        cell?.editingAccessoryType = .DetailDisclosureButton
    } else {
        cell?.value = theData
    }

    if let _theDate = theData as? NSDate {
        cell?.textField.text = __dateFormatter.stringFromDate(_theDate)
    }else if let _color = theData as? UIColor {
        if let _cell = cell as? SuperDBColorCell {
            _cell.value = _color
            _cell.textField.attributedText = _cell.attributedColorString
        }
    } else {
        if let res = cell?.value as? String{
            cell?.textField.text = res
        } else {
            cell?.textField.text = theData?.description
        }
    }
}

return cell!
```

注意，对于动态单元格，我们设置了 accessoryType 和 editingAccessoryType。这是单元格右边的蓝色箭头按钮。同样，当我们在编辑模式中添加一个新的单元格时，也会需要处理这种情况。

## 7.13 重构内容视图控制器

我们有了一个新的托管对象要被显示和编辑，所以可以创建一个新的表视图控制器类，专门用于处理显示一个 Power 实体。这是一个非常简单的类，读者可以快速实现。有时在开发的过程中，开发者可能会这样做。这不一定是最好的解决方案，但可能是最方便的。有时候开发者只需要让某些功能正常工作即可。

由于本书重在传授知识，而且我们又正在研究这个示例，因此将 HeroDetailController 重构为更加通用的 ManagedObjectController 是很有意义的。稍后，我们可以使用这个重构的控制器来实现 Hero 实体的获取属性视图。当我们将视图控制器配置移动到属性列表中时，便为这项工作打下了基础。从那时起，读者就已经开始尝试在 HeroDetailController 中实现通用解决方案。理想情况下，这样做是有回报的。

🖐提示：

如果 Apple 可以支持对 Swift 代码进行重构，那重构就容易得多。然而，目前只能手工重构而且非常困难，唯一的方法是修改、编译、查找错误、再次修改，然后重复这一过程，直到不再出现错误为止。这不是最好的方法，但至少可以相对有效且快速地定位修改，并根据需要撤销这些修改（如果出现错误）。

首先，将 HeroDetailConfiguration 类重命名为 ManagedObjectConfiguration。我们不会更改属性列表的名称，因为其仍然是用来显示英雄实体的特定内容的名称。

在项目导航器中重命名 Swift 文件，然后在编辑器中单击将其打开。接下来更改类声明中的名称。按 Cmd-B 键，Xcode 将指出存在一个错误。单击红色图标跳转到错误处，或者转到 HeroDetailController.swift 文件，将变量声明的名称更改为 var config: ManagedObjectConfiguration!并更改 viewDidLoad 中初始化变量的代码行为 self.config = ManagedObjectConfiguration()。

接下来，将把 HeroDetailController 重构为 ManagedObjectController。

然后，将创建 ManagedObjectController 类。将大部分逻辑代码从 HeroDetailController 转移到 ManagedObjectController。此时 HeroDetailController 将是一个简单的子类，该子类只知道要加载的配置属性列表的名称。

现在来开始真正的工作吧。

## 7.13.1　重命名配置类

我们需要对代码进行更改。在 ManagedObjectConfiguration init 方法中，配置属性列表目前是像下面这样被加载的：

```
var pListURL = NSBundle.mainBundle().URLForResource
```

```
("HeroDetailConfiguration", withExtension: "plist")!
```

记住，我们需要保持当前配置属性列表的名称为 HeroDetailConfiguration.plist。如果读者硬编码了这个名称，那么实际上并没有做任何有用的事情。我们需要将初始化器从简单的 init 方法更改为以下内容：

```
init(resource: String) {
    super.init()
    var pListURL = NSBundle.mainBundle().URLForResource
                  ("HeroDetailConfiguration", withExtension: "plist")!
    var pListURL = NSBundle.mainBundle().URLForResource(resource,
                  withExtension: "plist")!
    var pList = NSDictionary(contentsOfURL: pListURL) as NSDictionary!
    self.sections = pList.valueForKey("sections") as NSArray
    }
```

现在需要在 HeroDetailController viewDidLoad 方法中将下面这一行代码：

```
self.config = HeroDetailConfiguration()
```

更改为：

```
self.config = ManagedObjectConfiguration(resource: "HeroDetailConfiguration")
```

✏️ 注意：

如果只是重构 HeroDetailController，那为什么要做这个更改？重构的关键之一就是做一些小改动，然后检查是否还能正常工作。读者不会想做大量的修改，因为只是为了发现功能是否还起作用。成功重构的另一个关键是编写单元测试。然后，通过这一组可重复的测试来确保自己没有做出一些并不期望发生的剧烈更改。在本书第 15 章中读者将学习关于单元测试的知识。

现在，我们做了一个小小的更改，应用程序可以正常工作；接下来将做一个大的更改。但这仍然不会影响应用程序的正常运行。

## 7.13.2　重构内容控制器

我们刚刚创建了一个名为 ManagedObjectController 的新类，并将大部分代码从 HeroDetailController 移到这个新类中。重命名 HeroDetailController，清理代码使之更通用，然后实现一个新的 HeroDetailController 类确实更为容易，但是这也增加了一层复杂性（移动代码），可能会导致出错。

打开 HeroDetailController.swift，将文件和类重命名为 ManagedObjectController。接下来切换 HeroListController.swift，在方法 prepareForSegue 中修改下面这两个实例：

```
var detailController:ManagedObjectController = seque.destinationViewController
                                    as ManagedObjectController
```

现在，读者可能想要构建并运行应用程序，只是为了检查是否可以正常工作。不过，现在运行只会导致程序崩溃，这是因为 storyboard 使用了 HeroDetailController，而现在 HeroDetailController 已经不存在了。所以，读者需要切换到 storyboard，找到 HeroDetailController，在表示查看器下将类从 HeroDetailController 更改为 ManagedObjectController。现在，如果读者运行应用程序，应该可以正常工作（如果没有，检查一下前面各步骤是否正确）。

### 7.13.3  重构 Hero 实例变量

在 ManagedObjectController 类中，有一个名为 hero 的实例变量。这个变量名不再代表该变量所包含的内容，所以读者也需要对其进行重构。打开 ManagedObjectController.swift，并将 hero 属性重命名为 managedObject。现在，读者必须对应用程序的其余部分进行相应的修改。

打开 ManagedObjectEditor.swift，找到所有以下代码（见图 7-16）：

```
self.hero
```

将其全部更改为：

```
self.managedObject
```

注意：

不要使用 replace 选项。一定自己手动进行修改。因为使用 replace 选项有可能修改也将 self.heroTabBar 一起修改了。但这其实不是我们想要的。

最后，编辑 HeroListContoller.swift，将 prepareForSegue:sender:中的代码：

```
detailController.hero = sender;
```

修改为：

```
detailController.managedObject = sender;
```

对目前所做的工作进行保存并查看应用程序。

图 7-16　在 Xcode 查找功能中找到所有变量的实例

## 7.13.4　再抽象一点

下面借着在 ManagedObjectController 中进行开发的机会，我们为程序添加一些离散功能。具体来讲，就是我们添加或删除超能力的操作其实是通过在 tableView:commitEditingStyle:forRowAtIndexPath:中编写代码来实现的。现在，我们会将此代码拆分为特定的方法来添加和删除 Relationship 对象。请将以下方法声明添加到 ManagedObjectController. swift 中：

```
func saveManagedObjectContext(){
    var error: NSError? = nil
    self.managedObject.managedObjectContext?.save(&error)
```

```
    if error != nil{
        println("Error saving : \(error?.localizedDescription)")
    }
}
```

其实这就是 save 方法中的代码。因此，在 save 方法中将以下代码行：

```
var error: NSError? = nil
self.managedObject.managedObjectContext?.save(&error)
if error != nil{
    println("Error saving : \(error?.localizedDescription)")
}
```

修改为：

```
self.saveManagedObjectContext()
```

现在可以添加其他方法实现：

```
//MARK: - Instance Methods

func addRelationshipObjectForSection(section: Int) -> NSManagedObject {
    var key = self.config.dynamicAttributeKeyForSection(section)
    var relationshipSet = self.managedObject.mutableSetValueForKey(key!)
                          as NSMutableSet
    var entity = self.managedObject.entity
    var relationships = entity.relationshipsByName as NSDictionary
    var destRelationship = relationships.objectForKey(key!)
                           as NSRelationshipDescription
    var destEntity = destRelationship.destinationEntity
                     as NSEntityDescription?

    var relationshipObject = NSEntityDescription.
                    insertNewObjectForEntityForName(destEntity!.name!,
                    inManagedObjectContext: self.managedObject.
                    managedObjectContext!) as NSManagedObject

    relationshipSet.addObject(relationshipObject)
    self.saveManagedObjectContext()

    return relationshipObject
}

func removeRelationshipObjectInIndexPath(indexPath: NSIndexPath) {
    var key = self.config.dynamicAttributeKeyForSection(indexPath.section)
```

```
    var relationshipSet = self.managedObject.mutableSetValueForKey(key!)
as NSMutableSet
    var relationshipObject = relationshipSet.allObjects[indexPath.row] as
NSManagedObject
    relationshipSet.removeObject(relationshipObject)
    self.saveManagedObjectContext()
}
```

最后，修改 tableView:commitEditingStyle:forRowAtIndexPath:。

```
override func tableView(tableView: UITableView, commitEditingStyle
                        editingStyle: UITableViewCellEditingStyle,
    forRowAtIndexPath indexPath: NSIndexPath) {
    if editingStyle == .Delete {
        self.tableView.deleteRowsAtIndexPaths([indexPath],
withRowAnimation: .Fade)
    } else if editingStyle == .Insert {
        self.tableView.insertRowsAtIndexPaths([indexPath],
withRowAnimation: .Automatic)
    }
}
```

现在，我们不再需要添加或删除关系对象了，所要做的只是添加或删除表视图单元格，而且读者很快就会知道为什么这样做。

## 7.13.5　一个新的 HeroDetailController

现在要创建一个新的 HeroDetailController 来替换之前被读者重命名为 ManagedObjectController 的控制器。创建一个新的 Cocoa Touch 类，并将其命名为 HeroDetailController，使其成为 ManagedObjectController 的子类。在对 HeroDetailController 进行任何修改之前，需要先对 ManagedObjectController 做一些更改。由于移动了配置，读者需要删除 ManagedObjectController.swift 中的声明：

```
var config: ManagedObjectConfiguration!
```

我们还需要删除 viewDidLoad 中的赋值：

```
self.config=ManagedObjectConfiguration(resource: "HeroDetailConfiguration")
```

现在，我们可以着手更新 HeroDetailController 了，所需要做的就是加载配置属性列表。加载后 HeroDetailController.swift 文件应该是这样的：

```
import UIKit
```

```
class HeroDetailController: ManagedObjectController {

    override func viewDidLoad() {
        super.viewDidLoad()

        self.config = ManagedObjectConfiguration(resource:
                                          "HeroDetailConfiguration")
    }

    override func didReceiveMemoryWarning() {
        super.didReceiveMemoryWarning()
        // Dispose of any resources that can be recreated.
    }
}
```

现在，我们需要告诉 storyboard 使用这个 HeroDetailController。打开 SuperDB.storyboard 然后选择 ManagedObjectController 场景。调整缩放比例级别，以便可以在场景的标签中看清 View Controller 图标。选择 View Controller 图标并打开标识查看器。将 class 从 ManagedObjectController 更改为 HeroDetailController。此时如果运行程序，应该可以正常工作。

 注意：

读者在前文进行过更改，现在只是将其设置回 HeroDetailController。

## 7.14　Power 视图控制器

下面我们从在 SuperDB.storyboard 中创建新的 power 视图控制器开始。打开 SuperDB.storyboard 并在 hero 内容控制器的右侧添加一个新的表视图控制器。此时，我们的 storyboard 应该如图 7-17 所示。

选择表视图控制器，在标识查看器中，将 class 更改为 PowerViewController。读者不会在下拉列表中找到它，因为还没有创建这个类。接下来，在场景中选择该表视图，并将其特性查看器中的类型从 Single 更改为 Grouped。

我们需要做的最后一件事是在 HeroDetailController 和新 PowerViewController 之间定义跳转。按住 Control，同时用鼠标拖动 HeroDetailController 图标（在标签栏中）到 PowerViewController 场景。当弹出 Manual Segue（手出跳转）对话框时，选择 Push 选项，然后选择 segue，并在特性查看器中将其命名为 PowerViewSegue。

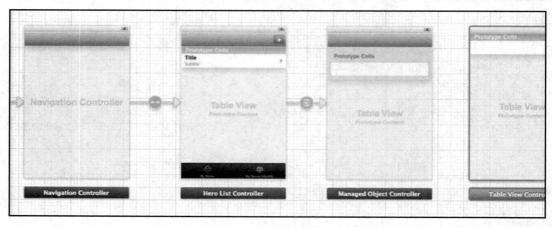

图 7-17　在 SuperDB.storyboard 中添加一个新的表视图控制器

现在，我们需要创建 PowerViewController 类和配置。创建一个新的 Cocoa Touch 类，命名为 PowerViewController，将其设置为 ManagedObjectController 的子类，然后编辑 PowerViewController.swift：

```swift
import UIKit

class PowerViewController: ManagedObjectController {

    override func viewDidLoad() {
        super.viewDidLoad()
        self.config = ManagedObjectConfiguration(resource:
                                            "PowerViewConfiguration")
    }

    override func didReceiveMemoryWarning() {
        super.didReceiveMemoryWarning()
        // Dispose of any resources that can be recreated.
    }
}
```

本质上这和 HeroDetailController.swift 是相同的。不同的是没有加载 HeroDetailConfiguration 属性列表，而是加载了 PowerViewConfiguration 属性列表。现在一起来创建这个属性列表。首先创建一个新的属性列表文件，将其命名为 PowerViewConfiguration.plist。接下来创建一个包含两个分区的配置属性列表，每个分区没有分区头标签，只有一个 row。完成后，该属性列表应该如图 7-18 所示。

| Key | Type | Value |
| --- | --- | --- |
| ▼ Root | Dictionary | (1 item) |
| 　▼ sections | Array | (3 items) |
| 　　▶ Item 0 | Dictionary | (1 item) |
| 　　▶ Item 1 | Dictionary | (2 items) |
| 　　▼ Item 2 | Dictionary | (3 items) |
| 　　　header | String | Powers |
| 　　　dynamic | Boolean | YES |
| 　　　▼ rows | Array | (1 item) |
| 　　　　▼ Item 0 | Dictionary | (3 items) |
| 　　　　　key | String | powers |
| 　　　　　class | String | SuperDBNonEditableCell |
| 　　　　　label | String |  |

图 7-18　Power 视图配置属性列表

定义并配置 PowerViewController、确保已经定义了从 HeroDetailController 过渡到 PowerViewController 的跳转。现在，需要设置当用户为英雄添加新的超能力或在编辑模式下选择超能力时程序会执行 PowerViewSegue。打开 HeroDetailController.swift，然后添加以下表视图数据源方法：

```
//MARK: - Table View DataSource

override func tableView(tableView: UITableView, commitEditingStyle
                    editingStyle: UITableViewCellEditingStyle,
  forRowAtIndexPath indexPath: NSIndexPath) {
  if editingStyle == .Delete {
    self.removeRelationshipObjectInIndexPath(indexPath)
  } else if editingStyle == .Insert {
    var newObject = self.addRelationshipObjectForSection(indexPath.
                    section) as NSManagedObject
    self.performSegueWithIdentifier("PowerViewSegue", sender: newObject)
  }

  super.tableView(tableView, commitEditingStyle: editingStyle,
              forRowAtIndexPath:indexPath)
}
```

由于添加了此方法，所以我们还需添加用于删除超能力的代码。还记得之前在 ManagedObjectController 中更改过此方法吗？当时，介绍说稍后会处理为 Hero 实体添加和删除超能力的方法。就是上文这个样子，很简单吧？最后，调用 super 方法（在 ManagedObjectController 中）。

我们所需要做的最后一件事是查看已经存在的超能力。在 HeroDetailController 中的

tableView:commitEditingStyle:forRowAtIndexPath:之后，添加以下表视图委托方法：

```
//MARK: - Table view Delegate

override func tableView(tableView: UITableView,
    accessoryButtonTappedForRowWithIndexPath indexPath: NSIndexPath){
  var key = self.config.attributeKeyForIndexPaths(indexPath) as String
  var relationshipSet = self.managedObject.mutableSetValueForKey(key)
                        as NSMutableSet
  var relationshipObject = relationshipSet.allObjects[indexPath.row]
                        as NSManagedObject
  self.performSegueWithIdentifier("PowerViewSegue",
                                sender:relationshipObject)
  }
```

当用户单击 Power 单元格中的蓝色可展开按钮时，会将 PowerViewController 推送到 NavigationController 堆栈。要将超能力托管对象传递给 PowerViewController，则需要读者在 HeroDetailController.swift 中实现 prepareForSegue:sender:方法。

```
override func prepareForSegue(segue: UIStoryboardSegue,sender: AnyObject?){
  if segue.identifier == "PowerViewSegue" {
    if let _sender = sender as? NSManagedObject {
      var detailController = segue.destinationViewController as
ManagedObjectController
      detailController.managedObject = _sender
    }
  }else {
    //showAlert
  }
}
```

至此，超能力分区及视图都已设置完毕。现在一起来看看显示获取属性。

# 7.15　获取属性

回顾图 7-1，在 Powers 分区的下面是另一个名为 Reports 的分区，其中显示了 4 个单元格。 每个单元格都有一个获取属性和可展开附件按钮，单击可展开按钮将显示相应获取属性的结果（见图 7-3）。现在我们就开始吧。

查看图 7-3，读者可以看到这是一个简单的表视图，显示着英雄的名字和秘密身份。我们需要为报告创建一个新的表视图控制器。创建一个名为 HeroReportController 的新 Cocoa Touch 类，使其成为 UITableViewController 的子类。选择 HeroReportController.swift

并添加新的属性以便保存要显示的英雄列表：

```
import UIKit

class HeroReportController: UITableViewController {

    var heroes:[AnyObject]!

    override func viewDidLoad() {
        super.viewDidLoad()
    }
```

接下来，调整表视图数据源方法：

```
// MARK: - Table view data source

override func numberOfSectionsInTableView(tableView: UITableView) -> Int {
    // Return the number of sections.
    return 1
}

override func tableView(tableView: UITableView, numberOfRowsInSection
section: Int) -> Int {
    // Return the number of rows in the section.
    return self.heroes.count
}

override func tableView(tableView: UITableView, cellForRowAtIndexPath
                        indexPath: NSIndexPath) -> UITableViewCell {
    let cellIdentifier = "HeroReportCell"
    let cell = tableView.dequeueReusableCellWithIdentifier (cellIdentifier,
                            forIndexPath: indexPath) as UITableViewCell

    // Configure the cell...
    var hero = self.heroes[indexPath.row] as Hero
    cell.textLabel?.text = hero.name
    cell.detailTextLabel?.text = hero.secretIdentity

    return cell
}
```

现在一起来在读者自己的 storyboard 中布置 HeroReportController。打开 SuperDB.
storyboard，从工具窗口的对象库中选择一个表视图控制器，并将其放到
PowerViewController 下面。选中这个新的表视图控制器并打开表示查看器，将 class 项更
改为 HeroReportController。接下来，在新的表视图控制器中选中表视图，然后打开特性

查看器，将 Selection 字段从 Single 更改为 No Selection。最后，选择表格视图单元格，在特性查看器中将样式更改为 Subtitle，并在 Identifier 字段中输入 HeroReportCell，将 Selection 字段更改为 None。

现在，按住 Control 键，从 HeroDetailController 视图控制器拖动鼠标到新的表视图控制器。当弹出 Manual Segue 对话框时，选择 Push 选项，选择新的跳转，然后在特性查看器中将其命名为 ReportViewSegue。

接下来，我们需要编辑 HeroDetailConfiguration 属性列表以便添加 Reports 分区。按照路径 Root→sections→Item 2 导航到相应位置。确保 Item 2 的可展开三角形处于关闭状态。选中 Item 2 并添加新项目。此时应该会出现 Item 3。将 Item 3 的类型从 String 更改为 Dictionary。打开 Item 3 的可展开三角形并添加两个子项。将第一个子项命名为 header 并为其分配一个名为 Reports 的值，将第二个子项命名为 rows 并使其成为一个数组。读者将向 rows 数组添加 4 个项目，每个项目代表了读者想要查看的报告。当这一切设置完成时，整个属性列表应该如图 7-19 所示。

| Key | Type | Value |
| --- | --- | --- |
| ▼ Root | Dictionary | (1 item) |
| ▼ sections | Array | (4 items) |
| ▶ Item 0 | Dictionary | (1 item) |
| ▶ Item 1 | Dictionary | (2 items) |
| ▶ Item 2 | Dictionary | (3 items) |
| ▼ Item 3 | Dictionary | (2 items) |
| header | String | Reports |
| ▼ rows | Array | (4 items) |
| ▼ Item 0 | Dictionary | (4 items) |
| key | String | olderHeros |
| class | String | SuperDBNonEditableCell |
| label | String | Report |
| value | String | Older Heroes |
| ▼ Item 1 | Dictionary | (4 items) |
| key | String | youngerHeros |
| class | String | SuperDBNonEditableCell |
| label | String | Report |
| value | String | Younger Heroes |
| ▼ Item 2 | Dictionary | (4 items) |
| key | String | sameSexHeros |
| class | String | SuperDBNonEditableCell |
| label | String | Report |
| value | String | Same Sex Heroes |
| ▼ Item 3 | Dictionary | (4 items) |
| key | String | oppositeSexHeros |
| class | String | SuperDBNonEditableCell |
| label | String | Report |
| value | String | Opposite Sex Heroes |

图 7-19　添加报告分区的配置

请注意，我们为这些行项目添加了一个新项：value。我们将通过该项目在报告分区单元格中使用一个静态值。打开 ManagedObjectController.swift，然后导航到 tableView: cellForRowAtIndexPath:。替换非动态表视图单元配置代码：

```
    }else {
        cell?.value = theData
        if let value = self.config.rowForIndexPath(indexPath).objectForKey
("value") as?
String {
            cell?.value = value
            cell?.accessoryType = .DetailDisclosureButton
            cell?.editingAccessoryType = .DetailDisclosureButton
        } else {
            cell?.value = theData
        }
    }
```

现在，我们已经为报告分区单元格添加了可展开附件按钮，因此需要在 HeroDetailController 中对其进行相应处理。编辑 HeroDetailController.swift 并修改 tableView:accessoryButtonTappedForRowWithIndexPath:。

```
override func tableView(tableView: UITableView,
    accessoryButtonTappedForRowWithIndexPath indexPath: NSIndexPath) {

  var key = self.config.attributeKeyForIndexPaths(indexPath) as String
  var entity = self.managedObject.entity as NSEntityDescription
  var properties = entity.propertiesByName as NSDictionary
  var property = properties.objectForKey(key) as NSPropertyDescription

  if let _attr = property as? NSRelationshipDescription {
    var relationshipSet = self.managedObject.mutableSetValueForKey(key)
as NSMutableSet
    var relationshipObject = relationshipSet.allObjects[indexPath.row]
as NSManagedObject
    self.performSegueWithIdentifier("PowerViewSegue",
sender: relationshipObject)
  } else if let _attr = property as? NSFetchedPropertyDescription {
    var fetchedProperties = self.managedObject.valueForKey(key)
as NSArray
    self.performSegueWithIdentifier("ReportViewSegue",
```

```
sender: fetchedProperties)
    }
}
```

现在，我们需要检查是否已经接好了关系单元格（Powers 分区）或获取属性单元格（Reports 部分）。当单击一个获取属性单元格时，程序将会调用跳转 ReportViewSegue，但是我们还没有定义过跳转，不过这只需要很短的时间就能完成。在开始这样做之前，先让我们来更新一下 prepareForSegue:sender: 以便来处理 ReportViewSegue。在 PowerViewSegue 查验代码后面，添加以下内容：

```
} else if segue.identifier == "ReportViewSegue" {
    if let _sender = sender as? NSArray {
        var reportController = segue.destinationViewController
as HeroReportController
        reportController.heroes = _sender
    } else {
        //showAlert Error
    }
}
```

构建并运行 SuperDB。添加一些不同生日和不同性别的英雄。在寻找年长、年轻、同性和异性英雄时，进入报告分区并查看结果。然后创建一个新的英雄，但不要设置性别，看看会发生什么。没有性别的英雄将出现在异性报告中，但不会出现在同一性别报告中。本书将这个问题留给读者，请读者自己找出原因并解决这个问题。

## 7.16　更加精细的内容视图

读者会注意到一些事情，例如当在程序中进行修改时，新的值不会立即反映到表视图中。如果想解决这个问题，读者只需要简单地在每次显示视图时，在 viewDidAppear 方法中重新加载 tableView 即可。这样，在罗列 Hero 的情况下，当读者选择一个英雄然后单击 Back 按钮时，程序将为 HeroListController 调用 viewDidAppear 并刷新显示的英雄列表。

## 7.17　精彩的核心数据

本章以及之前各章节的内容为读者提供了使用 Core Data 的坚实基础。在学习的过程中，这些内容为读者提供了一些有关如何设计复杂 iPhone 应用程序的知识。使读者可以在省略很多不必要的代码，或者避免在多个位置重复相同逻辑的情况下对程序进行维护和扩展。本书还介绍了编写通用代码可以获得的好处，并向读者展示了如何寻找重构代码的机会，使其可以更小、更高效，更易于维护，通常也会使用户感到更加愉快。

　　关于 Core Data 的讨论再多几个章节也未必能全部讨论完，而且 Core Data 并不是自 iOS SDK 3 以来引入的唯一新框架。到此，读者应该对 Core Data 有了足够的了解，再加上 Apple 的文档帮助，读者可以做进一步的探索。

　　现在，是时候离开我们的朋友 Core Data 并开始探索 iOS SDK 其他方面的内容了。

# 第 8 章　每个 iCloud 背后的故事

　　iCloud（云服务）是 Apple 推出的基于互联网的工具和服务。对于终端用户，iCloud 扩展了 Apple 以前的 MobileMe 产品，包括电子邮件、联系人管理和 Find My iPhone、iOS 备份和恢复、iTunes Match、Photo Stream 和 Back to My Mac 等一系列功能。在 iOS 8 中，Apple 对 iCloud 进行了重大改革，并包含了一个名为 CloudKit 的新框架。该框架为用户提供了身份验证、私有和公开数据库结构，以及资产存储服务。

　　相较于 Apple 为 iCloud 构建的所有花俏功能相比，基于云的存储和同步服务才是 iCloud 的核心内容，主要目的是允许用户在其所有设备上访问相同的内容，无论是 iPhone、iPad 或 Mac。此外，Apple 还为 iOS 开发人员提供了一组用于访问 iCloud 的应用程序编程接口（API）。这使开发人员可以像开发一般的 Apple 应用程序那样来构建带有 iCloud 特色的应用程序，而无须额外投入资源构建扩展的服务器基础架构。更好的是，开发人员不必学习新的复杂软件开发工具包（SDK）。Apple 没有提供新的 iCloud 框架，而是向现有框架（主要是 Foundation 和 UIKit）添加了新的类，并扩展了现有的类以允许 iCloud 进行访问。

　　iCloud 背后的基本理念为：iCloud 是一个应用程序可以存储和访问数据的地方。读者在一台设备上对一个应用程序的实例所做的更改可以立即传递给另一台设备上运行该应用程序的另一个实例。同时，iCloud 提供的是应用程序数据的权威副本。此数据可用于在新设备上恢复应用程序的状态，从而提供无缝的用户体验以及备份数据服务。CloudKit 的数据是独立的，但是在其应用程序的所有用户之间是可以共享的，属于公共数据。这类似于将数据存储在共享磁盘驱动器上，该磁盘驱动器可以从其他设备上进行访问。

## 8.1　使用 iCloud 进行数据存储

　　在 iCloud 中存储数据有几种不同的方法。
- ❑　iOS 备份：这是一个全球性的设备配置，可将读者的 iOS 设备备份到 iCloud。
- ❑　键值数据存储：用于存储应用程序使用的不常更改的少量数据。
- ❑　文档存储：用于存储用户的各种文件以及应用程序数据。

❑　　iCloud 核心数据：将读者的应用程序持久化后备存在 iCloud 上。

❑　　iCloud 驱动：这可以使读者的 iCloud 成为用于同步数据文件的在线驱动器。

在详细讨论这些存储机制之前，我们先了解一下 iCloud 和 iOS 系统是如何协同工作的。

## 8.2　iCloud 基础知识

在读者的 iCloud 应用程序中，有一个 ubiquity 容器。根据使用的存储类型，读者可以明确定义该容器的 URL，或者直接让 iOS 为读者创建一个。这个 ubiquity 容器是应用程序存储 iCloud 数据的地方。iOS 将在读者的设备和 iCloud 之间同步数据。这意味着读者的应用程序对 ubiquity 容器中的数据所做的任何更改都会被发送到 iCloud 上。相反，iCloud 上的任何更改也将被发送到读者设备上应用程序的 ubiquity 容器中。

现在，iOS 不会就每次更改都与 iCloud 来回发送整个数据文件。在内部，iOS 和 iCloud 将读者的应用程序数据分解为更小的数据块，当更改发生时，只有已被更改的数据块才会与 iCloud 同步。在 iCloud 上，读者的应用程序数据已经过版本控制，可以跟踪每组更改。

除将应用程序的数据分解为数据块外，iOS 和 iCloud 还将发送数据文件的元数据。由于元数据相对较小且重要，因此元数据的发送将会一直进行。事实上，在实际数据同步之前，iCloud 就已经知道了该数据文件的元数据。这对 iOS 来说尤为重要。由于 iOS 设备可能受到存储空间和带宽限制，因此 iOS 不一定会自动从 iCloud 下载数据，这可能直到真正需要下载这些数据时才会发生。但由于 iOS 拥有元数据，因此会知道其持有的副本是在何时与 iCloud 不同步的。

📝 注意：

有趣的是，如果 iOS 在同一个 Wi-Fi 网络中检测到另一台 iOS 设备，那么 iOS 将不会把数据先发送到 iCloud 上然后再发送到另一台设备上。取而代之的是，iOS 简单地将数据从一台设备上直接传输到另一台设备上。

## 8.3　iCould 备份

备份功能是 iCloud 提供的一个 iOS 系统服务。该功能会每天通过 Wi-Fi 自动备份读者的 iOS 设备。应用程序主目录中的所有内容都会被备份。iOS 会忽略应用程序包、缓存目录和临时目录。由于数据通过 Wi-Fi 传输并发送到 Apple 的 iCloud 数据中心，因此应尽量保持应用程序的数据尽可能小。数据越多，备份时间越长，用户用掉的 iCloud 存储量就越多。

 **注意：**

如果用户的 iCloud 存储容量已被用尽（在撰写本书时，默认的容量为 5 GB），iOS 会询问用户是否要购买更多存储空间。但无论如何，读者都要弄清楚应用程序将如何处理 iCloud 已满的情况。

在设计应用程序的数据存储策略时，请记住以下几点。

❏ 用户生成的数据或应用程序无法重新创建的数据应存储在 Documents 目录中。这些数据将自动备份到 iCloud。

❏ 可以被应用程序下载或重新创建的数据应该存在于库/缓存中。

❏ 临时数据应存储在 tmp 目录中。请记住当不再需要这些文件时将其删除。

❏ 需要被应用程序保留的数据应使用 NSURLIsExcludedFromBackupKey 特性进行标记（即使在低存储空间的情况下）。这样无论读者将这些文件放在何处，备份都不会对其进行删除。应用程序会负责管理这些文件。

我们可以通过 NSURL 中的 setResource:forKey:error: 方法来设置 NSURLIsExcludedFromBackupKey：

```
var url:NSURL? = NSBundle.mainBundle().URLForResource("NoBackup",
                                      withExtension: "txt")?
var error: NSError? = nil

var success = url?.setResourceValue(true, forKey:
                    NSURLIsExcludedFromBackupKey, error: &error)
```

## 8.4 在应用程序中启用 iCloud

想要在应用程序中使用 iCloud 数据存储，读者需要执行两项任务。首先，需要启用应用程序的授权以便为 iCloud 启用这些授权。其次，需要创建启用 iCloud 的配置文件。以前，这会有点乏味耗时；现在，读者只需从 Xcode 中选择相应的功能，并启用 iCloud 和需要的服务即可。如果读者已配置过自己的开发人员账户，Xcode 将根据需要生成相关的 ID、授权和证书。这是一个非常棒的功能。

在应用程序中启用授权后，Xcode 会在项目目录中寻找一个名为.entitlements 的文件。

此文件只是键值对的属性列表。这些键值对配置了应用程序的附加功能或安全性能。对于 iCloud 的访问，.entitlements 文件指定了用于定义 iCloud 键值和文档 ubiquity 容器的 ubiquity 标识符的键。

## 8.5　键值数据存储

顾名思义，iCloud 键值数据存储是 iCloud 集成的一种简单键的值存储机制。从概念上讲，其与 NSUserDefaults 类似。所以像 NSUserDefaults 一样，唯一允许的数据类型是有属性列表支持的数据类型。我们最好将其用于那些所包含的值不会被频繁更新的数据中。例如，用在应用程序的首选项或设置数据将是很好的选择。不应使用键值数据存储来代替 NSUserDefaults。应该不断地向 NSUserDefault 写入配置信息，并将共享数据写入键值数据存储。这样一来，即使 iCloud 不可用，应用程序的配置信息仍然有效。

读者需要牢记键值数据存储有诸多限制。首先，每个值的最大存储限制为 1 MB。键具有单独的 1 MB 单键存储限制。此外，每个应用程序最多允许 1024 个单独的键。因此，读者需要对每个放入键值数据存储空间的数据都了如指掌。

键值数据以一定的频次与 iCloud 同步。这些频次的间隔由 iCloud 决定，因此读者对此无法进行太多控制。所以，不应将键值数据存储用于时间敏感型的数据。

键值数据存储通过始终为每个键选择最新值来处理数据冲突。

要使用键值数据存储，请使用默认的 NSUbiquitousKeyValueStore。我们可以使用适当的* ForKey:并设置* ForKey:方法来访问值，这类似于 NSUserDefaults。读者还需要注册关于通过 iCloud 对 Apple 商店进行更新的通知。要同步对数据的更改，请调用 synchronize 方法。读者还可以使用 synchronize 方法来检查 iCloud 是否可用。我们可以像下面这样对自己的应用程序进行初始化以使用键值数据存储。

```
var kv_store = NSUbiquitousKeyValueStore.defaultStore()
NSNotificationCenter.defaultCenter().addObserver(self,
        selector: "storeDidChange:",
    name:NSUbiquitousKeyValueStoreDidChangeExternallyNotification,
        object: self.kv_store)
var avail = self.kv_store.synchronize()
if avail {
    println("iCloud is available")
} else {
    println("iCloud NOT available")
}
}
```

synchronize 方法不会将数据推送到 iCloud，只是通知 iCloud 有新的数据可用。iCloud 将决定何时从用户的设备上检索这些数据。

我们可以向下面这样使用 set * ForKey:将一个键保存到 iCloud 上：

```
self.kv_store.setString("Hello", forKey: "World")
```

如果要从 iCloud 上访问数据，可以使用下面的方式（* ForKey:）：

```
var result = self.kv_store.stringForKey("World") as String?
```

# 8.6　文档存储

文档是 UIDocument 的自定义子类，UIDocument 是一个抽象类，用于存储应用程序的数据，这些数据可以是单个的文件，也可以是文件包。文件包是一个表现为单个文件的目录。要管理文件包，请使用 NSFileWrapper 类。

在具体阐述 iCloud 文档存储之前，先一起来看一下什么是 UIDocument。

## 8.6.1　UIDocument

UIDocument 通过提供许多"免费"的功能，来简化基于文档的应用程序的开发。

❑　背景读取和写入数据：保持应用程序的 UI 响应。
❑　冲突检测：帮助开发人员解决文档版本之间的差异问题。
❑　安全保存：确保文档永远不会处于损坏状态。
❑　自动保存：使用户的日常使用变得更加容易。
❑　自动 iCloud 集成：处理文档和 iCloud 之间的所有转换问题。

如果要构建单个文件文档，则需要创建一个简单的 UIDocument 子类。

```
class myDocument: UIDocument {
    var text: String!
}
```

我们需要在这个 UIDocument 子类中实现许多方法。首先，需要能够加载文档数据。要执行此操作，请对 loadFromContents:ofType:error:方法进行覆盖。

```
override func loadFromContents(contents: AnyObject, ofType typeName:
String, error outError: NSErrorPointer) -> Bool {
    if contents.length > 0 {
        self.text = NSString(data: contents as NSData,
encoding: NSUTF8StringEncoding)
```

```
    } else {
        self.text = ""
    }

    //Update here

    return true
}
```

contents 参数定义为 AnyObject。如果读者的文档是文件包，则 contents 将是 NSFileWrapper 类型。对于单个文档文件的情况，contents 是 NSData 对象。这是一个非常简单的实现，所以几乎永远不会遇到问题。如果读者的实现是一个失败情况且返回的值是 false，则应创建一个 error 对象并为其指定有意义的错误信息。读者可能还想编写代码以便成功加载数据后刷新 UI 界面，而且可能永远不会检查 contents 的类型。因为读者的应用程序可以支持多种数据类型，但读者必须使用 typeName 参数来处理不同类型的数据的加载方案。

当关闭应用程序或自动保存启动时，程序会调用 UIDocument 方法 contentForType: error:，所以我们还需要覆盖此方法。

```
override func contentsForType(typeName: String, error
                              outError: NSErrorPointer) ->
AnyObject? {
    if self.text == nil {
        self.text =" "
    }

    var data = self.text.dataUsingEncoding(NSUTF8StringEncoding,
                                        allowLossyConversion: false)
    return data
}
```

如果读者的文档存储为文件包，则返回 NSFileWrapper 的实例而不是单个文件的 NSData 对象。这就是确保数据得到保存所需要做的一切，UIDocument 将处理其余的事情。

UIDocument 需要一个文件的 URL 来确定读取和写入数据的位置。URL 将定义文档目录、文件名和可能的文件扩展名。该目录可以是本地（应用程序沙箱）目录，也可以是 iCloud ubiquity 容器中的位置。文件名应由应用程序生成，但允许用户覆盖默认值。虽然使用文件扩展名是可选的，但为应用程序直接定义一个（或多个）可能是个好主意。将此 URL 传递给 UIDocument 子类的 fileURL:方法以创建文档实例。

```
    var doc = myDocument(fileURL: aURL)
```

```
...
   doc.saveToURL(fileURL, forSaveOperation: UIDocumentSaveOperation.
ForCreating, completionHandler: {
      success in
      if (success){

      } else {

      }

})
```

一旦创建了 UIDocument 实例，便可使用 saveToURL:forSaveOperation:completionHandler: 方法来创建文件。读者使用值 UIDocumentSaveForCreating 来指出这是第一次保存文件。 completionHandler:参数占用一个块，该块采用 Bool 参数来告诉读者保存操作是否成功。

读者的应用程序不仅需要创建文档，还需要打开和关闭现有的文档。所以仍然需要调用 initWithFileURL: 来创建文档实例，然后调用 openWithCompletionHandler: 和 closeWithCompletionHandler:打开和关闭文档。

```
   var doc = myDocument(fileURL: aURL)
...
   doc.openWithCompletionHandler({
      success in
      if (success) {

      } else {

      }
   })
   doc.closeWithCompletionHandler(nil)
```

两种方法都会在完成时执行一个块。与 saveToURL:forSaveOperation:completionHandler: 方法一样，该块有一个 Bool 参数来告诉我们打开/关闭是成功还是失败。但我们不需要传递一个块。在前面的示例代码中，程序将 nil 传递给了 closeWithCompletionHandler:，以表示在文档关闭后我们不需要执行任何操作。

如果要删除文档，只需使用 NSFileManager removeItemAtURL:并传入文档文件的 URL 即可。然而，我们的应用程序应该执行的是 UIDocument 的读写操作，并在后台执行删除操作。

```
   var doc = myDocument(fileURL: aURL)
...
```

```
// close the document
...
    dispatch_async(dispatch_get_global_queue(DISPATCH_QUEUE_PRIORITY_
DEFAULT, 0), {
        var fileCoordinator = NSFileCoordinator(filePresenter: nil)
        fileCoordinator.coordinateWritingItemAtURL(aURL,
                    options: NSFileCoordinatorWritingOptions.ForDeleting,
                        error: nil,
        byAccessor: {
            writingURL in
            var fileManager = NSFileManager()
            fileManager.removeItemAtURL(writingURL, error: nil)
        })
    })
```

首先，通过 dispatch_async 函数将整个删除操作分派到后台队列。在后台队列中，我们可以创建 NSFileCoordinator 实例。NSFileCoordinator 会协调进程和对象之间的文件操作，在执行任何文件操作之前，会将消息先发送到已向文件协调器注册过的所有 NSFilePresenter 协议对象。然后通过调用 NSFileCoordinator 方法 coordinateWritingItemAtURL:options: error:by Accessor:删除文档文件。访问器是一个块操作，用于定义要执行的实际文件操作，它会传递一个 NSURL 参数表示文件的位置，但始终使用的是块参数 NSURL，而不是传递给 coordinateWritingItemAtURL:的 NSURL。

在对 UIDocument 子类执行操作之前，读者可能希望检查一下 documentState 属性。该属性可能拥有的不同状态的定义如下。

- ❑ UIDocumentState.Normal：文档已打开且没有问题。
- ❑ UIDocumentState.Closed：文档已关闭。如果文档在打开后处于此状态，则表示文档可能存在问题。
- ❑ UIDocumentState.InConflict：此文档的版本存在冲突。读者可能需要编写代码以允许用户解决这些冲突。
- ❑ UIDocumentState.SavingError：由于某些错误，无法保存文档。
- ❑ UIDocumentState.EditingDisabled：无法编辑文档。不允许读者的应用程序或 iOS 系统进行编辑。

我们可以查看相应的文档状态。

```
var doc = myDocument(fileURL: aURL)
...
if (doc.documentState == UIDocumentState.Closed) {
    // documentState is closed
}
```

UIDocument 还提供了一个名为 UIDocumentStateChangedNotification 的通知，该通知可以被用来注册观察器。

```
MyDocument *doc = [[MyDocument alloc] initWithFileURL:aURL]];
...
NSNotificationCenter.defaultCenter().addObserver(anObserver,
            selector: "documentStateChanged:",
                name: UIDocumentStateChangedNotification,
              object: doc)
```

我们的观察器类将实现方法 documentStateChanged:来检查文档状态并相应地处理每个状态。

要执行自动保存，UIDocument 会定期调用 hasUnsavedChanges 方法，该方法返回一个布尔值。布尔值的结果取决于该文档自上次保存以来是否发生了更改。调用的频率由 UIDocument 确定，无法人为调整。通常，我们不会覆盖 hasUnsavedChanges 方法，但可以执行以下两种操作中的一种：通过 UIDocument undoManager 属性注册 NSUndoManager 以便注册撤销或重做，或者每当对文档进行可追踪的更改时调用 updateChangeCount:方法。要使文档能够与 iCloud 一起使用，必须启用自动保存功能。

## 8.6.2　带有 iCloud 功能的 UIDocument

要使用 iCloud 文档存储功能就需要对正常的 UIDocument 进程进行调整，以使用应用程序中 ubiquity 容器的 Documents 子目录。要获取 ubiquity 容器的 URL，需要将文档标识符传递到 NSFileManager 方法 URLForUbiquityContainerIdentifer:里面，将 nil 作为参数传递。

```
let dataDir = "Documents"
var fileManager = NSFileManager.defaultManager()
var iCloudToken = fileManager.ubiquityIdentityToken
var iCloudURL: NSURL? = fileManager.URLForUbiquityContainerIdentifier (nil)
if (iCloudToken != nil && iCloudURL != nil) {
  var ubiquityDocURL = iCloudURL?.URLByAppendingPathComponent ("Documents")
} else {
  // No iCloud Access
}
```

通过在 URLForUbiquityContainerIdentifer:中使用 nil，NSFileManager 将使用在应用程序授权文件中定义的 ubiquity 容器 ID。本章将在后面有关授权的内容中介绍这一点，就目前而言，我们只需按照陈述的内容进行尝试即可。如果明确要使用一个 ubiquity 容器标识符，那就意味着是我们的 ADC 团队 ID 和 App ID 的组合。

```
let ubiquityContainer = "HQ7JAY4x53.com.ozapps.iCloudAppID"
let fileManager = NSFileManager.defaultManager()
let ubiquityURL = fileManager.URLForUbiquityContainerIdentifier
(ubiquityContainer)
```

请注意使用 NSFileManager 方法 ubiquityIdentityToken 可以检查 iCloud 可用性。此方法返回绑定到用户的 iCloud 账户的唯一标记。根据我们的应用程序，如果 iCloud 访问不可用，则应该通知用户使用本地存储或退出应用程序。

## 8.6.3　NSMetadataQuery

前文我们说过 iCloud 和 iOS 不会自动同步应用程序中 ubiquity 容器的文档。但是，文档的元数据会被同步。对于 iCloud 文档存储应用程序，不能简单地使用 ubiquity 容器中 Documents 目录的文件内容来了解可用于读者的应用程序的文档。相反，必须使用 NSMetadataQuery 类来执行元数据查询。

在应用程序生命周期的早期，我们需要实例化 NSMetadataQuery 并将其配置为在 ubiquity 容器的 Documents 子目录中查找相应的文档。

```
self.query:NSMetadataQuery = NSMetadataQuery()
self.query.searchScopes = [NSMetadataQueryUbiquitousDocumentsScope]
var filePattern = "*.txt"
self.query.predicate = [NSPredicate(format: "%K LIKE %@",
NSMetadataItemFSNameKey, filePattern)]
```

上面这个例子假定我们的应用程序具有查询属性，并且配置为查找所有扩展名为.txt 的文件。

创建 NSMetadataQuery 对象后，我们需要注册其通知。

```
var notificationCenter = NSNotificationCenter.defaultCenter()
notificationCenter.addObserver(self, selector: "processFiles:", name:
NSMetadataQueryDidFinishGatheringNotification, object: nil)
notificationCenter.addObserver(self, selector: "processFiles:", name:
NSMetadataQueryDidUpdateNotification, object: nil)
self.query.startQuery()
```

当查询对象完成其初始信息加载查询时，NSMetadataQueryDidFinishGatheringNotification 会被发送；当 Documents 子目录的内容被更改并影响到查询结果时，则 NSMetadataQueryDidUpdateNotification 会被发送。最后，启动查询。

发送通知时，processFiles:方法会被调用。

```
func processFiles(aNotification:NSNotification){
    var query = NSMetadataQuery()

    var files:[AnyObject?] = []
    query.disableUpdates()
    var queryResults = query.results
    for result in queryResults {
        var fileURL = result.valueForAttribute(NSMetadataItemURLKey) as NSURL
        var aBool: AnyObject?
        fileURL.getResourceValue(&aBool,forKey:NSURLIsHiddenKey,error: nil)
        if let hidden = aBool as? Bool {
            if (!hidden) {
                files.append(fileURL)
            }
        }
    }

    query.enableUpdates()
}
```

首先，禁用查询和更新，以防止在处理时发送通知。在此示例应用程序中，我们只需获取 Documents 子目录中的文件列表，然后将该列表添加到数组中。读者需要确保目录中不包含任何隐藏文件。一旦获得文件数组后，就可以在应用程序中使用这些数据（可能会更新文件名的表视图）。最后，重新启用查询以接收更新。

我们目前只是对使用 iCloud 文档存储有了匆匆一瞥。在文档的生命周期中还会出现很多问题需要基于文档的应用程序来处理，这样整个应用程序才能真正生效。

✎ 注意：

如果读者想查看更多信息，请阅读 Apple 网站的帮助文档。第一选择是 *iOS App Programming Guide* 中的有关 iCloud 的章节，然后可以阅读 *iCloud Design Guide*，以及 *document-based App Programming Guide for iOS*。

## 8.7　带有 iCloud 功能的 Core Data

将核心数据与 iCloud 结合使用是一个相当简单的操作，只需将持久化存储放置到应用程序的 ubiquity 存储容器中即可。但是，读者不能让持久化存储与 iCloud 同步，因为这会产生不必要的消耗。相反，读者更希望在应用程序之间进行同步。当应用程序的另一个实例从 iCloud 接收到数据时，会重新应用在持久化存储上执行过的每个操作。这有助于确保使用同一组操作来更新不同的实例。

即使读者不希望将持久存储与 iCloud 同步，Apple 还是会建议读者将数据文件放在 ubiquity 容器下扩展名为.nosync 的文件夹中。这样可以告诉 iOS 不要同步此文件夹的内容，但保留与正确 iCloud 账户的数据关联。

```
var psc = _persistentStoreCoordinator
dispatch_async(dispatch_get_global_queue(DISPATCH_QUEUE_PRIORITY_
DEFAULT, 0), {
   var newStore: NSPersistentStore? = nil
   var error: NSError? = nil

   //Assume we have an instance of NSPersitentStoreCoordinator
_psesistentStoreCoordinator

   let dataFile = "SuperDB.sqlite"
   let dataDir = "Data.nosync"
   let logsDir = "Logs"

   var fileManager = NSFileManager.defaultManager()
   var ubiquityToken = fileManager.ubiquityIdentityToken
   var ubiquityURL: NSURL? = fileManager.
URLForUbiquityContainerIdentifier(nil)
   if (ubiquityToken != nil && ubiquityURL != nil) {
       var dataDirPath = ubiquityURL?.path?.
stringByAppendingPathComponent(dataDir)
       if fileManager.fileExistsAtPath(dataDirPath!) == false {
           var fileSystemError: NSError? = nil
           fileManager.createDirectoryAtPath(dataDirPath!,
                       withIntermediateDirectories: true,
                                           attributes: nil,
                                      error: &fileSystemError)
           if fileSystemError != nil {
               println("Error creating database directory \
(fileSystemError)")
           }
       }

       var thePath = ubiquityURL?.path?.stringByAppendingPathComponent
(logsDir)
       var logsURL = NSURL(fileURLWithPath: thePath!)
       var options = NSMutableDictionary()
       options[NSMigratePersistentStoresAutomaticallyOption] = true
       options[NSInferMappingModelAutomaticallyOption] = true
       options[NSPersistentStoreUbiquitousContentNameKey] =
       ubiquityURL?.lastPathComponent!
```

```
        options[NSPersistentStoreUbiquitousContentURLKey] = logsURL!
    psc.lock()
    thePath = dataDirPath?.stringByAppendingPathComponent(dataFile)
    var dataFileURL = NSURL.fileURLWithPath(thePath!)
    newStore = psc.addPersistentStoreWithType(NSSQLiteStoreType,
                                    configuration: nil,
                                             URL: dataFileURL,
                                         options: options,
                                           error: &error)

    psc.unlock()
    } else {
    println("Local Store")
    }
})
```

　　请注意，读者的应用程序是在后台队列中执行持久化存储操作的，以便在 iCloud 访问时不会阻碍应用程序的 UI。本书的大多数示例都定义了数据目录路径、Data.nosync 和日志目录路径，而实际的持久化存储的创建类似于读者之前所做的那样。在选项字典中添加两个键值对：NSPersistentStoreUbiquitousContentNameKey 包含着 ubiquity 容器 ID，以及包含事务日志目录路径的 NSPersistentStoreUbiquityContentURLKey。Core Data 和 iCloud 将使用 NSPersistentStoreUbiquityContentURLKey 来同步事务日志。

　　现在，我们需要进行注册以便观察从 iCloud 收到更改时的通知。通常，读者不会希望在创建持久性化存储协调器时放入此内容；相反，会在创建托管对象上下文时执行此操作。

```
NSNotificationCenter.defaultCenter().addObserver(self,
  selector: "mergeChangesFromUbiquitousContent:",
    name: NSPersistentStoreDidImportUbiquitousContentChangesNotification,
  object: coordinator)
```

mergeChangesFromUbiquitousContent:的实现将不得不面对如何处理 iCloud 和本地持久化存储之间内容合并的问题。幸运的是，除最复杂的模型外，对于大部分的模型，Core Data 都能相对轻松地解决。

```
func mergeChangesFromUbiquitousContent(notification: NSNotification) {
    var context = self.managedObjectContext
    context?.performBlock({
        context?.mergeChangesFromContextDidSaveNotification(notification)
        // Send a notification to refresh the UI, if necessary
    })
}
```

# 8.8    升级 SuperDB

我们将对 Core Data SuperDB 应用程序进行升级并将持久化存储放到 iCloud 中。根据读者到现在为止对 iCloud API 的学习情况，这应该是一个相当简单的操作。但请记住，我们无法在模拟器上运行 iCloud 应用程序（目前不行），因此需要将设备连接到开发此程序时所使用的计算机上。此外，由于需要配置文件，因此还需要 Apple Developer Center 账户。

请读者将之前在第 6 章中编写的那版 SuperDB 项目制作一个副本。如果尚未完成，也可以直接从本书的下载档案中复制一个现成的项目并从此版本开始。

## 8.8.1    授权

我们需要为自己的应用程序制作一个授权文件。早先的时候我们必须先自己创建此文件并设置键值条目。现在，要创建此文件，读者只需打开所需的功能，然后由 Xcode 自动创建授权文件。图 8-1 显示了 SuperDB 应用程序的授权文件。读者将在 8.8.2 节中亲自动手完成此操作。

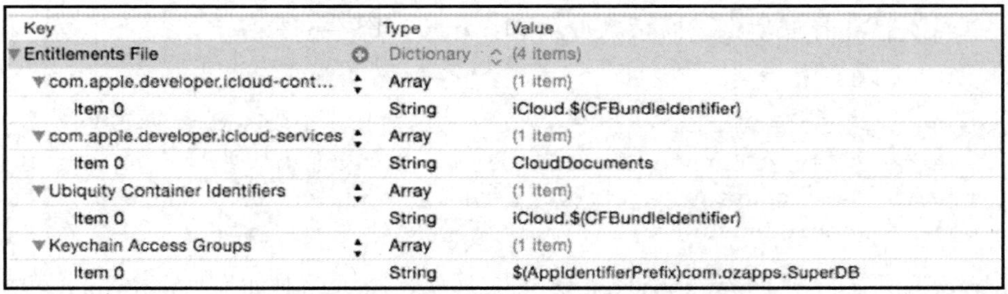

| Key | | Type | | Value |
|---|---|---|---|---|
| ▼ Entitlements File | ⊙ | Dictionary | ◇ | (4 items) |
| ▼ com.apple.developer.icloud-cont... | ⬍ | Array | | (1 item) |
|     Item 0 | | String | | iCloud.$(CFBundleIdentifier) |
| ▼ com.apple.developer.icloud-services | ⬍ | Array | | (1 item) |
|     Item 0 | | String | | CloudDocuments |
| ▼ Ubiquity Container Identifiers | | Array | | (1 item) |
|     Item 0 | | String | | iCloud.$(CFBundleIdentifier) |
| ▼ Keychain Access Groups | ⬍ | Array | | (1 item) |
|     Item 0 | | String | | $(AppIdentifierPrefix)com.ozapps.SuperDB |

图 8-1    关于授权部分的目标概要编辑器

## 8.8.2    启用 iCloud 并创建相关文件

我们需要创建授权文件、包含激活 iCloud 的配置文件、应用程序 ID，等等。这只需选择一个个的方框即可完成。但是，先决条件是读者已经在 Apple 的开发人员计划中进行了有效注册。

转到项目属性，然后单击目标项目 SuperDB。在 Capabilities 选项卡下，找到 iCloud 项并将其设置为打开状态（见图 8-2）。

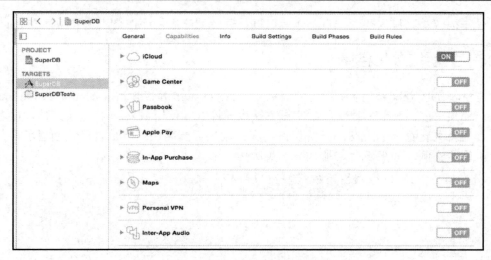

图 8-2　项目的功能选项卡界面

　　Xcode 将选择或提示读者使用相关的团队账户，并创建相关的授权文件、证书等。读者需要选择启动应用程序所需的相应服务。这里没有设置键值存储，但对于 iCloud Documents，读者需要选择适当的容器，默认选项为 iCloud.$(CFBundleIdentifier)。在当前的项目中，包标识符为 com.ozapps.SuperDB，因此容器被标识为 iCloud.com.ozapps. SuperDB（见图 8-3）。

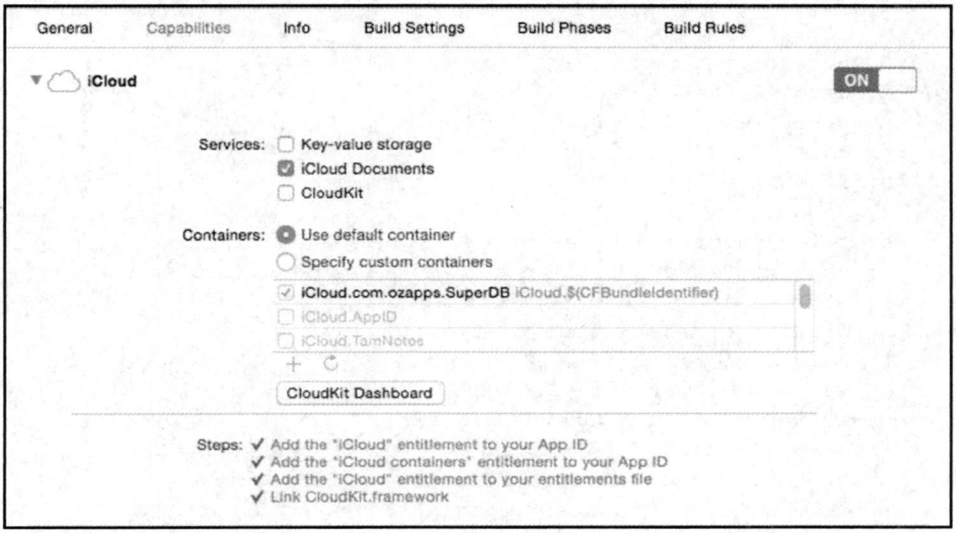

图 8-3　项目的 iCloud 激活

操作很容易，只需要做一点工作就可以让读者的应用程序像过去那样激活 iCloud。

## 8.8.3　更新持久化存储

在 SuperDB Xcode 项目窗口中，打开 AppDelegate.swift 并找到 persistentStoreCoordinator 方法。如果可能，我们需要重新编写该方法以便检查和使用 iCloud 持久化存储，或者回退到本地持久化存储。方法的开头保持不变：读者需要确认一下是否已经创建了持久化存储协调器实例；如果没有，那么请先实例化一个。

```swift
var persistentStoreCoordinator: NSPersistentStoreCoordinator? {
    if _persistentStoreCoordinator != nil {

return _persistentStoreCoordinator
    }

    _persistentStoreCoordinator = NSPersistentStoreCoordinator(
                    managedObjectModel: self.managedObject Model)
```

我们需要将以下代码分派给后台队列，以便主线程的运行不会受到阻碍。下面这些代码与之前带有 iCloud 的 Core Data 章节中的示例代码相似。读者可以复习那部分内容以便获得更为详细的解释。

```swift
var psc = _persistentStoreCoordinator
dispatch_async(dispatch_get_global_queue(DISPATCH_QUEUE_PRIORITY_DEFAULT,
0), {
    var newStore: NSPersistentStore? = nil
    var error: NSError? = nil
    let dataFile = "SuperDB.sqlite"
    let dataDir = "Data.nosync"
    let logsDir = "Logs"

    var fileManager = NSFileManager.defaultManager()
    var ubiquityToken = fileManager.ubiquityIdentityToken
    var ubiquityURL: NSURL? = fileManager.
URLForUbiquityContainerIdentifier(nil)
    if (ubiquityToken != nil && ubiquityURL != nil) {
        var dataDirPath = ubiquityURL?.path?.
stringByAppendingPathComponent(dataDir)
        if fileManager.fileExistsAtPath(dataDirPath!) == false {
            var fileSystemError: NSError? = nil
            fileManager.createDirectoryAtPath(dataDirPath!,
                    withIntermediateDirectories: true,
                                        attributes: nil,
```

```
                                                    error: &fileSystemError)
            if fileSystemError != nil {
                println("Error creating database directory \
(fileSystemError)")
            }
        }

        var thePath = ubiquityURL?.path?.stringByAppendingPathComponent
(logsDir)
        var logsURL = NSURL(fileURLWithPath: thePath!)
        var options = NSMutableDictionary()
            options[NSMigratePersistentStoresAutomaticallyOption] = true
            options[NSInferMappingModelAutomaticallyOption] = true
            options[NSPersistentStoreUbiquitousContentNameKey] =
            ubiquityURL?.lastPathComponent!
            options[NSPersistentStoreUbiquitousContentURLKey] = logsURL!
        psc.lock()
        thePath = dataDirPath?.stringByAppendingPathComponent(dataFile)
        var dataFileURL = NSURL.fileURLWithPath(thePath!)
        newStore = psc.addPersistentStoreWithType(NSSQLiteStoreType,
                                    configuration: nil,

                                            URL: dataFileURL,
                                        options: options,
                                         error: &error)
        psc.unlock()
```

如果由于某种原因无法访问 iCloud，则可以回退到本地持久化存储协调器。

```
} else {
    var storeURL = self.applicationDocumentsDirectory.
URLByAppendingPathComponent
    (dataFile)
    var options = [NSMigratePersistentStoresAutomaticallyOption : true,
                NSInferMappingModelAutomaticallyOption: true]
    psc.lock()
    newStore = psc.addPersistentStoreWithType(NSSQLiteStoreType,
                                configuration: nil, URL: storeURL,
                                    options: options, error: &error)
    psc.unlock()
}
```

记得检查一下是否确实已经拥有一个新的持久化存储协调器。

```
if newStore == nil {
    println("Unresolved error \(error)")
```

```
    abort()
}
```

完成后，读者的程序将会在主线程上发送已加载持久化存储协调器的通知。如果有必要，可以使用此通知来更新 UI。

```
    dispatch_async(dispatch_get_main_queue(), {
        NSNotificationCenter.defaultCenter().postNotificationName
("DataChanged", object: self, userInfo: nil)
    })
})

return _persistentStoreCoordinator
}()
```

## 8.8.4　更新托管对象上下文

当 ubiquity 容器中的数据发生变化时，读者需要注册以接收通知。我们可以在 managedObjectContext 的延迟初始化中执行此操作。

```
lazy var managedObjectContext: NSManagedObjectContext? = {
    let coordinator = self.persistentStoreCoordinator

 if coordinator == nil {
     return nil
    }
    var managedObjectContext = NSManagedObjectContext()
    managedObjectContext.persistentStoreCoordinator = coordinator
    NSNotificationCenter.defaultCenter().addObserver(self,
                selector: "mergeChangesFromUbiquitousContent:",
                    name:
NSPersistentStoreDidImportUbiquitousContentChangesNotification,
                   object: coordinator)
    return managedObjectContext
}()
```

我们已告知通知中心调用 AppDelegate 方法 mergeChangesFromUbiquitousContent:，所以需要实现该方法。

将该方法添加到 AppDelegate.swift 底部最后一个花括号之前的位置。

```
//MARK: - Handle Changes from iCloud to Ubiquitous Container

func mergeChangesFromUbiquitousContent(notification: NSNotification) {
    var moc = self.managedObjectContext
```

```
    moc?.performBlock({
        moc?.mergeChangesFromContextDidSaveNotification(notification)
        var refreshNotification = NSNotification(name: "DataChanged",
object: self, userInfo: notification.userInfo)
    })
}
```

此方法首先将各个更改合并到托管对象上下文中，然后发送 DataChanged 通知。我们在创建持久化存储协调器时使用过该通知。这个通知旨在告诉读者的程序应该何时更新 UI。现在来开始动手实践吧。

## 8.8.5　更新 DataChanged 上的 UI

在 Xcode 编辑器中打开 HeroListController.swift 并找到 viewDidLoad 方法。在方法结尾之前的位置，注册 DataChanged 通知。

```
NSNotificationCenter.defaultCenter().addObserver(self,
                            selector: "updateReceived:",
                                name: "DataChanged",
                              object: nil)
```

当读者到达这里时，请像一名优秀的 iOS 程序员那样在 didReceiveMemoryWarning 方法中取消注册。

```
NSNotificationCenter.defaultCenter().removeObserver(self)
```

收到 DataChanged 通知后，updateReceived:方法将被调用。所以，读者需要在最后一个大括号之前再一次实现该方法。

```
func updateReceived(notification: NSNotification) {
    var error: NSError? = nil
    if !self.fetchedResultsController.performFetch(&error){
        println("Error performing fetch: \(error?.localizedDescription)")
    }
    self.heroTableView.reloadData()
}
```

从本质上讲，该方法只是刷新了数据和表视图。

## 8.8.6　测试数据存储

如果有人告诉读者不能在模拟器上使用 iCloud，千万不要相信！因为从 iOS 7 开始，Apple 已经进行了一些改进，所以现在是可以在模拟器上测试 iCloud 代码的。但是，最好还是在具体的设备上进行测试。由于读者是从一个新的持久化存储开始的，因此不应该存在任何现成的条目。添加新的英雄，编辑内容信息并保存。现在退出应用程序（并且/或在 Xcode 中停止其运行）。在启动板上单击并按住 SuperDB 应用程序图标，直到其开始抖动，然后删除应用。此时读者会收到一个警告对话框，该对话框告诉读者此操作将导致本地数据丢失，但 iCloud 上的数据将会被保留。再次单击并删除。

现在再次运行应用程序。稍等片刻，英雄列表应该会更新，以包含读者之前刚刚添加的英雄。这证明即使读者删除了应用程序（以及本地的数据），iCloud 也能够同步和恢复持久化存储。

 **注意：**

想要在模拟器上使用 iCloud，读者必须通过登录模拟器并在自己的 iCloud 账户上进行设置。

### 8.8.7　保持脚踏实地

在为 iCloud 开发应用程序时，读者可能会经常查看甚至删除 iCloud 中的数据，因此可以通过以下几种方式查看和管理应用程序在 iCloud 中放置的数据。

- ❑　通过 Mac：打开系统首选项，然后选择 iCloud。单击右下角的 Manage 按钮。
- ❑　通过 iOS：使用 Settings 应用程序，然后通过 iCloud→Storage & Backup（存储和备份）→Manage Storage（存储管理）导航到相应的位置。
- ❑　通过 Web（仅查看）：导航到 http://developer.icloud.com/并登录，然后单击 Documents 图标。
- ❑　通过 Xcode（启动 Web 视图）：如果读者已经在应用程序的功能选项卡下设置了 iCloud，那么 Xcode 会有一个 CloudKit Dashboard 按钮，单击该按钮可以将读者带到 Web 视图。

这些只是为 iOS 构建支持 iCloud 应用程序的基础知识。对于任何应用程序，还有许多事情需要读者了解并记住，但本书由于篇幅所限只能列出一些需要进一步学习的关键事项。

- ❑　如果 iCloud 不可用，你的应用程序将如何运行？
- ❑　如果允许应用程序"离线"使用，那么读者的应用程序将如何与 iCloud 同步？
- ❑　读者的应用程序将如何处理冲突？这将高度依赖于读者的数据模型。
- ❑　尝试设计数据/文档模型，最大限度地减少设备和 iCloud 之间的数据传输。

理想情况下，读者现在应该已经很好地了解了在自己的应用中启用 iCloud 的意义是什么。现在一起回到本地平台，并通过着手构建一个游戏来获得更多的乐趣。

# 第 9 章 使用 Multipeer Connectivity 框架创建的对等网络连接

对那些通过 iOS SDK 开发各种游戏的人来说，Game Kit 无疑是最酷的框架之一。Game Kit 类包含了 3 种不同的技术：GameCenter、Peer-to-Peer Connectivity 和 In Game Voice。在 iOS 7 中，Apple 引入了一个名为 Multipeer Connectivity 的新框架。本章将重点介绍使用 Multipeer Connectivity 的点对点连接，但本章不会涉及任何有关 Game Kit 功能方面的内容。这不是因为 Game Kit 有任何问题，而是因为 Multipeer Connectivity 是一个更容易、与读者日常开发更加相关的框架。

## 9.1 对等网络连接

Multipeer Connectivity 可通过蓝牙或 Wi-Fi 轻松无线连接多个 iOS 设备。蓝牙是除第一代 iPhone 和 iPod touch 之外的所有 Apple 设备的内置无线网络选项。Multipeer Connectivity 允许任何受该框架支持的设备与范围内的其他任何同样受框架支持的设备进行通信。对于蓝牙，这个距离可以达到大约 10 m。读者可以构建一个社交网络应用程序以允许用户通过蓝牙轻松传输信息。实际上，FireChat 这个令人惊叹的应用程序就是基于 Multipeer Connectivity 构建的。还有其他一些让用户像使用对讲机一样来使用 iPhone 的应用程序也同样是以 Multipeer Connectivity 为核心的。Multipeer Connectivity 的优点在于不依赖于网络，它可以通过蓝牙直接进行连接，在有网络的情况下，也可以使用网络进行连接。

这种对等式的连接依赖于两个组成部分。

❑ 该会话控制允许 iPhone OS 设备之间通过运行相同的应用程序能够轻松地使用蓝牙或 Wi-Fi 发送往返信息，而无须编写任何网络代码。

❑ 浏览器提供了一种简便的方法，在无须编写任何网络代码或发现代码（Bonjour）的情况下就可以查找到其他设备。

其背后的原理是，Multipeer Connectivity 会话控制利用 Apple 的技术 Bonjour 实现了零配置网络和设备发现。因此，使用了 Multipeer Connectivity 的设备能够在网络上找到彼此而无须用户输入 IP 地址或域名。

# 9.2　本章的应用程序示例

在本章中，我们将通过编写一个简单的网络游戏来探索 Multipeer Connectivity。我们编写的是一个双人版本的井字棋游戏（见图 9-1），该程序将使用 Multipeer Connectivity 以便让两个不同 iOS 设备上的用户可以通过蓝牙互相对战。在本章中，我们不会通过 Internet 或局域网实现在线游戏。

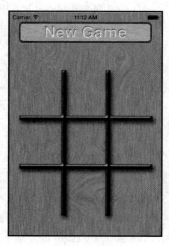

图 9-1　井字棋游戏界面

当用户启动我们编写的应用程序时，将可以看到一个空的井字棋盘和一个标记为 New Game 的按钮。为简单起见，我们不会实现单设备模式以便让两个玩家可以在同一台设备上进行该游戏。当用户按下 New Game 按钮时，应用程序将使用同伴选择器查找蓝牙同伴（见图 9-2）。

如果连接范围内的另一台设备同时运行着该井字棋应用程序并且其用户也按下了 New Game 按钮，则这两台设备将会相互找到对方，并且同伴选择器将会向用户呈现出一个对话框，让用户在可选择的同伴中进行选取（见图 9-3）。

在一个玩家选择一个同伴后，iPhone 将尝试建立连接（见图 9-4）。无论连接被接受还是被拒绝，显示的状态都将发生变化。连接消息发出后，另一个用户将被询问是接受还是拒绝该连接（见图 9-5）。如果接受连接，两台设备的应用程序将一起协商以便决定谁先走第一步。决定的方法是每一方都将随机选择一个数字，双方各自选出的数字将被进行比较，数字高的一方作为先手。先手决定后，游戏将开始（见图 9-6），轮到走棋的用户可以通过单击棋盘中任何可用的位置来完成走棋。该位置可以从两个用户的设备上分别获得符号"X"或"O"。直到一方获胜（见图 9-7），游戏结束。

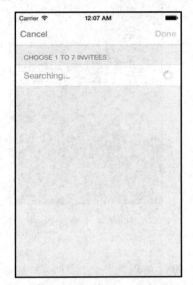
图 9-2　寻找运行同一井字游戏的其他设备

图 9-3　在同伴选择器中进行选取

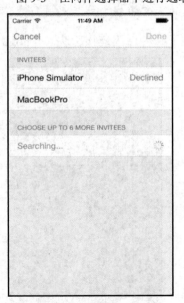

图 9-4　与选定的同伴建立连接

图 9-5　询问其他玩家是否接受连接

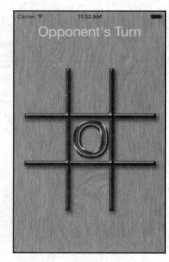

图 9-6　开始走棋

✎ **注意：**

　　屏幕截图显示的是两个设备。虽然我们可以为设备设置任何名称，但起名是有一些限制的。名称 iPhone Simulator 长度为 16 个字符，略长于一般情况下允许的 15 个字符。有关这一点的内容将在本章后面进行介绍。。

　　如果由于某种原因连接丢失，iPhone 将会向用户报告丢失的连接（见图 9-8）。

图 9-7　这里出现了一个赢家

图 9-8　连接丢失警告

# 9.3　网络通信模型

在介绍 Multipeer Connectivity 的工作原理之前，先一起大致讨论一下网络化程序中使用的通信模型，以便读者在术语方面和本书保持一致。

## 9.3.1　客户端-服务器模型

我们应该十分熟悉客户端-服务器模型，因为该模型是万维网使用的模型。被称为服务器的计算机侦听来自被称作客户端的其他计算机，服务器根据从客户端收到的请求执行相应的操作。在 Web 环境中，客户端通常是 Web 浏览器，另外，可连接到单个服务器的客户端的数量是任意的。客户端之间不会进行通信，所有的通信都是通过服务器完成的。像"魔兽世界"这种大型多人在线角色扮演游戏（MMORPG）使用的也是这种模式。图 9-9 展示了客户端-服务器模型。

图 9-9　客户端-服务器模型

在 iPhone 应用程序环境中，客户端-服务器模型是一台 iPhone 充当服务器并侦听运行相同程序的其他 iPhone。这些运行相同应用程序的 iPhone 都可以连接到该服务器。如果我们玩过联机游戏，其中一台机器作为主机创建游戏，而其他机器则加入游戏，那么几乎可以肯定该游戏使用的是客户端-服务器模型。

客户端-服务器模型的一个缺点是一切都依赖于服务器，这意味着如果服务器发生任何问题，那么游戏都会无法继续。如果充当服务器的用户手机退出、崩溃或超出链接范围，整个游戏都会结束。由于所有其他计算机都是通过中央服务器进行通信的，因此如果服务器不可用，那么所有机器将失去通信能力。对于所有客户端都是通过冗余高速线路连接到互联网的大型服务器群的客户端-服务器游戏来说，这通常不是问题，但这肯定会给移动游戏端造成问题。

## 9.3.2　对等连接模型

在对等连接模型中，所有单个设备（称为对等设备）可以直接相互通信。中央服务器可以用于发起连接或促进某些操作，在服务器缺席的情况下对等设备之间的通信也可以继续（见图 9-10）。

图 9-10　在没有服务器的情况下对等设备继续通信

对等连接模型由文件共享服务推广，如 BitTorrent 等。集中式服务器用于找出拥有所需文件的其他对等设备，一旦与该对等设备建立连接，即使服务器脱机，连接也可以继续在双方设备上持续。

对等网络连接模型在 iPhone 上最简单可能也是最常见的实现方法就是让用户的两台设备相互连接。前面介绍的那款头对头游戏示例使用的就是该模型。Multipeer Connectivity 使这种对等网络的设置和配置变得极其简单，正如我们将在本章接下来的内容中看到的那样。

💊 注意：

我们可能已经在之前的那些屏幕截图中注意到了，使用 Multipeer Connectivity 时，可以连接多达 8 个设备（7 个设备为其他设备，第 8 个设备是我们当前正在使用的设备）。浏览器中显示了用户可以邀请和连接的其他对等设备。

### 9.3.3　客户端-服务器/对等网络混合程序

网络通信的客户端-服务器和对等模型不是相互排斥的，我们甚至可以创建能够将两者混合在一起的程序。例如，一些客户端-服务器游戏可以允许某些特定通信直接从一个客户端传递到另一个客户端而无须通过服务器；在具有聊天窗口的游戏中，可能还允许仅针对一个人的信息直接从发送人的计算机上传到接收人的计算机上，而任何其他类型的聊天信息则将被发送到服务器上以便传给所有客户。

在讨论应用程序节点之间建立连接和传输数据的机制时，我们应该牢记这些不同的网络模型。节点是一个通用术语，指的是可以连接到应用程序网络的任何计算机。客户端、服务器或对等方都可以是节点。在本章，我们编写的游戏将使用简单的（双机）对等网络连接模型。

## 9.4　Multipeer Connectivity 对等设备

我们应该很容易理解多点连接的核心构建块是对等设备。该框架用于识别连接中的设备，在早期技术中，可以连接两个设备，一个是服务器或主机，另一个是客户端；现在，要识别连接中的每个设备，就要使用 peerID。它是使用 MCPeerID 对象创建的，采用显示名称，这是该对等体对其他对等体的显示方式。读者可以创建一个 peerID 并为其指定一个显示名称，就像下面这样：

```
var deviceName = "iMac"
var peerID = MCPeerID(displayName: deviceName)
```

**注意:**

由于对等名称遵循 Bonjour API，因此长度不能超过 15 个字符。所以，读者看到的名称 Phone Simulator，其实是无效的，而且不会连接成功。另外，我们为每个实例手动都分配一个唯一的名称是不现实的，因此可以获取设备名称并使用前 15 个字符，或者设计自己的方法。出于学习目的，本书是在 iPhone 模拟器中模拟的 iMac 和 MacBookPro 之间运行的该项目，由此获得了两台设备的名称。

# 9.5　多点连接会话

多点连接的关键是会话，由 MCSession 类表示。该会话表示我们的设备是与其他 iPhone（一个或多个）网络连接中的一个终端。无论我们的设备是作为客户端、服务器还是对等体，MCSession 的实例都将代表我们的设备与其他手机进行连接。无论是使用对等选择器还是自己编写代码来查找能够连接的设备并让用户从中进行选择，我们都将用到 MCSession。

⚓ **注意：**

在接下来的内容中，我们不必过于担心每个组件的具体实现位置，因为这些都将在我们动手创建本章中的示例项目时汇总到一起。

我们还将使用 MCSession 将数据发送到连接的对等方。我们将实现会话委托方法，以便获得会话更改的通知，例如当另一个节点连接或断开时，以及接收其他节点发送的数据时。

## 9.5.1　创建会话

要使用一个会话，首先必须创建、分配和初始化一个 MCSession 对象，具体如下：

```
var theSession = MCSession(peer: peerID)
```

初始化会话时只传递 peerID。是的，就是这么简单，这个 peerID 对象提供了显示名称。这个名称将显示给其他节点并唯一标识我们的手机。不能将 nil 作为 peerID 传递，或者将 displayname 作为 nil 或空白。如果连接了多个设备，peerID 可以让其他用户查看哪些设备可用并选择正确的设备进行连接。在图 9-3 中，我们可以看到使用唯一标识符的示例。在该示例中，另一个设备与我们一样使用会话标识符来表示自己，用来显示的名称为 MacBookPro。

创建会话后，该会话不会真正开始对外通告自己的可用性或查找其他可用节点。我们需要通过创建 MCAdvertiserAssistant 对象来达到这些目的，如下所示：

```
var assistant = MCAdvertiserAssistant(serviceType: "oz-appgame",
                                      discoveryInfo: nil,
                                      session: session)
```

在创建和初始化 MCAdvertiserAssistant 时，我们向其传递了 3 个参数。

第一个参数是 serviceType 标识符。该标识符对我们的应用程序来说是一串唯一的字符串，用于防止应用程序的会话意外连接到另一个程序的会话中。由于会话标识符是一个字符串，因此可以是任何东西，但也有一些限制。

❑ 该标识符长度不能超过 15 个字符。

❑ 该标识符必须包含有效的 ASCII 字符，包括小写字母、数字和连字符。

❑ 根据 Apple 的建议，来自 oz-apps 的游戏被编码为 oz-appsgame。 但是，如果有多个游戏，则这些游戏不应该具有相同的名称。

✍ 注意：

有关 serviceType 的更多信息，我们可以通过网址 https://developer.apple.com/bonjour 来浏览关于 Bonjour API 的相关信息。

通过以这种方式分配会话标识符，而不是仅仅随机选择一个单词或短语，我们不太可能意外地选中 App Store 上被另一个应用程序使用的会话标识符。如果可以使用更长的反向 DNS 命名方案会更好，但目前还无法做到。

第二个参数是 discoveryInfo。这是一个具有键值对数据的字典对象，可以将其发送给另一个对等体进行识别。该参数的值可以是 nil；但是，如果我们只想连接到某些特定的对等体，则可以在此数据中发送证书等信息，这样另一端的对等体可以使用该证书来识别和授权我们的设备。

最后一个参数是一个 MCSession 对象。该对象就是我们刚刚创建的会话。

## 9.5.2　寻找与连接其他会话

即使在创建 MCAdvertiserAssistant 之后，对等体仍然无法被搜索到，也无法对外通告其可用性。但我们只需调用 start 方法即可。

```
assistant.start()
```

实际上，如果另一个对等体在此服务上的配置为浏览并连接，则我们将在浏览器列表中看到此对等体。如果哪个对等体尝试进行连接，则程序会弹出一个对话框，请求通过连接（见图 9-5），如果我们同意连接，则会话将被连接。

## 9.5.3　侦听其他会话

如果我们只设置了 MCAdvertiserAssistant，那么设备将对外通告其状态，但无法浏览或搜索其他对等设备。如果要搜索其他对等设备，则需要使用 MCBrowserViewController。

MCBrowserViewController 提供了一个标准的 GUI，具有浏览和连接其他对等设备所需的所有功能。多点连接框架的连接上限为 8 个（除去正在使用的设备，因此只有 7 个额外的对等体）。

创建 MCBrowserViewController，我们可以这样做：

```
browser = MCBrowserViewController(browser: nearbyBrowser, session: session)
```

nearbyBrowser 是一个尚未被谈及的对象，该对象用于浏览附近的对等设备。我们可以从 MCNearbyServiceBrowser 创建 nearBrowser 对象，如下所示：

```
var nearbyBrowser = MCNearbyServiceBrowser(peer: peerID, serviceType:
"oz-appgame")
```

在这里，我们使用了 peerID 对象以及之前指定的服务名称。要显示浏览器 ViewController，你需要像下面这样将其呈现出来：

```
self.presentViewController(browser, animated: true, completion: nil)
```

如果此时运行该应用程序，那么可以找到显示的浏览器，搜索对等设备，如图 9-2 所示。

任何被配置为 serviceType 的对等设备都将在其处在浏览器附近时被显示在此浏览器列表中（见图 9-3）。

如果在浏览器中单击显示的对等设备，则将向该对等设备发送连接请求，并在被批准连接后，完成连接。被连接的对等设备将显示在已连接对等设备列表上。

现在当按 Cancel 或 Done 按钮时，设备不会有任何反应，而在正常情况下浏览器应该会退出。要处理浏览器按钮，需要制作类处理 MCBrowserViewControllerDelegate。这个委托包含两个方法（browserViewControllerDidFinish:和 browserWasCancelled:）需要进行设置。第一方法会在用户按下 Done 按钮时被调用，而第二个方法则是在按下 Cancel 按钮时被调用。我们需要做的就是在两个方法中调用 dismissViewControllerAnimated:方法，如下所示：

```
self.dismissViewControllerAnimated(true, completion: nil)
```

最重要的是，在使用代码创建代理时，不要忘记将委托设置为 self，就像下面这样：

```
browser.delegate = self
```

在图 9-11 中，接受连接请求的对等设备显示 Connected，如果邀请被拒绝，则显示为 Declined。

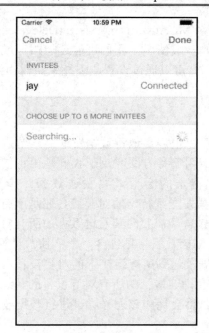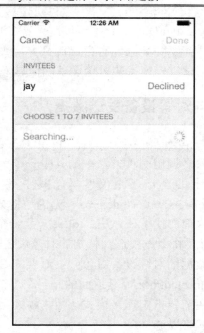

图 9-11　已接受（左）连接和拒绝（右）连接请求的对等设备

## 9.5.4　连接对等设备

关于对等连接，设备可以处于 3 种状态，在 MCSessionState 枚举中定义如下：

```
MCSessionState.Connected
MCSessionState.NotConnected
MCSessionState.Connecting
```

这些枚举的含义不言自明，所有设备在启动应用程序时都处于.NotConnected 状态；当用户在浏览器中单击某个对等设备时，状态更改为.Connecting；然后根据处理结果（请求被接受或拒绝），状态会更改为.Connected 或.NotConnected。

函数 session:didChangeState 是 MCSessionDelegate 协议的一个方法：

```
func session(session: MCSession!,
     peer peerID: MCPeerID!, didChangeState state: MCSessionState) {
  println(">> PeerID: \(peerID.displayName), state: \(state.rawValue)")
}
```

当某个节点尝试连接时，将通过 advertiserAssistantWillPresentInvitation 和

advertiserAssistantDidDismissInvitation 方法通知 MCAdvertiserAssistantDelegate（如果设置了这些委托）。除非我们有自己的打算，否则一般情况下我们可能还想跟踪或了解更多有关那些尝试进行连接的对等设备的信息，那么可以通过设置此委托来获取详细信息。

## 9.5.5　向对等设备发送数据

一旦一个会话连接上了另一个节点，就可以很容易地将数据发送至该节点。我们所需要做的只是调用两种方法中的其中一个。调用哪种方法取决于我们是要将信息发送给所有连接上的会话还是仅发送给其中某个特定的会话。要发送数据，请使用方法 sendData:toPeers:withMode:error:。无论是将数据发送到特定的对等设备还是所有连接上的对等设备，都要使用该方法。toPeers 是一个包含了需要向其发送数据的所有对等设备的数组。如果要将数据发送到特定的对等设备，则该数组将只包含一个单独的对等设备（我们要发送数据的对等设备对象）；而要将数据发送到所有连接上的对等设备，可以使用 session.connectedPeers，其返回的是一个当前会话连接上的所有对等设备的数组。

我们还需要指定连接模式。数据模式会告诉会话应该怎样尝试进行数据发送。有以下两种模式可以选择。

- ❑ MCSessionSendDataMode.Reliable：此选项可以确保信息将到达另一个会话。如果被发送的数据超过一定大小，则其以块的形式进行发送，并等待来自另一个对等设备对每个块的确认。
- ❑ MCSessionSendDataMode.Unreliable：此模式将立即发送数据，不等待确认。这比 MCSessionSendDataMode.Reliable 快得多，但消息很少有机会完整地到达另一个节点。

通常，MCSessionSendDataMode.Reliable 数据模式才是我们要使用的模式，但如果对程序来说传输速度比准确性更重要，那么就应该考虑使用 MCSessionSendDataMode.Unreliable 模式。

以下是向单个对等设备发送数据时的代码：

```
var error: NSError? = nil
if session.sendData(theData, toPeers: [aPeerID], withMode: .Reliable,
error: &error) {
    // Error handling here
}
```

以下是将数据发送到所有连接上的对等设备的代码：

```
var error: NSError? = nil
```

```
if session.sendData(theData,
            toPeers: session.connectedPeers,
         withMode: .Reliable,
            error: &error) {
   // Error handling here
}
```

## 9.5.6　打包要发送的信息

我们可以将任何能够被放进一个 NSData 实例的信息发送给其他对等设备。有两种基本方法可用于多点连接。第一种是使用归档和取消归档，就像 *Beginning iPhone Development with Swift* 一书中所介绍的那样。

使用归档和取消归档方法，我们可以定义一个类来保存要发送的单个数据包。该类将包含实例变量，以便保存我们可能要发送的任何类型的数据。当要发送数据包时，我们创建并初始化数据包对象的实例，然后使用 NSKeyedArchiver 将该对象的实例归档到 NSData 实例中，该实例可以传递给 sendData:toPeers:withDataMode:error: 或者 sendDataToAllPeers:withDataMode:error:。我们将在本章的示例中使用此方法。但是，这种方法需要我们稍微多花费一些精力，因为该方法需要创建要传递的对象，以及归档和取消归档这些对象。

虽然归档对象在许多情况下是最好的方法，因为其易于实现并且非常适合 Cocoa Touch 的设计初衷，但在某些情况下，应用程序需要频繁地向其他对等设备发送大量数据，这会产生很多消耗，也是不可接受的。所以在这些情况下，更快的一种选择是在发送数据的方法中使用静态数组（常规旧 C 数组，而不是 NSArray）作为局部变量。

我们可以将需要发送给对等设备的任何数据复制到此静态数组中，然后从该静态数组创建 NSData 实例。创建 NSData 实例时仍然需要创建一些对象，不过是一个对象而不是两个，并且我们不需要进行归档动作。以下是使用这种更快的技术发送数据的简单代码示例：

```
var packetData:[Int] = [foo, bar]
var packet = NSData(bytes: packetData, length: packetData.count * sizeof(Int))
var error: NSError? = nil

if session.sendData(packet,
               toPeers: session.connectedPeers,
            withMode:.Reliable,
               error: &error){
   // Handle the error
}
```

### 9.5.7　从一个对等设备接收数据

当会话从某个对等设备接收数据时，会话将数据传递给名为 receiveData:fromPeer 的方法，并且只要有新的数据来自该对等设备，就会调用此方法。该方法无须为确认收到数据或等待整个数据包而操心。数据收到即可使用，因为与网络数据传输相关的各个方面都已被处理过。每次由另一方对等设备发起的针对我们设备的对等标识符的 sendData:toPeers:withMode:error:调用都将导致一次数据接收处理程序的调用。

下面是一个数据接收处理程序方法的示例，与早期的 send 示例相对应：

```
func  session(session: MCSession!, didReceiveData data: NSData!, fromPeer
peerID: MCPeerID!) {
   var sender = peerID.displayName
   var textData = NSString(data: data, encoding: NSUTF8StringEncoding)
   println("\(sender) said \(textData)")
}
```

在构建本章的示例时，我们将会看到接收已归档对象。

### 9.5.8　关闭连接

当完成会话时，在释放会话对象之前进行一些清理工作是十分重要的。在释放会话对象之前，必须先使会话不可用，将其与所有对等设备断开连接，并将会话委托设置为 nil。下面是我们需要在 deinit 方法中实现的代码（或者是在任何需要关闭连接的情况时），具体如下：

```
session.disconnect()
session.delegate = nil
session = nil
```

### 9.5.9　处理一个对等连接

在以前，开发人员需要对对等设备的连接和该连接的管理负责。现在，这些全部由 Multipeer Connectivity API 封装和完成。当用户在浏览器中选择了一个对等设备并且获得另一方授权进行连接时，连接就会完成。如果要在代码中显示某些内容，可以通过被调用的委托方法来达到此目的。我们不需要再存储对等标识符（该标识符是标识读者所连接的设备的字符串），因为 MCSession 对象具有所有已连接的对等设备的数组。但是，我们需要保存一个对会话的引用，以便可以使用其来发送数据并在以后断开会话。

好吧，理论知识已经够多了。现在一起来开始着手构建应用程序吧。

# 9.6　创　建　项　目

我们应该已经轻车熟路了。如果 Xcode 尚未打开那么请启动程序并创建一个新项目。使用 Single View Application（单视图应用）模板并调用项目 TicTacToe。项目打开后，在文件夹 Chapter_9-TicTacToe 中查看本书随附的项目文档，找到名为 wood_button.png、board.png、O.png 和 X.png 的图像文件，并将这些文件复制到项目的 Supporting Files 组中。还有一个名为 icon.png 的图标文件，如果要使用，也请将其复制到项目中。

## 9.6.1　关闭空闲计时器

我们要做的第一件事是关闭空闲计时器。如果用户在一定时间内没有与设备进行任何互动，则空闲计时器会告诉 iPhone 进入睡眠状态。由于用户在对手的回合中不会点击屏幕，因此如果其他用户需要过长的时间来进行走棋，则需要将空闲计时器关闭以防止手机进入睡眠状态。一般来说，我们不会希望网络应用程序进入睡眠状态，因为睡眠会破坏网络连接。大多数情况下，对于联网 iPhone 游戏，禁用空闲计时器是最好的方法。

在 Xcode 的导航栏中展开 TicTacToe 组，然后单击 AppDelegate.swift。在方法 returns 之前，将以下代码添加到 applicationDidFinishLaunchingWithOptions:中，以禁用空闲计时器：

```
UIApplication.sharedApplication().idleTimerDisabled = true
```

 注意：

有极少数的情况可能会有我们想让空闲计时器正常运行并在应用程序进入睡眠状态时关闭会话，但在睡眠模式时关闭会话并不像看起来那么简单。因为应用程序委托方法 applicationWillResignActive:是在手机进入睡眠状态之前被调用的，但不幸的是，它也有可能会在其他时间被调用。实际上，只要我们的应用程序失去对触屏动作的响应，它就会被调用。这使得系统几乎不可能区分何时该向用户发出系统警报，例如自推送通知或低电量警告（这些不会导致连接断开），以及电话何时实际运行睡眠。因此，在 Apple 提供区分这些方案的方法之前，最好的办法是在网络程序运行时直接禁止睡眠状态。

## 9.6.2　设计界面

现在，我们将设计游戏的用户界面。由于井字棋是一个相对简单的游戏，我们将在

Interface Builder 中设计该应用程序的用户界面，而不是使用 OpenGL ES。

　　棋盘上的每个空格都是一个按钮。当用户单击一个尚未被选中的按钮（用户通过查看该按钮是否已分配图像来确定）时，我们将该图像设置为 X.png 或 O.png（我们已在几分钟前将其添加到项目中了）。然后，将该信息发送到其他设备。我们还将使用按钮的标记值来区分按钮，以便更容易确定某一方何时获得胜利。可以从左上角开始为每个代表棋盘空间的按钮按顺序分配标签。通过查看图 9-12，可以看到每个空间按钮被分配到的标记值。这样，我们的程序可以识别哪个按钮按下了，而无须为每个按钮设置单独的执行方法。

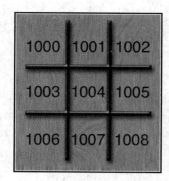

图 9-12　　为每个棋盘空间按钮分配标记值

## 9.6.3　定义应用程序常量

　　当引用井字棋盘上的某个特定按钮时，我们可以使用图 9-12 中定义的标记值（必须在 Interface Builder 中使用），但最好使用一组方便记忆的常量。我们还将为当前游戏状态定义一些常量，以及用来代表用户的棋子（是"X"还是"O"）。

　　我们可以在整个应用程序中将这些常量定义粘贴到各种头文件和实现文件中，不过将它们粘贴到单个文件中可能更容易操作，本书就是这样做的。

　　在导航栏中选择 TicTacToe 组并创建一个新文件。在模板选择器对话框中选择 iOS 下的 Source 分页，然后选择 Swift File 并单击 Next 按钮。将文件另存为 TicTacToe.swift。选择 TicTacToe.swift 文件并打开，此时该文件应该为空白文件。

　　现在，我们需要定义一些自用的常量。首先，定义一个常量来表示 Multipeer Connectivity 会话 ID。

```
let kTicTacToeSessionID = "oz-tictactoe"
```

　　接下来，通过 Multipeer Connectivity 定义一个用于编码和解码数据包的常量。

```
let kTicTacToeArchiveKey = "TicTacToe"
```

当应用程序连接到另一个设备时，我们可以让应用程序生成一个随机数并通过比较两个随机数的大小来确定哪个玩家先走。使用函数 getDieRoll 可以定义数字生成器，该函数将生成 0～999999 的任意数字。请在这里使用一个足够大的数字，这样两台设备摇出相同数字的机会（这里还需要另一个摇点动作）会非常低的。

```
func getDieRoll() -> Int {
    return Int(arc4random() % 1_000_000)
}
```

我们还要定义一个常量 kDiceNotRolled，该常量将识别骰子何时被掷出。记得吗，我们在 Int 实例变量中存储了自己掷的骰子和对手掷的骰子。可以使用 Int.max 值来识别骰子是否已经被掷出并获得了一个值。Int.max 是 Int 可以在系统上保存的最大值。由于 getDieRoll 函数能够生成的最大数字是 999999，因此可以安全地使用 Int.max 来识别尚未滚动骰子，因为 Int.max 目前在 iOS 上等于 9223372036854775807。如果 Int.max 发生变化，只可能变得更大，而不会更小。

```
let kDiceNotRolled = Int.max
```

我们还需要一些枚举。GameState 将是对不同游戏状态的枚举列表的定义。

```
enum GameState:Int {
    case Beginning
    case RollingDice
    case MyTurn
    case YourTurn
    case Interrupted
    case Done
}
```

BoardSpace 是我们在图 9-12 中定义的枚举列表。请注意，将第一个枚举 UpperLeft 定义为 1000，每个后续枚举都从这个起点开始递增。

```
enum BoardSpace: Int {
    case UpperLeft = 1000
    case UpperMiddle
    case UpperRight
    case MiddleLeft
    case MiddleMiddle
    case MiddleRight
    case LowerLeft
    case LowerMiddle
```

```
    case LowerRight
    case None
}
```

PlayerPiece 是一个简单的枚举，用来向双方玩家分配代表自己一方的棋子。

```
enum PlayerPiece: Int {
    case Undecided
    case X
    case O
}
```

最后，定义一个枚举列表，列出应用程序将在设备间交换的不同类型的数据包类型。

```
enum PacketType: Int {
    case DieRoll
    case Ack
    case Move
    case Reset
}
```

到目前为止，我们已经完成了这些常量的定义，现在可以开始处理应用程序视图了。

## 9.6.4 设计游戏棋盘

在导航窗口中选择 Main.Storyboard。Xcode 将在界面生成器中将其打开。打开后界面生成器中将有一个视图控制器。由于此程序是为 iPhone 5 大小的设备制作的，所以需要先按快捷键"Opt+Cmd+1"，然后在界面生成器文档下，取消对 UseAutoLayout（使用自动布局）的选择。这时将弹出一个对话框，其中包含 Disable Size Classes（禁止尺寸分类）所有选项，请确保保留 iPhone 的尺寸分类数据，然后单击 Disable Size Classes 按钮。

在对象库中找到相应的图像视图并将其拖到视图中。由于这是我们要添加到视图的第一个对象，所以应该调整其大小以占满整个视图空间。然后在工具窗口中调出特性查看器。在特性查看器的顶部，将 Image 字段设置为 board.png，这是我们之前添加到项目中的图像之一。

接下来，将对象库中的一个按钮拖到视图的顶部。暂时还不需要纠结具体的位置。放置后，使用特性查看器将按钮类型从 system 更改为 custom。然后在界面生成器中（或通过特性查看器）删除按钮标签的文本 Button。在特性查看器的 Image 字段中选择 wood_button.png，然后选择 Editor→Size to Fit Content（或按快捷键"⌘ ="）更改按钮的大小以匹配为其指定的图像。现在利用蓝色坐标线将视图中的按钮居中，并将其放在顶部蓝色边缘上，如图 9-13 所示。

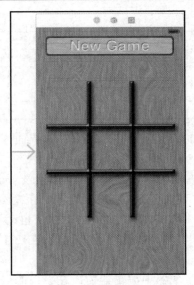

图 9-13　放置按钮并调整位置和尺寸后的界面

　　再次从对象库中找到一个标签并将其拖到视图中。将标签置于 gameButton 的顶部。调整标签尺寸，使其从左侧蓝色边缘水平延伸至右侧蓝色边缘，并且从顶部蓝色边缘向下延伸到井字棋棋盘上方。这样刚好与刚刚添加的按钮重叠，不用担心，因为只有当按钮不可见时，标签才会显示文本。使用特性查看器将文本居中并将字体大小增加到 32。如果愿意，我们还可以为文本设置漂亮的亮色。设置好标签后，请删除标签文本 Label，以便在应用程序启动时不显示任何文本内容。

　　现在，我们需要为游戏中的 9 个空格分别添加一个按钮，并为每个空格分配一个标记值，以便我们的代码能够识别每个按钮所代表的棋盘上的空格。先将 9 个按钮拖到视图中，然后使用属性查看器将其类型更改为 Custom。使用尺寸查看器将这些按钮放置在表 9-1 中指定的位置，并使用特性查看器为其分配表中所列出的标记值。这里有一个较便捷的方法可供我们参考：先创建一个按钮，设置好尺寸和特性，然后开始制作副本。

表 9-1　游戏中空格的位置、尺寸及标记值

| 空 格 名 称 | X | Y | 宽 | 高 | 标 记 值 |
|---|---|---|---|---|---|
| 左上 | 24 | 122 | 86 | 98 | 1000 |
| 左中 | 120 | 122 | 86 | 98 | 1001 |
| 右上 | 217 | 122 | 86 | 98 | 1002 |
| 左中 | 24 | 230 | 86 | 98 | 1003 |
| 中心 | 120 | 230 | 86 | 98 | 1004 |

续表

| 空 格 名 称 | X | Y | 宽 | 高 | 标 记 值 |
|---|---|---|---|---|---|
| 右中 | 217 | 230 | 86 | 98 | 1005 |
| 左下 | 24 | 336 | 86 | 98 | 1006 |
| 中下 | 120 | 336 | 86 | 98 | 1007 |
| 右下 | 217 | 336 | 86 | 98 | 1008 |

　　我们已经完成定义游戏的界面，现在一起来将该界面连接到控制器。在界面生成器中，将工具栏中的编辑器从 Standard 转换为 Assistant 视图。此时的编辑器窗口会被水平拆分，左侧为界面生成器，右侧为打开的 ViewController.swift 的源代码编辑器。现在，我们要为 New Game 按钮以及刚刚在棋盘顶部放置的标签添加接口。如果从 New Game 按钮的中间按住 Control 键并拖动鼠标，则 Outlet 窗口应自动将 Type 字段设置为 UILabel。这意味着要为 Label 添加接口。先将其命名为 feedbackLabel 并单击 Connect 按钮。

　　接下来需要为创建的 New Game 按钮添加一个接口，但该按钮基本上被 feedbackLabel 挡住了。所以，请打开界面生成器中编辑器窗口左下角的可展开三角形，然后展开左侧的 Object Dock。在 Objects 组中，在 View 下方（如果还未展开，请先将其展开），找到名为 Button 的 New Game 按钮对象（见图 9-14）。然后按住 Control 键将光标从 Button 拖动到 feedbackLabel 接口正下方并创建一个新接口，将其命名为 gameButton，最后单击 Connect 按钮。

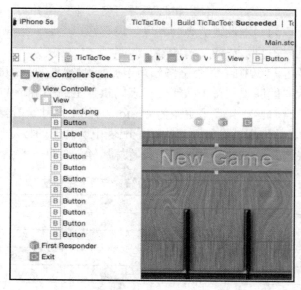

图 9-14　展开后的界面生成器对象坞

我们需要在 New Game 按钮被按下时连接到一个动作。按住 Control 键从 Object Dock 中拖动 Button 到 ViewController.swift 中 @end 上方的位置。这会创建一个名为 gameButtonPressed 的新动作（见图 9-15）。

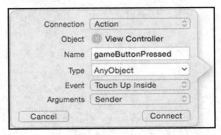

图 9-15　创建动作 gameButtonPressed

现在需要将动作连接到游戏中用到的 9 个空格按钮上。但是，不需要为这些按钮定义接口，只需要定义动作即可。再次按住 Control 键并从左上角按钮处拖动鼠标到刚刚创建的动作 gameButtonPressed 的正下方。此时创建了一个名为 gameSpacePressed 的新动作。现在，继续用 Control 键加鼠标拖动的方式将其他所有的空格按钮拖动到 gameSpacePressed 方法声明。此时整个方法声明应该突出显示，并且会出现一个名为 Connect Action 的弹出标签。现在建立连接。

关闭助理编辑器并保存整个故事板。

## 9.6.5　创建数据包对象

接下来我们需要定义如何让游戏与其自身的其他实例进行通信。可以使用像数组这样简单的东西，但需要知道每个元素代表什么；或者使用字典，这需要知道要使用哪些键。但实际上，我们所要做的是定义一个特定的类 Packet（而不是用前面说的方式），并使其通过 Multipeer Connectivity 在两个节点之间来回发送信息。我们应该记得之前在 TicTacToe.swift 中创建枚举 PacketType 时提到过这一点。

在导航栏中选择 TicTacToe 组，并创建一个新的 Cocoa Touch 类，类名为 Packet，将其设置为 NSObject 的子类，记得确保语言为 Swift。

我们需要让 Packet 符合 NSCoding 协议，以便可以将其归档到 NSData 实例中并通过 Multipeer Connectivity 发送。打开 Packet.swift 文件并将 NSCoding 添加到类定义中。

```
class Packet: NSObject, NSCoding {
```

Packet 类只有 3 个属性：一个用于标识数据包的类型，另外两个用于保存可能需要作为该数据包的一部分发送的信息。你需要发送的唯一其他信息是掷骰子的结果，以及玩家是在棋盘的哪个空格上放置了棋子 X 或 O。

```
var type:PacketType!
var dieRoll: Int!
var space: BoardSpace!
```

首先，实现 init 方法。

```
override init() {
    self.type = .Rese
    self.dieRoll = 0
    self.space = .None
}
```

这些都需要被声明。现在，将创建便利的方法，以便允许使用多种签名进行初始化。

```
convenience init(type: PacketType, dieRoll aDieRoll: Int, spacea
BoardSpace: BoardSpace){
    self.init()
    self.type = type
    self.dieRoll = aDieRoll
    self.space = aBoardSpace
}
```

这里使用了一个便利 init 函数。在 Swift 中，我们可以拥有多个具有不同签名的 init 版本。由于这种类实现了 NSCoder 协议，因此需要有一个 init 函数被声明为 required 的编码器，以及将一个要被覆盖的普通 init 声明为 override 来进行初始化。剩下那些依次调用重写的 init 函数的程序也会被标记为 convenience。

```
convenience init(dieRollPacketWithRoll aDieRoll: Int) {
    self.init(type: .DieRoll, dieRoll: aDieRoll, space: .None)
}
```

我们只需调用一般的便利方法就可以设置所有需要被设置的参数。

```
convenience init(movePacketWithSpace aBoardSpace: BoardSpace) {
    self.init(type: .Move, dieRoll: 0, space: aBoardSpace)
}

convenience init(ackPacketWithRoll aDieRoll: Int) {
    self.init(type: .Ack, dieRoll: aDieRoll, space: .None)
}
```

```
convenience init(type: PacketType) {
    if type == .DieRoll {
        var aDieRoll = getDieRoll()
        self.init(type: .DieRoll, dieRoll: aDieRoll, space: .None)
    }else{
        self.init(type: .Reset, dieRoll: 0, space: .None)
    }
}
```

每个额外的初始化程序都只是对 initWithType:dieRoll:space:与 BoardSpace being .None 的打包调用。

我们还需要使 Packet 符合 NSCoding 协议，所以需要添加 encodeWithCoder:和 initWithCoder:方法。

```
//MARK: - NSCoding (Archiving) Methods

required init(coder aDecoder: NSCoder) {
    self.type = PacketType(rawValue: aDecoder.decodeIntegerForKey("type")
                        ?? PacketType.Reset.rawValue)
    self.dieRoll = aDecoder.decodeIntegerForKey("dieRoll")
    self.space = BoardSpace(rawValue: aDecoder.decodeIntegerForKey ("space")
                        ?? BoardSpace.None.rawValue)
    super.init()
}
```

注意：

在 Swift 中，在设置基类的所有属性后才调用 super；而在其他大多数语言中，是首先调用 super 来运行父类中的代码，然后在其继承的类中设置属性。

数据包是一个相当简单的类，在其实现中不应该有任何之前从未见过的内容。保存 Packet.swift。接下来，我们将编写视图控制器并最终完成整个应用程序。

## 9.6.6　建立视图控制器

我们之前已经通过界面生成器向视图控制器声明了两个接口和两个动作。现在，将完成视图控制器的实现，并使其可以与 Multipeer Connectivity 一起工作。在编辑器中打开 ViewController.swift。

我们需要做的第一件事是导入 Multipeer Connectivity，以便编译器了解 Multipeer Connectivity 中的对象和方法以及之前定义过的常量。我们不是必须要导入 TicTacToe.swift，因为所有 Swift 文件都可以在整个项目范围内使用。

```
import MultipeerConnectivity
```

控制器类需要符合一些协议。我们的控制器将是 Multipeer Connectivity 对等设备浏览器和会话的委托，因此我们可以让这些类与用于为每个作业定义委托方法的 3 个协议相一致。

```
class ViewController: UIViewController, MCBrowserViewControllerDelegate,
MCSessionDelegate {
```

我们还需要一个变量来跟踪当前的游戏状态。

```
var state: GameState = .Done
```

由于无法知道是先掷骰子还是对方先掷骰子，所以需要用变量来保存双方骰子的值。一旦知道了双方掷骰子的值，就可以通过比较这两个值决定先手并开始游戏。

```
var myDieRoll: Int = 0
var opponentDieRoll: Int = 0
```

一旦知道哪方先走，就可以在这个实例变量中存储代表双方的棋子（"O" 或 "X"）。

```
var playerPiece: PlayerPiece = .Undecided
```

最后，还有两个布尔值用来跟踪是否收到了对手已经掷骰子的信息以及对手是否已经确认收到了信息。因为只有双方都收到两个骰子被掷过的确认信息后，游戏才能开始。所以，如果这两个布尔值都为真，那么系统就知道是时候开始真正的游戏了。

```
var dieRollRecieved = false
var dieRollAcknowledged = false
```

我们已经有两个接口属性，即 feedbackLabel 和 gameButton，都是通过 Interface Builder 创建的。接下来还需要设置 Multipeer Connectivity 会话的属性以便保存一个已连接的节点的对等标识符。

```
var session: MCSession!
var peerID: MCPeerID!
var browser: MCBrowserViewController!
var assistant: MCAdvertiserAssistant!
var nearbyBrowser: MCNearbyServiceBrowser!
```

在加载视图时，系统会加载表示双方棋子的两个图像并保留对图片的引用。

```
let xPieceImage = UIImage(named: "X.png")!
let oPieceImage = UIImage(named: "O.png")!
```

最后，我们会在游戏中声明一系列所需要的方法。这些方法可以添加在通过 Interface Builder 添加的 gameButtonPressed:和 gameSpacePressed:两个动作之前的位置。

这就是我们在这个文件中所需要做的一切。现在进行保存并打开 ViewController.swift。

## 9.6.7　实现井字棋游戏的视图控制器

还有很多代码需要添加到 ViewController.swift 里，下面一起开始吧。

初始化棋子图像并将正在掷的骰子设置为 viewDidLoad 中的 kDiceNotRolled（在调用 super 之后）。

```
myDieRoll = kDiceNotRolled
opponentDieRoll = kDiceNotRolled

peerID = MCPeerID(displayName: "MyName")

session = MCSession(peer: peerID)
session.delegate = self
```

在实现文件的底部是两个动作方法，我们需要实现这两个方法。首先，编辑 gameButtonPressed:。

```
//MARK - Game Specific Actions

@IBAction func gameButtonPressed(sender: AnyObject) {
    dieRollRecieved = false
    dieRollAcknowledged = false
    gameButton.hidden = true

    if nearbyBrowser == nil {
        nearbyBrowser = MCNearbyServiceBrowser(peer: peerID,
                                    serviceType: kTicTacToeSessionID)
    }
    if browser == nil {
        browser = MCBrowserViewController(browser: nearbyBrowser,
                                        session: session)
    }
    browser.delegate = self
    self.presentViewController(browser, animated: true, completion: nil)

}
```

这是用户按下 New Game 按钮时的回调。将 dieRollReceived 和 dieRollAcknowledged 设置为 false，因为我们知道新一局游戏还没有发生过这些事情。接下来，我们隐藏了该按钮，因为不希望玩家在寻找同伴或进行游戏时通过单击该按钮重新开始游戏。然后创建一个 MCBrowserViewController 实例，将 self 设置为委托，并显示对等设备浏览器控制器。这就是我们开始让用户选择其他设备进行游戏的过程。对等设备浏览器将处理所有的内容，然后在需要采取某些动作时调用委托方法。

读者还需要创建委托方法来处理 MCBrowserViewControllerDelegate。在 viewDidLoad 函数后面的位置，输入以下内容：

```
//MARK: - MCBrowserViewController Methods

func dismissController(){
   self.dismissViewControllerAnimated(true, completion: nil)
}

func browserViewControllerDidFinish(browserViewController:
                                 MCBrowserViewController!) {
   self.dismissController()

   browser.delegate = nil
   browser = nil

   assistant.stop()
   assistant = nil

   nearbyBrowser.stopBrowsingForPeers()
   nearbyBrowser = nil

   startNewGame()
}

func browserViewControllerWasCancelled(browserViewController:
                                 MCBrowserViewController!) {
   self.dismissController()
   gameButton.hidden = false
}
```

现在，添加当用户按下棋盘上某个空格按钮时的回调。

```
@IBAction func gameSpacePressed(sender: AnyObject) {
   var buttonPressed = sender as UIButton
```

```
if (state == .MyTurn && buttonPressed.imageForState(.Normal) == nil) {
    buttonPressed.setImage(playerPiece == PlayerPiece.O
                                        ? oPieceImage
                                        : xPieceImage,
                            forState: UIControlState.Normal)
    feedbackLabel.text = "Opponent's Turn"
    state = .YourTurn

    var packet = Packet(movePacketWithSpace: BoardSpace(rawValue:
                                             buttonPressed.tag)!)
    sendPacket(packet)
    checkForGameEnd()
}
}
```

我们要做的第一件事是将 sender 设置给 UIButton。虽然我们知道 sender 将一直是 UIButton 的一个实例，但这样做可以防止每次使用时都重新设置 sender。接下来，检查游戏状态。我们不会允许玩家在不是自己的回合内进行走棋。我们还要确保按下的按钮没有被分配任何图像。如果某空格按钮已经被分配了一个图像，那就意味着这个按钮代表的空格中已经有了一个 X 或一个 O，并且不允许用户再选择该空格。如果空格中还没有被分配任何图像并且轮到玩家走棋，那么玩家就可以使用根据走棋顺序分配到的相应的棋子图像在空格中进行设置。piece 变量将会在比较读者和对手掷的骰子之后被设置。我们还要设置反馈标签，以通知用户本回合轮到对方走棋而不是自己，同时还要更改状态以反映这一情况。必须设置通知，以告知其他设备读者已做出行动，因此要创建一个 Packet 实例，传递被按下按钮的标记值以识别出玩家所选择落子的空格。标记中的值与枚举值不同，因其使用的是原始值。在该示例中，我们使用当前按钮的标记创建一个枚举，并将其作为 rawValue 传递。可以使用名为 sendPacket:的方法将 Packet 实例发送到另一个节点，该方法将很快在接下来的内容中进行介绍。最后一步，检查游戏是否结束。checkForGameEnd 方法用来确定是某一方玩家赢得了游戏，还是由于棋盘上没有空格而产生了一个平局。

在实现在接口文件中定义的方法之前，需要思考一下之前所做的那些协议声明。我们定义了 ViewController 以符合协议 MCBrowserControllerDelegate 和 MCSessionDelegate。下面将按顺序一一进行处理，先从 MCBrowserControllerDelegate 开始。

### 1. 多点连接的点对点委托方法

当多点连接浏览器显示自身时，需要一个已配置过连接的 serviceType 和会话的对等设备来标识自己。还需要在用户单击 Cancel 按钮或 Done 按钮（完成与另一个对等设备的连接后）时为其配置一个委托方法。我们已经配置过了代码。这两个非可选型方法是 browserViewControllerDidFinish 和 browserViewControllerWasCancelled。

目前已有的代码没有问题，但明显遗漏了一件事。现有的代码可以用来浏览另一个对等设备，但还没有编写可以在 serviceType 上通告此设备的相应代码。要通告该设备，需要使用 MCAdvertiserAssistant 对象，因此请将以下代码添加到 gameButtonPressed 代码的结尾处：

```
assistant = MCAdvertiserAssistant(serviceType: kTicTacToeSessionID,
                                  discoveryInfo: nil,
                                        session: session)
assistant.start()
```

这就能确保正在浏览 serviceType 的另一个对等设备能够查看和找到此设备。我们设置了助手，以使用用于初始化 MCPeerID 对象的名称以及在 TicTacToe.swift 中定义的 kTicTacToeSessionID 中的 serviceType 来通告设备。最后，我们还要为其提供已配置的会话，然后使用 start 方法启动通告。当连接建立或不再需要通告时，则可以使用 stop 方法。

读者只需取消隐藏 New Game 按钮，即可快速启动一局新游戏并搜索其他对等设备。当完成连接并选择 Done 按钮时，相应的委托和对象都将被移除，因为只有在游戏结束或游戏中断时才会需要这些。

### 2. 多点连接会话委托方法

现在，我们需要实现 Multipeer Connectivty 会话委托方法。这些方法主要用于数据传输和交换。即使不会用到，也需要实现其中的一些方法。请先从 session:peer:didChangeState 开始。

```
//MARK: - Multipeer Connectivity Session Delegate Methods

func session(session: MCSession!,
        peer peerID: MCPeerID!,
didChangeState state: MCSessionState) {
    if state == .NotConnected {
    }
}
```

对于其他委托方法，只需要在没有任何代码实现的情况下（目前）定义方法。

```
func session(session: MCSession!, didFinishReceivingResourceWithName
    resourceName: String!,
```

```
    fromPeer peerID: MCPeerID!,
    atURL localURL: NSURL!,
    withError error: NSError!) {
    //
}

func session(session: MCSession!,
didReceiveStream stream: NSInputStream!,
withName streamName: String!,
    fromPeer peerID: MCPeerID!) {
    //
    }

func session(session: MCSession!, didStartReceivingResourceWithName
        resourceName: String!,
     fromPeer peerID: MCPeerID!,
withProgress progress: NSProgress!) {
    //
}
```

### 3．多路连接数据接收处理程序

在继续下面的内容之前，还有一个方法需要实现，即 didReceiveData:fromPeer。当设备接收到数据时，将调用此方法。这里有一件非常重要的事情需要注意，就是委托方法 didRecieveData 需要在主队列上运行，为此，可以使用 dispatch_async 或 NSOperationQueue。另外还需注意的是，我们没有在代码的大多数变量中前缀 self，但是对于此函数，可以保持使捕获语义为显式。

```
func session(session: MCSession!,
didReceiveData data: NSData!,
    fromPeer peerID: MCPeerID!) {

    NSOperationQueue.mainQueue().addOperationWithBlock({
        var unarchiver = NSKeyedUnarchiver(forReadingWithData: data)

        if let packet = unarchiver.decodeObjectForKey(kTicTacToeArchiveKey)
                    as? Packet{
            switch packet.type!{
            case .DieRoll:
                self.opponentDieRoll = packet.dieRoll
                    var ack = Packet(ackPacketWithRoll: self.opponentDieRoll)
                    self.sendPacket(ack)
                    self.dieRollRecieved = true
            case .Ack:
```

```
        if packet.dieRoll != self.myDieRoll {
            println(">> Ack packet does not match your die roll...
                (mine: \(self.myDieRoll), send: \(packet.dieRoll))")
        }
        self.dieRollAcknowledged = true
    case .Move
        var aButton = self.view.viewWithTag(packet.space.rawValue)
            as UIButton
        aButton.setImage(self.playerPiece == .O
                             ? self.xPieceImage
                             :self.oPieceImage,
                    forState: UIControlState.Normal)
            self.state = GameState.MyTurn
            self.feedbackLabel.text = "Your Turn"
        self.checkForGameEnd()
    case PacketType.Reset:
        if self.state == GameState.Done {
            self.resetDieState()
        }
    default: ()
    }

    if self.dieRollRecieved == true &&
        self.dieRollAcknowledged == true {
        self.startGame()
    }
  }
})
}
```

　　这就是我们需要编写的数据接收处理程序。只要从其他节点收到数据包，就会调用此方法。要做的第一件事是将数据解档到已发送的原始 Packet 实例的副本中，然后使用 Switch 语句根据收到的数据包类型采取不同的操作。如果是掷骰子，则会存储对手所掷骰子的值，并恢复对该值的一个确认，同时将 dieRollReceived 设置为 true。如果收到的是确认消息，请确保返回的数字与发送的数字相同。这只是一致性的检查，而且不应该发生数字不相同的情况。如果数字确实不同，则可能表示代码本身存在问题，或者意味着有人在作弊。如果我们怀疑有人在井字棋游戏中作弊，而且这种情况在网络游戏中时有发生，那么就需要我们考虑验证与对等设备交换的所有信息。现在，这里只是记录了这种不一致性并继续进行处理。但在实际的应用程序中，如果检测到这种性质的数据不一致，则需要采取更为严肃的措施。

　　如果数据包是一个关于走棋的数据包，则表示对方玩家选择了一个空格，此时我们应使用 "X" 或 "O" 图像更新相应的空格，并更改状态和标签以反映目前被轮到走棋的玩家，还要检查其他玩家的行动是否会导致游戏结束。当收到重置数据包时，程序所做的是将游戏状态更改为 GameState.Done，以避免玩家在没有意识到游戏结束时忽略掉出现的骰子。如果收到一个数据包，并且 dieRollReceived 和 dieRollAcknowledged 的值都为真，那么程序就知道是时候开始游戏了。

　　需要注意的一件事是 dispatch_async 中的块。来自 Multipeer Connectivity 的回调会在另一个队列上调用，而所有 UI 更新都是在主队列上进行的。如果不在主队列上分派（换句话说，删除嵌套的 dispatch_async），则 GUI 的更新将不可见，并且应用程序无法正常工作。

　　最后添加代码，用于管理对等设备是否已断开连接。在 session:peer:didChangeState 函数中，更新以下代码。

```
if state == .NotConnected {
    var alert = UIAlertController(title: "Error connecting",
                               message: "Unable to connect to peer",
                           preferredStyle: .Alert)
        var cancelAction = UIAlertAction(title: "Bummer",
                                         style: .Destructive
                                         handler: {
            action in
            self.resetBoard()
            self.gameButton.hidden = false
            })
    alert.addAction(cancelAction)
    self.presentViewController(alert, animated: true, completion: nil)
}
```

重置游戏棋盘并取消隐藏 New Game 按钮。

### 4. 实现井字棋游戏方法

startNewGame 方法很简单，即调用一种方法来重置棋盘，然后调用另一种方法来掷骰子并将结果发送到另一个节点。这两个动作一般只会在游戏出现意外时发生。例如，如果连接丢失，则重置棋盘；如果双方骰子的数字相同，则发送掷骰子。

```
//MARK: - Game Specific Actions

func startNewGame() {
    resetBoard()
    sendDieRoll()
}
```

重置棋盘需要从代表棋盘空格的所有按钮中删除图像。与其声明 9 个接口——一个指向每个按钮——不如遍历 9 个标记值，并使用 viewWithTag:从内容视图中检索按钮，另外还需要清空反馈标签，然后将数据包发送到另一个节点，以告诉读者正在重置。这样做只是为了确保接下来读者发送另一个掷骰子信息时，对方的机器会知道且不会将其覆盖。网络通信以异步方式传输，这一事实意味着我们不能认为所有的事情都会像在一台设备上运行的那样按着一定的顺序进行。我们可能会在其他设备完成确认到底是哪一方赢得游戏之前就发送掷骰子的信息。通过发送重置数据包，可以告诉另一个节点可能有一局新游戏需要掷骰子，因此请确保处于正确的状态以接受新的游戏。如果没有做这样的事情，则对方可能会存储这个新的信息，然后在重置自己的棋盘时覆盖掉这个新掷出的骰子的值，这会导致死循环，因为对方设备将等待一个永远不会到达的值。我们还需要重置玩家的游戏棋子。因为游戏已经结束，我们不知道下一场参加比赛的玩家其棋子是 X 还是 O。

```
func resetBoard() {
    var i:Int = 0
    for i = BoardSpace.UpperLeft.rawValue ; i <= BoardSpace.LowerRight.
rawValue ;i++ {
        var aButton = self.view.viewWithTag(i) as UIButton
        aButton.setImage(nil, forState: .Normal)
    }
    feedbackLabel.text = ""
    sendPacket(Packet(type: .Reset))
    playerPiece = .Undecided
}
```

重置骰子的状态只不过是将 dieRollReceived 和 dieRollAcknowledged 设置为 false 并将读者和对手的掷骰状态设置为 kDiceNotRolled。

```
func resetDieState() {
    dieRollRecieved = false
    dieRollAcknowledged = false
    myDieRoll = kDiceNotRolled
    opponentDieRoll = kDiceNotRolled
}
```

一旦我们的设备收到了对手掷骰子的信息并且收到对方对掷骰子信息的确认，那么程序就会调用 startGame。首先，要确保掷出的数字和对手的不同。如果是相同的数字，那么则需要再次投掷骰子。如果是不同的数字，那么程序可以根据先手人选来设置状态、棋子并反馈标签的文本，然后重置骰子的状态。这时做这个似乎很奇怪，但这是因为，我们已经完成了本轮游戏掷骰子的动作，并且由于我们的程序可能在游戏结束之前就收到来自对手的新的投掷骰子的值，所有现在重置是为了确保在下一场比赛中，本轮掷出的值不会被意外地重复使用。

```
func startGame() {
    if self.myDieRoll == self.opponentDieRoll {
        self.myDieRoll = kDiceNotRolled
        self.opponentDieRoll = kDiceNotRolled
        self.sendDieRoll()
        self.playerPiece = .Undecided
    } else if self.myDieRoll < self.opponentDieRoll {
        self.state = .YourTurn
        self.playerPiece = .X
        self.feedbackLabel.text = "Opponent's Turn"
    } else if self.myDieRoll > self.opponentDieRoll
        self.state = .MyTurn
        self.playerPiece = .O
        self.feedbackLabel.text = "Your Turn"
    }
    self.resetDieState()
}
```

sendDieRoll:会检查我们掷骰子的属性。如果我们还没有掷骰子，则该方法会初始化一个掷骰子的数据包，并将我们掷出的值设置为数据包中骰子的值。如果我们已经掷出骰子，则程序将使用本次掷出的值初始化 Packer，再将掷骰子的数据包发送给对方。

```
Func sendDieRoll(){
    var rollPacket: Packet
    state = .RollingDice
    if myDieRoll == kDiceNotRolled {
        rollPacket = Packet(type: .DieRoll)
        myDieRoll = rollPacket.dieRoll
    } else {
        rollPacket = Packet(dieRollPacketWithRoll: myDieRoll)
    }

    sendPacket(rollPacket)
}
```

sendPacket:将数据包发送给其他设备，这需要一个 Packet 实例并将其存档到 NSData 实例中，然后使用会话的 sendDataToAllPeers:withDat aMode:error:方法通过网络进行发送。

```
func sendPacket(packet: Packet) {
```

```
    var data = NSMutableData()
    var archiver = NSKeyedArchiver(forWritingWithMutableData: data
    archiver.encodeObject(packet, forKey: kTicTacToeArchiveKey)
    archiver.finishEncoding()

    var error:NSError? = nil
    session.sendData(data, toPeers: session.connectedPeers,
                      withMode: .Reliable,
                        error: &error)
    if error != nil {
      println("Error sending data: \(error?.localizedDescription)")
    }
}
```

checkForGameEnd 方法用来检查 9 个空格，看其中是否有 X 或 O 并且是 3 个一组地检查。该方法通过首先声明一个名为 moves 的变量来跟踪走棋的总次数，这就可以判断出是否存在平局。如果发生过 9 次走棋并且没有一方赢得比赛，那么棋盘上就没有可用的空间了，所以这是一个平局。接下来，声明一个包含 9 个 UIImage 指针的数组，在表示棋盘空格的 9 个按钮中将图像拉出来并将这些图像放入此数组中，以便更容易检查是否有一方玩家赢得了游戏。如果找到 3 个一组的图像，则将把这 3 图像中的 1 个存储在这个变量中，这样就能知道是哪个玩家赢了游戏。接下来，循环遍历 9 个按钮的标签值，就像之前在 resetBoard 方法中所做的那样，存储前面声明的数组中按钮的图像。下一段代码只是检查一行中是否有 3 个相同的图像。如果连续找到 3 个，它会将 3 个图像中的 1 个存储在 winsImage 中。当完成检查时，程序将知道哪个玩家（如果有的话）赢了游戏。如果没有胜利者，那么通过查看 moves 来检查是否棋盘上还留有空格。如果没有剩余空间，那么就知道游戏结束了，平局。与重复冗余代码不同，我们是将获胜行的比较移动到了名为 compareImages 的函数中，该函数采用图像数组，比较 3 个索引，并返回 nil 或获胜一方的棋子的图像。

📝 注意：

　　在井字棋游戏中，平局也被称为 cat's game。所以，短语"the cat won"指的就是平局。

　　如果上述代码中的任何一个将状态设置为.Done，那么就可以使用 performSelector:withObject:afterDelay:在用户知晓谁赢得游戏之后开始下一局新游戏。

```
func compareImages(buttons:[UIImage!], index1: Int, index2: Int, index3:
Int) -> UIImage! {
    var one:UIImage? = buttons[index1]
    var two:UIImage? = buttons[index2]
```

```
      var three:UIImage? = buttons[index3]
      var result: UIImage!

      if one != nil {
         if one == two && one == three {
            result = one
         }
      }
      return result
}

func checkForGameEnd() {
      var moves: Int = 0
      var i: Int = 0
      var currentButtonImages:[UIImage!] = Array(count: 9, repeatedValue: nil)
      var winningImage: UIImage?

      currentButtonImages.reserveCapacity(9)

      for i = BoardSpace.UpperLeft.rawValue; i <= BoardSpace.LowerRight.
rawValue; i++ {
         var oneButton = self.view.viewWithTag(i) as UIButton
         if oneButton.imageForState(.Normal) != nil {
            moves++
         }
         currentButtonImages[i - BoardSpace.UpperLeft.rawValue] =
         oneButton.imageForState(.Normal)
      }

      if let aRow = compareImages(currentButtonImages, index1: 0, index2: 1,
index3: 2) {
         //Top Row
         winningImage = aRow
      } else

      if let aRow = compareImages(currentButtonImages, index1: 3, index2: 4,
index3: 5) {
         //Middle Row
         winningImage = aRow
      } else
      if let aRow = compareImages(currentButtonImages, index1: 6, index2: 7,
index3: 8) {
         //Bottom Row
         winningImage = aRow
```

```
        } else
    if let aRow = compareImages(currentButtonImages, index1: 0, index2: 3,
index3: 6) {
        //Left Column
        winningImage = aRow
    } else
    if let aRow = compareImages(currentButtonImages, index1: 1, index2: 4,
index3: 7) {
        //Middle Column
        winningImage = aRow
    } else
    if let aRow = compareImages(currentButtonImages, index1: 2, index2: 5,
index3: 8) {
        //Right Column
        winningImage = aRow
    } else
    if let aRow = compareImages(currentButtonImages, index1: 0, index2: 4,
index3: 8) {
        //Diagonal Left to Right
        winningImage  = aRow
    } else
    if let aRow = compareImages(currentButtonImages, index1: 2, index2: 4,
index3: 6) {
        //Diagonal Right to Left
        winningImage = aRow
    }

    if winningImage != nil {
        if winningImage == xPieceImage {
            if playerPiece == .X {
                feedbackLabel.text = "You Won!"
                state = .Done
            } else {
                feedbackLabel.text = "Opponent Won!"
                state = .Done
            }
        } else if winningImage == oPieceImage {
            if playerPiece == .O {
                feedbackLabel.text = "You Won"
                state = .Done
            } else {
                feedbackLabel.text = "Opponent Won!"
                state = .Done
```

```
            }
        }
    } else {
        if moves >= 9 {
            feedbackLabel.text = "Cat Wins!!"
            state = .Done
        }
    }

    if state == .Done {
        println("DONE - restarting in 3 seconds")
        NSTimer.scheduledTimerWithTimeInterval(3.0,
                            target: self,
                            selector: "startNewGame",
                            userInfo: nil,
                             repeats: false)
    }
}
```

这时，还没有最终完成。我们还需要备份并调整 didReceiveMemoryWarning 方法，因为需要与对等设备断开连接。

```
session.disconnect()
session.delegate = nil
peerID = nil

browser = nil
nearbyBrowser = nil
assistant = nil
```

## 9.7　试着运行程序

因为我们使用了 Multipeer Connectivity 和对等浏览器，所以应用程序目前需要依赖蓝牙或 Wi-Fi 连接才能工作。因此，我们需要有两个运行 iOS 7 或更高版本的设备（因为在 iOS 7 中才引入了 Multipeer Connectivity，而 Swift 只能在 iOS 7 及更高版本中才能使用）。 由于该程序是一个多人游戏，我们需要同时运行两个实例；一个可以是模拟器，另一个可以是在另一台 Mac 上或在实际设备上运行的模拟器。要在实际设备上构建和运行，我们还需要注册加入 Apple iOS 开发者项目。

**提示：**

如果计算机的个人防火墙弹出模拟器的网络连接警告，则必须允许该连接进行通信。

我们也可以为此次开发准备两台实际设备并运行该应用程序。我们应该能够同时将两个 iOS 设备连接到开发用的计算机上。Xcode 将在 Debug 区域中显示一个下拉菜单，以选择要查看的设备。

如果使用两台设备运行 Xcode 时遇到问题，则需要先在一台设备上构建并运行，然后退出，拔出该设备，再插入另一台设备并执行相同的操作。完成后，则两台设备上都安装了该应用程序。读者可以在两台设备上运行程序，也可以在一台设备上从 Xcode 中启动该程序，以便及时调试和读取控制台反馈。

**注意：**

有关在设备上安装应用程序的详细说明，可以访问开发人员门户网站 http://developer.apple.com/ios，但该网站仅供付费的 iPhone SDK 成员使用。

我们应该知道调试——甚至在没有调试的情况下从 Xcode 运行——会降低 iOS 设备上程序的运行速度，这会对网络通信产生影响。这是因为，两个设备之间来回传输的所有数据都会经过检查和确认并且还有超时时限。如果在一定时间内没有收到回复，设备就会断开连接。因此，如果设置断点，则可能会在两个设备到达断点时断开连接。这会使我们在 Multipeer Connectivity 应用程序中查找问题时变得筋疲力竭。所以我们经常需要使用断点的替代方法，例如 println()或断点操作，这样就不会破坏设备之间的网络连接。关于调试这部分内容，本书将在第 15 章详细讨论。

**警告：**

如果尝试使用 Objective-C 编写的 TicTacToe 实例和 Swift 编写的 TicTacToe 实例，则它们可能会在连接时崩溃。基本原因是归档的数据包在两者之间的结构不同。

# 9.8　加油

又是一个篇幅很长的章节，我们现在应该对 Multipeer Connectivity 网络有一个非常深刻的理解。我们了解了如何使用对等选择器让应用程序的用户选择要连接的其他 iPhone 或 iPod touch，还了解了如何通过归档对象来发送数据，并且在添加网络多用户功能时，了解到应用程序引入的复杂性。我们可以使用 Multipeer Connectivity 做很多很棒的事情，因为其易于实现。本章的难点在于为井字棋游戏应用程序提供设备之间的通信。

# 第 10 章 地 图 套 件

无论身在何处，iPhone 都有办法找到你在这个物理世界中的方位。尽管最初的 iPhone 没有 GPS，但其的确内置有一个地图应用程序，并且能够通过使用手机三角测量或在自己的数据空中查找已知地区的 Wi-Fi IP 从而在地图上标明用户的大致位置。在 iOS 开发之初，用户无法在自己的应用程序中使用此功能。用户可以启动地图应用程序来显示特定的位置或路线，但仅使用 Apple 提供的 API 是无法在不离开应用程序的情况下显示所需的地图数据的。

这种情况随着地图套件的出现而发生了改变。现在，各种应用程序都可以显示地图，包括用户的当前位置，甚至可以在这些地图上放置引脚并显示注释。地图套件的功能不仅限于显示地图，还包括一个称为反向地理编码的功能，该功能允许用户获取一组特定坐标并将其转换为物理地址。应用程序不仅可以使用这些坐标找出当前用户所在的位置，而且还能够找到与该位置相关联的实际地址。虽然不能总是具体到某条街道，但无论用户在世界的哪个地方，几乎总能获得城市和州或是省的名称。在本章，读者将了解如何将地图条件功能添加到任何应用程序的相关基础知识。

**注意：**

我们在本章中构建的应用程序将在 iPhone 模拟器中正常运行，但模拟器不会报告我们所在的实际位置。相反，模拟器返回的是位于加利福尼亚州旧金山斯托克顿街的 Apple 旧金山商店的地址。读者可以通过在 Xcode 中调试窗口跳转栏上的地址模拟器更改模拟器使用的地址。

## 10.1 本章出现的示例应用程序

本章的应用程序将首先显示用户所在地点的地图，由于本书的作者位于澳大利亚，因此屏幕截图显示的是澳大利亚（见图 10-1）。除地图外，应用程序的界面基本上没有其他东西——除了一个具极具想象力的名为 Go 的按钮。当按下该按钮时，应用程序将找到我们当前所在的具体位置，然后缩放地图以显示该地点，并且放下一个引脚以标记该地点（见图 10-2）。

图 10-1　显示作者所在的位置

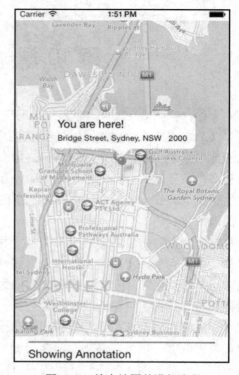

图 10-2　放大地图并进行注释

　　然后，我们将使用地图条件的反向地理编码器来确定当前位置的地址，并且会向地图添加注释以显示该位置的详细信息。

　　尽管这是一个很简单的应用程序，但该应用程序使用到地图套件绝大多数的基础功能。在开始构建项目之前，先一起探索一下地图套件，看看其工作原理是什么。

# 10.2　概述和术语

　　地图套件不是特别复杂，但有时也会令人困惑。我们先从高层次的观点了解相关术语，然后再深入研究组成地图套件的各个组件。

　　如果要显示与地图相关的数据，需要将地图视图添加到自己应用程序的某个视图中。地图视图可以有一个委托，该委托通常是负责地图视图所在视图的控制器类。这是我们在本章的应用程序中将要使用的方法。我们的应用程序将有一个单视图和一个单视图控制器。该单视图将包含一个地图视图和一些其他项目，我们的单视图控制器将是地图视图的委托。

地图视图使用注释集合追踪感兴趣的地点。用户在地图上所看到的图标，无论是大头针样式，或是一个点，又或是其他任何样式，都是一个注释。当注释位于正在显示的地图中时，地图视图会要求其委托为该注释提供一个视图（称为注释视图），以便将该注释视图绘制在地图上的特定位置。

注释是可以被选择的，选定的注释将显示一个标注，这是一个悬浮在地图上方的小视图，就像图 10-2 中显示的"You are Here!"视图一样。如果用户点击并选中该注释视图，则地图视图将显示与该视图关联的标注。

## 10.3　地　图　视　图

地图套件框架的核心元素是由 MKMapView 类表示的地图视图。地图视图负责绘制地图并对用户的输入进行响应。用户可以使用他们习惯的所有手势，包括双指捏合或展开，以便进行一种受控制的缩放，也可以直接双击放大或双击缩小。我们可以向界面添加地图视图，并使用界面生成器对其进行配置。与许多 iOS 控件一样，大部分管理地图视图的工作都是由地图视图的委托来完成的。

### 10.3.1　地图类型

地图视图能够以多种不同方式显示地图。可以将地图显示为一系列线条和符号，表示所显示区域中的道路和其他地标。这是默认的显示方式，被称为 standard map 类型。我们还可以通过将类型设定为 satellite map 来使用卫星图像呈现地图，也可以使用所谓的 hybrid map 类型，该类型是将来自 standard map 类型的线和点表示的道路和地标叠加在 satellite map 类型的卫星图像之上。我们可以在图 10-2 中看到默认的地图类型，在图 10-3 中可以看到 satellite map 类型，而图 10-4 则显示了 hybrid map 类型。

我们可以在界面生成器中设置地图类型，或将地图视图的 mapType 属性设置为以下的 3 种之一：

```
self.mapView.mapType = MKMapType.Standard
self.mapView.mapType = MKMapType.Satellite
self.mapView.mapType = MKMapType.Hybrid
```

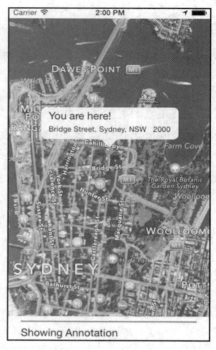

图 10-3　satellite map 类型　　　　　　　　图 10-4　hybrid map 类型

## 10.3.2　位置授权

在 iOS 8 之前，Apple 对定位服务只有一种简单的授权形式：要么允许，要么不允许。如果不允许应用程序访问定位服务，则程序不会返回任何数据，并且应用程序可能会显示错误。但从 iOS 8.0 以后，用户可以有两个选择：一个是一揽子授权给程序所有访问权限，就像之前版本中的后台进程一样；另一个选择是仅在应用程序正在使用时提供访问权限。这两种选择的授权方式如下。

❑　requestAlwaysAuthorization
❑　requestWhenInUseAuthorization

早先我们可以简单地实例化 CLLocationManager，如果用户未批准或曾经选择拒绝应用程序的访问权限，则系统会请求访问许可。除非我们在 Info.plist 文件中设置条目，否则这些请求授权的功能将不起作用。请注意，添加新条目时，plist 条目下拉列表中不会出现此条目。设置的关键是 NSLocationWhenInUseUsageDescription 或 NSLocationAlwaysUsageDescrption，具体取决于读者要使用的内容是什么。这需要设置授权对话框中所显示的提示内容。

```
var locationManager = CLLocationManager()
locationManager.requestWhenInUseAuthorization()
```

如果已设置 Info.plist 条目，则会看到图 10-5 所显示的授权对话框。在该示例中，该消息被直接简单地设置为 Allow Access，我们可以看到这条消息。如果拒绝访问，则在下次运行该应用时将不会再次显示该对话框。我们只能使用 Settings 应用重置或更改隐私项下面的设置。

图 10-5　授权对话框请求授权访问位置服务

## 10.3.3　用户位置

如果配置使用地图视图，则程序会使用核心位置功能来跟踪用户的位置并使用一个蓝色的点在地图上表示出来，这基本和地图应用程序显示的方式一样。我们不会在本章的应用程序中使用该功能，但可以通过将地图视图的 showsUserLocation 属性设置为 true 来启用该功能，就像下面这样：

```
mapView.showsUserLocation = true
```

如果地图正在跟踪用户的位置，则可以使用只读属性 userLocationVisible 来决定用户当前的位置在地图视图中是否可见。如果用户的当前位置正在地图视图中显示，则意味着 userLocationVisible 返回的值为 true。

我们可以将 showsUserLocation 设置为 true，然后访问 userLocation 属性，从而从地图视图中获取用户当前位置的特定坐标。此属性返回 MKUserLocation 的实例。MKUserLocation 是一个对象，拥有一个名为 location 的属性，该属性本身就是一个 CLLocation 对象。一个 CLLocation 会包含一个名为 coordinate 的属性，该属性指向的是一组坐标。所有这些意味着读者可以从 MKUserLocation 对象获取实际坐标，具体如下：

```
var coords: CLLocationCoordinate2D!=mapView.userLocation.
location.coordinate
```

## 10.3.4　坐标区域

如果我们无法告诉地图视图该显示些什么，或者无法使其正确显示当前位置处于世界的哪个部分，那么地图视图是不会有太大用处的。对地图视图来说，能够正确执行这些任务的关键在于 MKCoordinateRegion，这是一个包含有两段数据的结构，这两段数据一起决定了要在地图视图中显示的区域。

MKCoordinateRegion 的第一个成员为 center。它是 CLLocationCoordinate2D 类型的另一个结构体，我们可能会记得我们在 *Beginning iPhone Development* 一书的核心位置一章中介绍过这一结构。CLLocationCoordinate2D 包含有两个浮点值，即纬度和经度，用于表示地球上的某一点。在坐标区域的上下文中，该点表示的是地图视图中心的点。

MKCoordinateRegion 的第二个成员为 span。它是 MKCoordinateSpan 类型的一个结构体。MKCoordinateSpan 结构体有两个名为 latitudeDelta 和 longitudeDelta 的成员。这两个成员通过识别被显示的中心周围区域的大小来设置地图的缩放级别。它们的数值表示纬度和经度的尺度。如果 latitudeDelta 和 longitudeDelta 的数字很小，意味着地图将会被放大以显示精确的位置；如果数字很大，则意味着地图将被缩小以显示出更广的区域。

图 10-6 显示了 MKCoordinateRegion 结构的构成方式。

如果回过头来看图 10-2，我们可能会发现引脚点就位于 MKCoordinateRegion.center 传递的坐标处。从地图顶部到地图底部的距离即为纬度的度数，是使用 MKCoordinateRegion.span.latitudeDelta 来传递的。类似地，从地图左侧到地图右侧的距离即为经度的度数，是通过 MKCoordinateRegion.span.longitudeDelta 传递的。

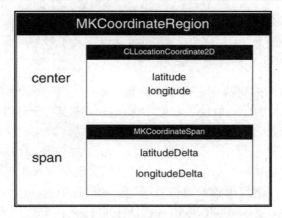

图 10-6　MKCoordinateRegion 的图形表示方式

📎 提示：

　　如果我们无法记住哪些线表示纬度，哪些线表示经度，我们可以提供地理老师 Krabappel（发音为 kruh-bopple）夫人的小技巧：纬度听起来像海拔，所以纬度告诉你你在地球上有多高；赤道是一条纬度线；本初子午线是一条经度线。谢谢 Krabappel 夫人！

　　不过，这种方法给程序员带来了两个挑战。首先，如何考虑纬度或经度的问题？虽然纬度在世界各地代表的距离大致相同，但经度从极点到赤道之间所代表的实际距离变化非常大，所以计算经度并不像看起来那么简单。

　　第二个挑战是地图视图具有特定的宽高比例（称为纵横比），读者指定的 latitudeDelta 和 longitudeDelta 必须表示具有相同纵横比的区域。幸运的是，Apple 提供了处理这两个问题的工具。

### 1．度数转换为距离

　　无论我们身在何处，每个纬度都代表大约 69 mi[①]，或大约 111 km。这使得确定要作为 MKCoordinateSpan 的 latitudeDelta 传入的数字相当容易计算。如果要使用英里，则可以将想要显示的横向距离除以 69，如果使用公里则除以 111。

✍ 注意：

　　由于地球不是一个完美的球体（从技术上讲，它接近于一个扁球体），所以实际上在 1 纬度所代表的距离之间会存在一些差异，但是这种变化并不足以成为干扰计算的因素，因为从极点到赤道，这之间大约只有 1 度的变化。在赤道上，1 纬度等于 69.046767 mi

---

① 1 mi≈1.609 km。考虑正文需要，本书在个别几处保留了原书的单位制。——编者注

或 111.12 km，而当这个点向极地移动时，数字会变小。

所以这里选择了 69 和 111 两个数字，因为它们都是很好的四舍五入数字，几乎完美表示了 1 维度所代表的实际距离的 1%。

然而，1 经度所表示的距离则不太容易计算。要对经度进行相同的计算，就必须考虑纬度，因为 1 经度表示的距离取决于我们实际所在位置相对于赤道的位置。要计算经度表示的距离，必须执行一些粗略的数学运算。幸运的是，苹果的应用程序替大家完成了这些粗略的数学运算，并提供了一个名为 MKCoordinateRegionMakeWithDistance 的方法。我们可以使用该方法创建一个区域。首先，由我们提供坐标（作为中心），以及纬度和纵向跨度的距离（m），然后由该函数查看所提供的坐标中的纬度，并以度为单位计算两个 delta 值。下面通过 CLLocationCoordinate2D 中的 center 所表示的特定位置创建一个每一侧都显示为 1 km 的区域：

```
var viewRegion = MKCoordinateRegionMakeWithDistance(center, 2000, 2000)
```

要在中心的每一侧显示 1 km 的距离，必须将每个跨度指定为 2000 m：中心点到左侧 1000 m，到右侧 1000 m，距顶部 1000 m，距底部也是 1000 m。在此调用之后，viewRegion 将包含一个正确设置的 MKCoordinateRegion，这几乎可以直接应用了。剩下要处理的就是纵横比的问题。

---

## 计 算 公 式

计算 1 度经度之间的距离的数学计算实际上并不是那么粗略，所以这里我们会向那些对计算公式感兴趣的朋友做一些小小的展开。在给定纬度的情况下，要计算 1 经度的距离，具体的计算公式如下：

$$\frac{\pi}{180°} \times 地球半径 \times \cos(维度°)$$

如果我们的 Apple 没有提供该函数，那么就需要依照此公式的概念创建几个宏，以便完成相同的操作。地球半径大约为 6378.1 km。因此，要计算变量 lat 中包含的特定纬度的 1 经度的距离，可以这样做：

```
var longitudeMiles: Double = ((M_PI/180.0) * 3963.1676 * cos(latitude))
```

我们可以用相同的操作来计算 1 经度长度的千米数，如下所示：

```
var longitudeKilometers: Double = ((M_PI/180.0) * 6378.1 * cos(latitude))
```

### 2．自适应纵横比

在上文中，我们展示了如何创建一个从给定位置到视图的每一条边都为 1 km 的跨度。但是，除非地图视图是一个完美的正方形，否则将无法显示出从中心到 4 条边上的距离都为 1 km。如果地图视图偏高，则 longitudeDelta 的值将大于 latitudeDelta；如果地图视图偏宽，那么情况恰恰相反。

MKMapView 类有一个实例方法，可以调整坐标区域以匹配地图视图的纵横比。该方法被称为 regionThatFits。要使用该方法，只需传入我们创建的坐标区域，然后该方法将返回一个新的坐标区域，这个新的坐标区域将原区域按照地图视图的纵横进行了相应的调整。以下是具体的用法：

```
var adjustedRegion: MKCoordinateRegion = mapView.regionThatFits(viewRegion)
```

## 10.3.5　设置显示区域

创建坐标区域后，可以通过调用 setRegion:animated:方法告诉地图视图显示该区域。如果第二个参数传递的值为 true，则地图视图将会被缩放、移动或以其他方式从其当前位置换到新的位置。下面是一个创建坐标区域的示例，首先调整地图视图的纵横比，然后告诉地图视图显示该区域：

```
var viewRegion = MKCoordinateRegionMakeWithDistance(center, 2000, 2000)
var adjustedRegion = mapView.regionThatFits(viewRegion)
mapView.setRegion(adjustedRegion, animated:true)
```

## 10.3.6　地图视图委托

如前所述，地图视图可以包含委托。与表视图和选择器不同，地图视图可以在没有委托的情况下运行。在地图视图委托上，我们如果需要收到某些与地图相关的任务的通知，可以使用多种方法。例如，允许用户在更改他们正在查看的地图区域时收到通知，改变区域的方法可以是拖动地图以显示新区域，或通过缩放以显示更小或更大的区域。当地图视图从服务器加载新的地图数据或地图视图无法执行此操作时，也可以给用户发送通知。地图视图委托方法包含在 MKMapViewDelegate 协议中，任何用作地图视图委托的类都应符合该协议。

### 1．地图加载委托方法

从 iOS 6 开始，地图套件框架就从 Google Maps 切换到了由 Apple 提供的服务以完成工作。除临时缓存外，地图套件不会在本地存储任何地图数据。当地图视图需要转到 Apple 的服务器来检索新的地图数据时，地图套件将调用委托方法 mapViewWillStartLoadingMap:；当地图视图成功检索到所需的地图数据时，套件将调用委托方法 mapViewDidFinishLoadingMap:。如果读者需要在上述两个时间点上执行任何特定于应用程序的处理，那么可以在地图视图的委托中通过相应的方法来实现。

如果地图套件从服务器加载地图数据时遇到错误，则会在其委托上调用方法 mapViewDidFailLoadingMap:withError:。至少，我们应该实现此委托方法以告知用户当前所遇到的问题，以避免用户干坐在那里等待永远不会发生的更新。以下是该方法的简单实现，只是显示了警告并让用户知道出现了问题：

```
func mapViewDidFailLoadingMap(mapView:MKMapView!,withError error: NSError!){
    let alert=UIAlertController(title:NSLocalizedString("Error loading map",
                                        comment:"Error Loading map"),
                        message: error.localizedDescription,
                    preferredStyle: .Alert)
    let OKAction = UIAlertAction(title:"OK", style: .Default, handler: nil)
    alert.addAction(OKAction)
    self.presentViewController(alert, animated: true, completion: nil)
}
```

### 2. 区域变更委托方法

如果地图视图已被启用，则用户将能够使用标准 iPhone 手势与其进行交互，例如拖动、捏合、放大以及双击。这些动作会更改视图中显示的区域。如果地图视图的委托实现了这些方法，则会在发生这种情况时调用两个委托方法。手势开始时，调用委托方法 mapView:regionWillChangeAnimated:；手势停止时，则调用委托方法 mapView:regionDidChangeAnimated:。如果我们想在视图区域更改或更改完成后执行某些特定功能，则可以在此实现这些功能。

---

### 坐标是否可见

读者在区域变更委托方法中经常需要执行的一项任务是确定一组特定的坐标当前是否在屏幕上可见。对于注释和用户的当前位置（如果正在跟踪），地图视图将会负责解决。但是，当我们需要知道某一组特定坐标当前是否在地图视图的显示区域内时，仍需要反复操作。

以下代码可实现此目的:

```
var leftDegrees = mapView.region.center.longitude -
                  (mapView.region.span.longitudeDelta / 2.0)
var rightDegrees = mapView.region.center.longitude +
                  (mapView.region.span.longitudeDelta / 2.0)
var bottomDegrees = mapView.region.center.latitude -
                  (mapView.region.span.latitudeDelta / 2.0)
var topDegrees = self.region.center.latitude +
                  (mapView.region.span.latitudeDelta / 2.0)

if leftDegrees > rightDegrees { // Int'l Date Line in View
   leftDegrees = -180.0 - leftDegrees
   if coords.longitude > 0 // coords to West of Date Line
      coords.longitude = -180.0 - coords.longitude
}

If leftDegrees <= coords.longitude && coords.longitude <= rightDegrees &&
   bottomDegrees <= coords.latitude && coords.latitude <= topDegrees {
   // Coordinates are being displayed
}
```

　　在继续讨论地图视图委托方法的其余部分之前，先来一起讨论一下有关注释的这个主题。

# 10.4　注　释

　　地图视图提供了使用一组补充信息标记特定位置的功能。这些信息及在地图上用于表示该信息的图形被称为注释。我们将要编写的应用程序中的引脚（见图 10-2）是一种注释形式。注释由两个组件组成，即注释对象和注释视图。地图视图将会追踪其包含的注释，并在需要显示其中的某一个注释时调出相应的委托。

## 10.4.1　注释对象

　　每个注释都必须有一个注释对象，注释对象几乎永远是一个要我们编写的并且符合协议 MKAnnotation 的自定义类。注释对象通常是一个相当标准的数据模型对象，其作用是保存与所述注释相关的任何数据。注释对象必须响应两个方法并实现一个单一属性。注释对象必须实现的两种方法称为 title 和 subtitle，这两个方法是将在注释的标注中显示的信息，即选择注释时弹出的小浮动视图。回顾图 10-4，可以看到标注中显示的标题和副标题。在那个例子中，注释对象返回的标题是"You are Here!"以及"Bridge Street, Sydney, NSW 2000"新南威尔士州 2000 年悉尼桥街的副标题。

注释对象还必须具有一个名为 coordinate 的属性，该属性返回一个 CLLocationCoordinate2D，指定应该放置注释的地理位置。地图视图将使用该地理位置来确定放置注释的位置。

## 10.4.2　注释视图

正如之前所说的，当地图视图需要显示其包含的某一个注释时，会调用相应的委托来检索该注释的注释视图。地图视图使用 mapView:viewForAnnotation:方法执行此操作，该方法需要返回一个 MKAnnotationView 或一个 MKAnnotationView 的子类。注释视图是在地图上显示的对象，而不是在选中注释时出现的浮动窗口。在图 10-4 中，注释视图是窗口中心的引脚。之所以是一个引脚，是因为当时使用的是一个由 MKAnnotationView 提供的名为 MKPinAnnotationView 的子类，该子类被设计用于绘制红色、绿色或紫色的图钉，而且包含了一些 MKAnnotationView 没有的附加功能，如引脚放置动画。

如果我们对自己的应用程序注释视图有高级绘图需求，可以子类化 MKAnnotationView 并实现自己的 drawRect:方法。但是，通常情况下并不需要对 MKAnnotationView 进行子类化，因为我们可以创建 MKAnnotationView 的实例并将其 image 属性设置为想要的任何图像。如图 10-7 所示，在图中我们用一只惊讶的猫的图像替换了原来的大头针图像，因为这是我们想要表现的方式。这开辟了一个充满无限可能的世界，而且无须将子视图子类化或添加到 MKAnnotationView。关于这一方法的代码将在后面做进一步介绍。

图 10-7　惊讶的猫

### 10.4.3　添加删除注释

地图视图会跟踪其包含的所有注释，因此向地图添加注释只需调用地图视图的 addAnnotation:方法并提供符合 MKAnnotation 协议的对象即可。

```
mapView.addAnnotation(annotation)
```

我们还可以使用方法 addAnnotations:通过提供注释数组来添加多个注释。

```
mapView.addAnnotations([annotation1, annotation2])
```

我们可以使用 removeAnnotation:方法删除注释，并传入要删除的单个注释，或者通过调用 removeAnnotations:并传入包含多个注释的数组以进行删除。用户也可以使用名为 annotations 的属性访问所有地图视图的注释，因此如果要从视图中删除所有注释，可以执行下面这个操作：

```
mapView.removeAnnotations(mapView.annotations)
```

### 10.4.4　注释选择

用户在任何时候都可以选择一个且只能选择一个注释。被选定的注释通常会显示一个标注，即一个浮动窗口或是其他样式的视图，该标注提供有关注释的更为详细的信息。默认形式的标注会显示注释中的标题和副标题。但是，我们实际上可以对 callout 进行自定义，因为其只是 UIView 一个实例。本章不会过多讲解如何在应用程序中设置自定义标注视图，但该过程与本书的作者们在 *Beginning iPhone Development* 一书中介绍过的设置自定义表视图单元的方式类似。有关自定义标注的更多信息，请自行查看 MKAnnotationView 的文档。

✎ 注意：

虽然目前一次只能选择一个注释，但 MKMapView 实际上使用 NSArray 实例来跟踪选定的注释。这可能表示在未来的某些时候，地图视图将支持一次选择多个注释。目前，如果我们提供的是包含有多个注释的 selectedAnnotations 数组，则只会选择该数组中的第一个对象。

单击注释的图像（图 10-4 中的图针或图 10-7 中惊讶的猫）可以选中该注释。我们还可以以编程的方式通过使用方法 selectAnnotation:animated:以及方法 deselectAnnotation: animated:传入要选择或取消选择的注释，以达到选中或取消选中注释的目的，前者用于选中注释，后者用于取消选中。如果将 true 传递给第 2 个参数，则将为 callout 的出现或消失设置相应的动画。

## 10.4.5　制作带注释视图的地图视图

　　地图视图使用名为 mapView:viewForAnnotation:的委托方法委托询问与特定注释对应的注释视图。只要相应的注释被移动到地图视图的显示区域中，就会调用此方法。

　　非常类似于表视图单元格的工作方式，注释视图在被滚动到显示区域以外时会被出列但不会被释放。mapView 的实现 mapView:viewForAnnotation:在分配新的注释视图之前，应该询问地图视图是否有任何出列的注释视图。这意味着 mapView:viewForAnnotation:看起来很像读者曾经编写过的 tableView:cellForRowAtIndexPath:方法。以下是一个创建注释视图，设置其 image 属性以显示自定义图像并返回该图像的示例：

```
func mapView(theMapView: MKMapView!, viewForAnnotation annotation:
MKAnnotation!) ->
MKAnnotationView! {
    let placemarkIdentifier = "my annotation identifier"
    if annotation.isKindOfClass(MKAnnotation) {
        var annotationView = theMapView.
dequeueReusableAnnotationViewWithIdentifier(placema rkIdentifier)
        if annotationView == nil {
            annotationView = MKAnnotationView(annotation: annotation,
                                reuseIdentifier: placemarkIdentifier)
            annotationView.image = UIImage(named:"shockedCat.png")
        } else {
            annotationView.annotation = annotation
        }
        return annotationView
    }
    return nil
}
```

　　这里有一些事情需要我们注意。首先，我们需要检查注释类以确保该类是读者了解的注释。地图视图委托会收到有关所有注释的通知，而不仅仅是自定义的注释。在之前的内容中，曾经讨论了封装用户位置的 MKUserLocation 对象。是的，这也是一个注释，当打开地图的用户跟踪时，只要需要显示用户位置，就会调用该委托方法。我们可以为此提供自己的注释视图，但如果返回 nil，则地图视图将使用默认注释视图。一般来说，对于我们无法识别的任何注释，我们的方法都应返回 nil，而且通常地图视图都可以正确地进行处理。

请注意，有一个名为 placemarkIdentifier 的标识符值。该值用来确保出列的注释视图
是正确类型的注释视图。我们可使用的注释视图类型并不局限于一种，而标识符的作用
就是告诉读者这些类型可用于什么样的注释视图。

如果我们确实要让注释视图出列，则将其注释属性设置为传入的注释（前面示例中
的注释）是非常重要的。出列的注释视图几乎肯定会与某些注释相关联，但不一定会与
其应该链接的注释相关联。

## 10.5　地理编码与反向地理编码

核心位置的一大特色是地理编码。地理编码是一种将用户容易理解和使用的坐标转
换为实际坐标（具体的经度和纬度）的能力。例如，将用户容易理解和使用的位置描述
（换句话说就是地址）转换为经度和纬度，被称为前向地理编码；而反向地理编码则是
将经度和纬度转换为方便用户理解和使用的位置描述。

地理编码由 CLGeocoder 类在核心位置中进行处理。CLGeocoder 在后台异步工作，
查询相应的服务。在前向地理编码的情况下，CLGeocoder 使用 iPhone 的内置 GPS 功能；
而对于反向地理编码，CLGeocoder 会查询大型坐标数据库（在本书的示例中为 Apple 的
数据库）。

几乎在所有地区，反向地理编码都能告诉用户其所在的国家、州或省。人口密度越
大，可能获得的信息就越多。如果用户处在大城市的市中心，则可以很好地检索到读者
所处的建筑物的街道地址。 在大多数城市和城镇，反向地理编码至少会为用户提供其所
在街道的名称。但棘手的是，用户可能永远不知道会得到什么样的细节描述。

对于在本章出现的示例应用程序，我们将使用 CLGeocoder 的反向地理编码功能。要
执行反向地理编码，首先要创建 CLGeocoder 的实例。然后调用 reverseGeocodeLocation:
completionHandler: 方 法 来 执 行 地 理 编 码 。 completionHandler: 参 数 是
CLGeocodeCompletionHandler 类型的块。块是一个匿名内联函数，封装了执行该块的词
法范围。在 Swift 中，块被称为闭包。对于 reverseGeocodeLocation:completionHandler:，
无论对反向地理编码的尝试是否成功，块 completionHandler:都会被执行。

```
let geocoder = CLGeocoder()
geocoder.reverseGeocodeLocation(location, completionHandler: {
    (placemarks, error) in
        // process the location or errors
    })
```

如果反向地理编码成功，将调用完成处理程序并填充 placemarks 数组，该数组只有一个 CLPlacemark 类型对象。如果在反向地理编码期间出现错误或请求被取消，则 placemarks 数组将为零。在这种情况下，完成处理程序将收到一个详细描述失败的 NSError 对象。

表 10-1 将 CLPlacemark 的术语匹配到了我们可能更熟悉的术语表达方式。

表 10-1　CLPlacement 属性定义

| CLPlacemark 属性名 | 含　　义 |
| --- | --- |
| thoroughfare | 街道地址。如果内容有多行，则为第一行中的信息 |
| subThoroughfare | 街道地址，第二行（如公寓或单元号、箱号） |
| locality | 城市名 |
| subLocality | 这可能包含临近的地名或地标名称，但通常为 nil |
| administrativeArea | 州、省、地区或其他类似单位 |
| subAdministrativeArea | 国家名 |
| postalCode | 邮编 |
| country | 城市名 |
| countryCode | 两位数的 ISO 国家/地区代码（具体内容请参见网页 http://en.wikipedia.org/wiki/ISO_3166-1_alpha-2） |

这就是本书关于地图套件的全部内容。现在一起来开始使用该套件创建应用程序吧。

# 10.6　构建 MapMe 应用程序

接下来一起来构建一个能够显示一些地图套件基本功能的应用程序。首先使用 Single View Application 模板在 Xcode 中创建一个新项目，并将该项目命名为 MapMe。

## 10.6.1　构建应用程序界面

选择 Main.storyboard 以编辑用户界面。打开界面生成器，将对象库中的一个按钮拖到视图中。使用蓝色标尺将按钮放置在视图的右下角并双击该按钮，在文本框中输入标题为 Go。

从库中将一个进程视图拖动到视图中，并将其放在按钮的左侧，进度视图的顶部和按钮的顶部对齐。使用蓝色标尺调整视图大小，使其从左边距水平延伸至右边距。这会使该视图与按钮重叠，但无须在意。

　　接下来，将一个标签从库拖到视图中，并将其放在进度条下方。水平调整其大小以使其占据从左边距标尺到右边距标尺的整个宽度。现在，使用特性查看器将标签的文本居中对齐，并将字体大小更改为 13，以便文本字体更适合目前的大小。最后，删除文本中的文字 Label。

　　在对象库中找到地图视图（见图 10-8），然后将地图视图拖动到视图中。将地图视图的顶部和左侧与整个视图的边框对齐。将地图视图的大小调整为与视图窗口的宽度一致，然后向下调整地图视图的底部，直到出现蓝色标尺，即之前放置在底部的进度条和按钮的正上方（见图 10-9）。

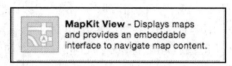

图 10-8　出现在对象库（列表视图）中的地图视图

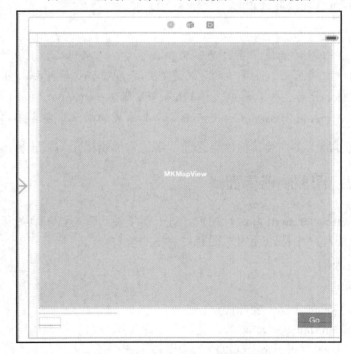

图 10-9　布置进度条和按钮上方的地图视图

　　现在，开始制作接口和动作连接。在 Assistant 编辑器中打开 ViewController.swift（通过工具栏，或者按快捷键"⌥+⌘"或"Shift+Opt"），此时编辑助手会在界面生成器的右侧被打开。从 Go 按钮处按住 Control 键拖动鼠标到 class 声明的正下方，此时应确保选中的是按钮，而不是（不可见）标签。当弹出 Connection 窗口时，Type 字段应为 UIButton。将 Connection 设置为 Outlet，并将其命名为 button。接下来，再次按住 Control 键从 Go 按钮处拖动鼠标到类声明结尾处的右括号上方。这次添加一个动作，命名为 findMe。

现在按住 Control 键并从进度条处拖动鼠标到读者刚才添加的 button 属性的正下方，创建一个名为 progressBar 的接口，请确保该接口的类型为 UIProgressView。使用特性查看器，单击名为 Hidden 的复选框，以便在程序要向用户报告进度之前，进度条不可见。

接下来，按住 Control 键从（不可见）标签处拖动鼠标到 progressBar 属性下面。这里我们不得不猜测标签的位置。或者，我们可以从对象基栈中的标签处拖动，就像在第 9 章中所做的那样。但无论采用哪种方式，都请将接口命名为 progressLabel。

最后，按住 Control 键从地图视图处拖动鼠标到 progressLabel 属性声明的下方，将此接口命名为 mapView。再次按住 Control 键并从地图视图处拖动鼠标到对象栈中的 Owner 文件图标处。当弹出 Outlets 列表时，选择委托选项。

✎ 注意：

最重要的是，如果读者使用了自动布局和尺寸类，请确保已设置约束。否则，控件可能甚至不会出现在屏幕上。最简单的方法是先根据期望将这些控件放置到相应的位置，然后选中所有控件，最后，从菜单中选择 Editor（编辑）→Resolve Auto Layout Issues（化解自动布局问题）→Add Missing Constraints（添加缺失的约束）命令来添加约束。

现在保存故事板。在继续其他内容之前，请先将编辑器重新置于标准模式。

## 10.6.2　完成视图控制器界面

选中 ViewController.swift 并进行编辑。对于初学者，请先导入地图套件和核心位置，因为需要在此应用程序中同时使用地图套件和核心位置。

```
import CoreLocation
import MapKit
```

我们使用的类应符合以下委托协议。

❑　CLLocationManagerDelegate，我们可以通过用户当前位置的核心位置获取通知。

❑　MKMapViewDelegate，可以成为地图视图的委托。

```
class ViewController : UIViewController ,CLLocationManagerDelegate,
MKMapViewDelegate {
```

在类声明之后，需要声明 3 个变量来存储将在应用程序中使用的 CLLocationManager、CLGeocoder 和 CLPlacemark 对象。

```
var manager: CLLocationManager!
var geocoder: CLGeocoder!
var placemark: CLPlacemark!
```

**注意：**

虽然地图视图能够跟踪用户的当前位置，但我们将使用此应用程序中的核心位置手动跟踪用户的位置。通过手动操作，本书可以向我们展示更多地图套件的功能，但如果我们需要在自己的应用程序中跟踪用户的位置，则让地图视图自动执行此操作即可。

目前，我们已经通过界面生成器声明了所有在本章示例应用程序中要用到的接口和操作，现在保存 ViewController.swift。在继续编写更多代码之前，需要处理一下注释类。

## 10.6.3　编写注释对象类

我们需要创建一个类来保存注释对象，其只用来存储一些从地理编码器中提取出的地址信息，十分简单。在导航窗口中选择 MapMe 组。然后创建一个名为 MapLocation 的 swift 文件。

创建该文件后，单击 MapLocation.swift。首先需要做的是包含地图套件标题。

```
import MapKit
```

接下来需要更改 MapLocation，以便采用 MKAnnotation 和 NSCoding 协议。

```
class MapLocation : NSObject, MKAnnotation, NSCoding {
```

本书在前面说过，注释是非常标准的数据模型类，目前，此类已经符合 MKAnnotation 以及 NSCoding 协议。虽然我们实际上并不打算使用归档功能，但让数据模型类符合 NSCoding 协议是一个很好的习惯。

接下来，我们需要带有 CLLocationCoordinate2D 的属性来存储地址数据，该属性将用于跟踪此注释在地图上的位置。

```
var street: String!
var city: String!
var state: String!
var zip: String!
Var _coordinate: CLLocationCoordinate2D!
```

　　保存 MapLocation.swift。首先，实现了 MKAnnotation 协议方法。通过使用 Swift，MKAnnotation 协议方法成为属性 getters 而不是类方法。因此，读者需要编写 getters，而不是声明函数。标题和副标题都是只读型，因为是由其他数据构建的，如街道、城市等，而坐标是读写类型，因此需要同时拥有 getters 和 setters 两个属性。

```
//MARK: - MKAnnotation Protocol Methods

var title: String {
    get {
        return NSLocalizedString("You are Here", comment: "You are Here")
    }
}

var subtitle: String {
    get {
    var result = ""

    if self.street != nil {
        result += self.street

        if self.city != nil || self.state != nil || self.zip != nil {
            result += ", "
        }
    }
    if self.city != nil {
        result += self.city

        if self.state != nil {
            result += ", "
        }
    }
    if self.state != nil {
        result += self.state
    }
    if self.zip != nil {
        result += " " + self.zip
    }

    return result
    }
}

var coordinate: CLLocationCoordinate2d {
    get {
```

```
      return _coordinate
    }
    set {
      _coordinate = newValue
    }
}
```

上面这个循环判断应该包含了所有的可能。对于标题的 **MKAnnotation** 协议方法，只需返回语句 "**You are Here!**"。然而，对于副标题的方法会稍微复杂一些。因为我们不知道反向地理编码器会给带来哪些数据元素，所以必须根据已拥有的内容构建副标题字符串。我们可以通过声明一个可变字符串，然后附带非零、非空属性中的值来实现。

我们还需要实现 **NSCoder** 协议方法。

```
//MARK: - NSCoder Protocol Methods

override func encodeWithCoder(aCoder: NSCoder){
    aCoder.encodeObject(self.street, forKey:"street")
    aCoder.encodeObject(self.city, forKey:"city")
    aCoder.encodeObject(self.state, forKey:"state")
    aCoder.encodeObject(self.zip, forKey:"zip")
}
init(coder aDecoder: NSCoder){
    super.init()
    self.street = aDecoder.decodeObjectForKey("street") as? String
    self.city = aDecoder.decodeObjectForKey("city") as? String
    self.state = aDecoder.decodeObjectForKey("state") as? String
    self.zip = aDecoder.decodeObjectForKey("zip") as? String
}
```

接下来添加另一个只创建空白对象的 init 方法。

```
override init(){
    super.init()
}
```

这里的其他所有内容都是对 MapLocation 类进行编码和解码的标准内容，因此不再赘述。接下来将继续实现 ViewController 类，但在继续之前应记得保存 MapLocation.swift 文件。

### 10.6.4　实现 MapMe 视图控制器

单击 ViewController.swift。接下来，我们将定义一些用于处理注释和反向地理编码的私有类别方法。然后，在 viewDidLoad:方法中设置 Map View 地图类型。声明 3 种地图类型，其中两种会被注释掉，这只是为了让我们更容易更改正在使用的地图类型并进行一些实验。在调用 super 之后添加以下代码。

```
self.mapView.mapType = MKMapType.Standard
//self.mapView.mapType = MKMapType.Satellite
//self.mapView.mapType = MKMapType.Hybrid
```

现在实现动作方法 findMe，当用户按下按钮时会调用该方法。

```
//MARK: - Action Method

@IBAction func findMe(sender: AnyObject) {
    if manager == nil{
        manager = CLLocationManager()
    }
    manager.delegate = self
    manager.desiredAccuracy = kCLLocationAccuracyBest
    manager.requestWhenInUseAuthorization()
    manager.startUpdatingLocation()

    self.progressBar.hidden = false
    self.progressBar.progress = 0.0
    self.progressLabel.text = NSLocalizedString("Determining Current
                 Location", comment: "Determining Current Location")
    self.button.hidden = true
}
```

正如前面讨论过的，我们可以使用地图视图跟踪用户位置的功能，但是我们使用的是手动方式，因为这样可以了解更多的功能。所以，我们将分配并初始化 CLLocationManager 实例以便确定用户的位置。首先将 self 设置为委托，并告诉位置管理器希望获得最佳的准确度，然后告诉其开始更新位置；取消隐藏进度条并设置进度标签，以告诉用户程序正在尝试确定当前位置；最后，隐藏按钮，以便用户无法再次按下按钮。

✎ 注意：

我们需要先调用 requestWhenInUseAuthorization 或 requestAlwaysAuthorization，然后才能要求 CLLocationManager 开始更新位置信息，还需要设置 info.plist 文件，并为每一个授权设置相应的提示，关键是 NSLocationWhenInUseUsageDelegate 和 NSLocationAlwaysUsageDelegate。另外，我们还需要设置第一次出现提示时显示的文本内容以请求授权。

现在，我们要实现在 ViewController.swift 开头声明的私有类别方法。

```
//MARK: - (Private) Instance Methods

func openCallout(annotation: MKAnnotation){
    self.progressBar.progress = 1.0
    self.progressLabel.text = NSLocalizedString("Showing Annotation",
                                        comment: "Showing Annotation")
    self.mapView.selectAnnotation(annotation, animated: true)

    self.button.hidden = true
    self.progressBar.hidden = true
    self.progressLabel.text = ""
}
```

我们稍后将使用 openCallout:来选择注释。将注释添加到地图视图时，是无法选择注释的，必须等到完成添加后才能选择。openCallout:方法允许用户选择注释，被选中的注释将使用 dispatch_after 打开注释的标注，dispatch_after 是 GDC 函数的一部分。在 openCallout:方法中所做的只是更新进度条和进度标签以显示操作已进入最后一步，然后使用 MKMapView 的 selectAnnotation:animated:方法选择注释，从而将标注视图显示出来。

由于我们需要在应用程序的各种不同情况下使用各种警告来通知用户，因此需要调用代码以反复显示警告框。读者需要创建一个函数，只需简单地显示一个带有 OK 按钮的警告对话框，该警告可以通过读者传递给它的参数来自定义标题和消息，具体代码如下：

```
func showAlert(title: String, message: String){
    let alert = UIAlertController(title: title, message: message,
preferredStyle: .Alert)
    let OKAction = UIAlertAction(title:"OK", style: .Default, handler: nil)
    alert.addAction(okAction)
    self.presentViewController(alert, animated: true, completion: nil)
}
```

我们还要声明另一个名为 reverseGeocode:的私有方法，同样，在稍后的内容中会用该方法。为该方法指定一个 CLLocation 实例，则该方法会尝试反向对位置信息进行地理编码。如果成功，将创建 MapLocation 注释并将其发送到地图视图；如果出现错误，则将弹出警告对话框。

```
func reverseGeocode(location: CLLocation){
    if geocoder == nil {
        geocoder = CLGeocoder()
    }
```

```
geocoder.reverseGeocodeLocation(location, completionHandler: {
    (placemarks, error) -> Void in
    if (nil != error) {
        let title = NSLocalizedString("Error translating coordinates
into location", comment: "Error translating coordinates into location")
        let message = NSLocalizedString("Geocoder did not recognize
coordinates", comment: "Geocoder did not recognize coordinates")
        self.showAlert(title, message: message)
    } else if placemarks.count > 0 {
        var placemark: CLPlacemark = placemarks[0] as CLPlacemark
        self.progressBar.progress = 0.5
        self.progressLabel.text = NSLocalizedString("Location
Determined", comment: "Location Determined")

        var annotation = MapLocation()
        annotation.street = placemark.thoroughfare
        annotation.city = placemark.locality
        annotation.state = placemark.adminisrativeArea
        annotation.zip = placemark.postalCode
        annotation.coordinate = location.coordinate

        self.mapView.addAnnotation(annotation)
    }
})
}
```

接下来，添加CLLocationManagerDelegate方法。更新位置，提供的方法是locationManager:
didUpdateToLocation:fromLocation:，现在已更新为 locationManger:didUpdateLocations:，
该方法现在会拥有一个位置数字而不是传递的 oldLocation 和 newLocation。数组中始终至
少有一个项目，并且可以使用方法 firstObject 和 lastObject 来获取相应的位置。

```
//MARK: - CLLocationManagerDelegate Methods

func locationManager(manager: CLLocationManager!, didUpdateLocations
locations:[AnyObject]!){
    var oldLocation: CLLocation = locations.first as CLLocation
    var newLocation: CLLocation = locations.last as CLLocation
    if newLocation.timestamp.timeIntervalSince1970 <
        NSDate.timeIntervalSinceReferenceDate() - 60 {
        return
    }
```

```
    var viewRegion = MKCoordinateRegionMakeWithDistance(newLocation.
coordinate, 2000, 2000)
    var adjustedRegion = self.mapView.regionThatFits(viewRegion)
    self.mapView.setRegion(adjustedRegion, animated: true)

    manager.delegate = nil
    manager.stopUpdatingLocation()

    self.progressBar.progress = 0.25
    self.progressLabel.text = NSLocalizedString("Reverse Geocoding
Location", comment: "Reverse Geocoding Location")
    self.reverseGeocode(newLocation)
}
```

　　首先，检查一下，确保当前操作使用的是最新刷新的位置，而不是缓存中的位置。
然后使用 MKCoordinateRegionMakeWithDistance()函数创建一个区域，该区域以用户当前
位置为中心，上下左右每一侧显示的长度为 1 km。我们可以将该区域调整为地图视图的
纵横比，然后告诉地图视图显示调整后的新区域。既然已经获得了非缓存位置，那么将
停止让位置管理器来提供更新。位置更新会耗尽电池电量，因此当不再需要更新时，应
关闭位置管理器。接下来更新进度条和标签，让这两个项目知道目前在整个过程中所处
的位置。这是按下 Go 按钮后的 4 个步骤中的第一步，因此将进度设置为.25，这将使进
度条的四分之一显示为蓝色。最后，调用 reverseGeocoder:方法将新位置转换为注释并更
新地图视图。

　　如果位置管理器发生错误，只需显示一个警告。这不是最有力的错误处理方法，但
在本章中只能这么做。

```
func locationManager(manager: CLLocationManager!, didFailWithError error:
NSError!){
    let errorType = error.code == CLError.Denied.rawValue
            ? NSLocalizedString("Access Denied", comment: "Access Denied")
            : NSLocalizedString("Unknown Error", comment: "Unknown Error")
    let title = NSLocalizedString("Error getting Location", comment: "Error
getting Location")
    showAlert(title, message: errorType)
}
```

　　现在，添加 MapView 委托方法。

```
//MARK: - MKMapViewDelegate Methods
```

```swift
func mapView(mapView:MKMapView!,viewForAnnotation annotation:MKAnnotation){
    let placemarkIdentifier = "Map Location Identifier"
    if let _annotation = annotation as? MapLocation {
        var annotationView: MKPinAnnotationView!

        if let _annotationView =
            mapView.dequeReusableAnnotationViewWithIdentifier
(placemarkIdentifier)
                as? MKPinAnnotationView {
            annotationView = _annotationView
        } else {
            annotationView = MKPinAnnotaionView(annotation annotation,
                                reuseIdentifer: placemarkIdentifier)
        }

        annotationView.enabled = true
        annotationView.animatesDrop = true
        annotationView.pinColor = MKPinAnnotationColor.Purple
        annotationView.canShowCallout = true

        dispatch_after(
            dispatch_time(DISPATCH_TIME_NOW,Int64(0.5*Double(NSEC_PER_SEC))),
            dispatch_get_main_queue(),
            {
                self.openCallout(annotation!)
            }
        )

        self.progressBar.progress = 0.75
        self.progressLabel.text= NSLocalizedString("Creating Annotation",
                                    comment: "Creating Annotation")
        return annotationView
    }
    return nil
}
```

当作为委托的地图视图需要注释视图时，将调用 mapView:viewForAnnotation:。所要做的第一件事就是声明一个标识符，以便可以出列正确类型的注释视图；然后确保地图视图会询问一种已知的注释。如果是，则使用标识符将 MKPinAnnotationView 的实例出列。如果没有出列的视图，则创建一个。在这里也可以使用 MKAnnotationView 替代 MKPinAnnotationView。实际上，项目存档中有该项目的备用版本，该版本显示了如何使用 MKAnnotationView 显示自定义注释视图而不是引脚。如果没有创建新视图，则表示已从地图视图中获得了一个已出列的视图。在这种情况下，必须确保出列的视图链接到正确的注释。然后再做一些相应的配置。

- ❑ 请确保已启用注释视图，以便可以进行选择。
- ❑ 将 animatesDrop 设置为 true，因为这是一个引脚视图，读者希望以不同于往常的方式将其放至地图上。
- ❑ 将引脚颜色设置为紫色，并确保其可以显示标注。
- ❑ 使用 GDC 函数 dispatch_after 来调用之前创建的私有化方法 openCallout。如果使用的是 Objective-C，则可以使用在 Swift 中已不再使用的 performSelector 函数。
- ❑ 在视图实际被显示在地图上之前，注释是无法选择的，因此请等待半秒以确保在进行选择之前视图被充分加载并显示。这也将确保在显示标注之前引脚已完成放置。
- ❑ 更新进度条和文本标签，以便让用户知道加载已经接近完成。
- ❑ 返回注释视图。如果注释不能够被识别，则返回 nil，并且地图视图将使用默认注释视图作为该类注释。
- ❑ 我们实现了 mapViewDidFailLoadingMap:withError:并会在加载地图出现问题时通知用户。同样，在此应用程序中的错误检查是非常基础的，只需通知用户并停止一切进程。

```
func mapViewDidFailLoadingMap(mapView: MKMapView!, withError error:
NSError!) {
    let title = NSLocalizedString("Error loading map", comment: "Error
loading map")
    let message = error.localizedDescription

    showAlertWithCompletion(title, message: message, completion: {
        _ in
        self.progressBar.hidden = true
        self.progressLabel.text = ""
        self.button.hidden = false
    })
}
```

在这种情况下，不需要 UIAlertView 作为显示警告的方法。我们可以编写另一个函数 showAlertWithBlock，它会将相同的参数、标题、消息和块作为按钮被按下时的处理程序。同时还有一个附加的参数 buttonTitle，该参数有一个默认值，所以如果在调用函数时省略该参数的值，那么该默认值将被提供给该函数。因此，除非我们明确地使用值传递

buttonTitle，否则所有警告都将显示为默认按钮。

```
func showAlertWithCompletion(title: String,
                              message: String,
                              buttonTitle: String = "OK",
                              completion:((alertAction: UIAlertAction!)->())!) {
    let alert = UIAlertController(title: title, message: message,
preferredStyle: .Alert)
    let OKAction = UIAlertAction(title: buttonTitle, style: .Default,
handler: completion)
    alert.addAction(OKAction)
    self.presentViewController(alert, animated: true, completion: nil)
}
```

现在应该可以构建和运行这个应用程序了，所以试试吧！

**注意：**

在模拟器中运行时，可能会遇到问题。尝试启动应用程序，但在按 Go 按钮之前，请使用调试窗口跳转栏中的 Location Simulator 来设置一下当前地址。最重要的是，对于 iOS 8，读者还需要在 Info.plist 中设置 NSLocationWhenInUseUsageDescription 键，以允许你的应用获取位置更新。

最后调试代码。可以更改地图类型，添加更多注释或尝试使用自定义注释视图进行各种试验。

# 10.7　起航吧，年轻的程序员

现在，是时候结束有关地图套件的讨论了。在本章中，读者了解了如何使用地图套件，以及注释和反向地理编码器的基础知识；学习了如何创建坐标区域和坐标跨度以指定地图视图应该向用户显示的区域，还学习了如何使用地图套件的反向地理编码器将一组坐标转换为物理地址。

现在，借助你的 iPhone、地图配置以及坚定的决心，找到你起航的方向！接下来我们一起谈一谈 iOS 的消息传递。

# 第 11 章 消息传递：邮件、社交和 iMessage

从 iOS SDK 开始，Apple 就为开发人员提供了发送消息的方法。这始于 MessageUI 框架，该框架可以让开发人员添加对从其应用程序内发送电子邮件的支持。然后，Apple 扩展了 MessageUI 框架以包含 SMS 消息。在 iOS 5 中，Apple 通过新的 Twitter 框架增加了对 Twitter 的支持，而在 iOS 6 中，Apple 从 Twitter 框架升级到了社交框架，增加了对脸书（Facebook）、新浪微博和推特（Twitter）的支持。本章将和读者一起讨论每种消息传递系统的工作原理。

## 11.1 本章的示例应用程序

在本章中，读者将构建一个应用程序，在该应用程序中用户可以使用 iPhone 的相机拍照；如果因为使用模拟器运行该程序而导致没有摄像头的情况，那么程序将允许用户从照片库中选择一张图片。然后用户可以使用生成的图像，并通过电子邮件、短信、Facebook 或 Twitter 直接将其发送给朋友，而无须离开应用程序。

> 注意：
> 虽然可以通过 Messages 应用程序发送照片，但 Apple 尚未向开发人员公开此功能。该功能称为多媒体消息服务（MMS）。iOS SDK 只允许我们使用短消息服务（SMS）来发送文本消息。因此，我们只会在应用程序中发送文本信息。

我们的应用程序界面会非常简单（见图 11-1）。该程序将以一个按钮开始整个过程。单击按钮将调出摄像机选择控制器，其运行方式类似于 *Beginning iPhone Development with Swift* 一书中的示例程序。一旦用户拍摄或选择了一张图片，那么就能够对该图片进行裁剪和缩放（见图 11-2）。假设用户没有取消操作，那么图像选择器将返回一张图片和一个活动视图以询问用户将以哪种方式发送消息（见图 11-3）。然后，应用程序会根据用户的选择，显示相应的合成视图（见图 11-4），并使用文本和所选图片填充合成视图（除非是一个 SMS 消息）。最后，消息一旦发送，程序会显示一些反馈，确认消息已发送。

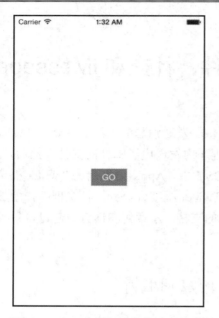

图 11-1 由一个按钮组成的用户界面

图 11-2 裁剪和缩放图片

图 11-3 消息选择器视图

图 11-4 邮件、Twitter 和 Facebook 的文本撰写视图

### ⚠ 警告：

本章中的应用程序将在模拟器中运行，所以不会使用相机，因此读者会从模拟器的照片库中选择图像。如果我们曾经使用过模拟器中的 Reset Contents and Settings（重置内容和设置）菜单项，那么相册中的默认内容可能已经消失，并且没有可用的图像。我们可以通过在模拟器中启动 Mobile Safari 并导航到 Web 上的某张图像来纠正此问题。请确保正在使用的图像不是链接而是真正静态的图像，因为此项技术不适用于链接图像。单击图片并按住鼠标，将弹出一个操作列表，其中一个选项是 Save Image（保存图片），这会将所选图像添加到 iPhone 的照片库中。

此外，请注意，这里无法从模拟器中发送电子邮件。我们可以创建电子邮件，模拟器也会报告说已经发送了该邮件，但这一切都是假的。电子邮件最终会在循环文件中结束。

### ⚠ 注意：

从 iOS 8.1 开始，存在一个众所周知的问题，即电子邮件编辑器在模拟器上运行时会崩溃；但是，在实际设备上工作是正常的。

## 11.2　MessageUI 框架

要想在应用程序中嵌入电子邮件和 SMS 服务，需要用到 MessageUI 框架。该框架是 iOS SDK 中最小的框架之一，包括两个类（MFMailComposeViewController 和 MFMessageComposeViewController）以及与之相应的委托协议。要在代码中引入这些类，需要用到 import 关键字，从而导入 MessageUI 框架以供使用。

```
import MessageUI
```

由于这些视图控制器依赖于委托，因此还需要在声明类时指定委托协议，用到的协议是 MFMailComposeViewControllerDelegate 或 MFMessageComposeViewControllerDelegate。

每个类都带有一个静态方法来确定设备是否支持该服务。对于 MFMailComposeViewController，方法是 canSendMail；对于 MFMessageComposeViewController，方法是 canSendText。在尝试这些类之前请先检查一下自己的设备是否可以发送电子邮件或短信，这是很有必要的。

```
if MFMailComposeViewController.canSendMail() {
    // code to send email
    ...
}
```

```
if MFMessageComposeViewController.canSendText() {
   // code to send SMS
   ...
}
```

首先一起来看一看电子邮件类 MFMailComposeViewController。

## 11.2.1 创建邮件撰写视图控制器

使用 MFMailComposeViewController 类很简单。首先创建实例，设置委托，设置要填充的任何属性，然后以模态方式进行呈现。当用户写完了电子邮件并单击 Send 或 Cancel 按钮时，邮件撰写视图控制器会通知其委托，该委托负责解除模态视图。以下是创建邮件撰写视图控制器并设置其委托的方法：

```
Let mc = MFMailComposeViewController()
mc.mailComposeDelegate = self
```

**注意：**

虽然大多数 API 只是设置委托，但这里需要的是 mailComposeDelegate，所以要注意这一点。有些开发人员经常忘记这点。

## 11.2.2 填充主题行

在显示邮件撰写视图之前，可以预先配置邮件撰写视图控制器的各个字段，例如主题和收件人（收件人，抄送和密件抄送），以及正文和附件。我们可以通过在 MFMailComposeViewController 实例上调用方法 setSubject 来填充主题，如下所示：

```
mc.setSubject("Hello, World!")
```

## 11.2.3 填充收件人

电子邮件可以发送给 3 种类型的收件人。电子邮件的主要收件方称为收件人，位于被标记为 To 的行上；当前电子邮件中被复制发送的收件方位于被标记为 Cc 的行上。如果用户想在电子邮件中包含某人但不让其他收件人知道该人也收到了电子邮件，则可以将其放在 Bcc 一行，意为盲抄送。当使用 MFMailComposeViewController 时读者可以填写所有这 3 个字段。

要设置主要收件人，请使用方法 setToRecipients:并将包含所有收件人的电子邮件地址的数组实例作为字符串传递。以下就是一个具体的示例：

```
mc.setToRecipients(["manny.sullivan@me.com"])
```

以相同的方式设置其他两种类型的收件人，对于复制接收的收件人使用的方法是 setCcRecipients:；而对于盲抄送的收件人则使用 setBccRecipients:。

```
mc.setCcRecipients(["maru@boxes.co.jp"])
mc.setBccRecipients(["lassie@helpfuldogs.org"])
```

## 11.2.4　设置邮件主体

我们可以使用想要的任何文本来填充邮件正文。可以使用常规字符串创建纯文本电子邮件，也可以使用 HTML 创建格式化的电子邮件。若要为邮件撰写视图控制器提供邮件正文，可以使用方法 setMessageBody:isHTML:。如果传入的字符串是纯文本，则应将 false 作为第二个参数传递，但如果在第一个参数中提供的是 HTML 标记而不是普通字符串，那么应该在第二个参数中传递 true，这样标记就会在向用户显示之前进行解析。

```
mc.setMessageBody("Ohai!!!\n\nKThxBai", isHTML:false)
mc.setMessageBody("<HTML><B>Ohai</B><BR/>I can has cheezburger?</HTML>",
isHTML:true)
```

## 11.2.5　添加附件

我们还可以为外发电子邮件添加附件。为此，必须提供包含要添加的附加数据的 NSData 实例，以及附件的 MIME 类型和要用于附件的文件名。从 Web 服务器检索文件或将文件发送到 Web 服务器时都会用到 MIME 类型，并且在发送电子邮件附件时也会用到该类型。要向送出的电子邮件添加附件，请使用方法 addAttachmentData:mimeType: fileName:。下面以附件的形式向邮件中添加一张存储在应用程序包中的图片，具体如下：

```
let path = NSBundle.mainBundle().pathForResource("surpriseCat" ofType: "png")
let data = NSData(dataWithContentsOfFile:path)
mc.addAttachmentData(data,mimeType:"image/png",filename:"CatPicture.png")
```

## 11.2.6　呈现邮件撰写视图

一旦为控制器配置了要填充的所有数据，我们就需要像之前所做的一样，显示控制器的视图。

```
self.presentViewController(mc, animated:true, completion:nil)
```

## 11.2.7　邮件撰写视图控制器委托方法

邮件撰写视图控制器委托的方法包含在正式协议 MFMailComposeViewControllerDelegate 中。无论用户是发送还是取消，也无论系统是否能够发送消息，方法 mailComposeController: didFinishWithResult:error:都会被调用。与大多数委托方法一样，第一个参数是指向调用委托方法对象的指针；第二个参数是一个结果代码，该代码告诉读者传出电子邮件的结果；第三个参数是一个 NSError 实例，如果遇到问题，该实例将为用户提供更详细的信息。无论收到的结果代码是什么，在此方法中都需要通过调用 dismissModalViewControllerAnimated:来关闭邮件撰写视图控制器。

如果用户单击 Cancel 按钮，则委托将被发送结果代码 MFMailComposeResultCancelled，说明用户已经改变主意决定不发送该电子邮件；如果用户单击 Send 按钮，则结果代码将取决于 MessageUI 框架是否能够成功发送电子邮件。如果能够发送消息，结果代码将是 MFMailComposeResultSent；如果发送失败，则结果代码将是 MFMailComposeResultFailed。在出错的情况下，我们可能需要检查提供的 NSError 实例以查看出错的地方。如果由于当前没有 Internet 连接而无法发送邮件，但是邮件已被保存到发件箱中以便稍后发送，则我们将获得 MFMailComposeResultSaved 的结果代码。但是，在 Swift 中，结果是一个结构，用户需要使用其属性值来检查其中所包含的值。

以下是一个委托方法的简单实现，该方法只是向控制台打印发生的事情：

```swift
func mailComposerController(controller: MFMailComposeViewController!,
didFinishWithResult result:MFMailComposeResult, error:NSError!){
    switch result.value {
        case MFMailComposeResultCancelled.value:
            println("Mail send cancelled...")
        case MFMailComposeResultCancelled.value:
            println("Mail send cancelled...")
        case MFMailComposeResultCancelled.value:
            println("Mail send cancelled...")
        default:
            break
    }
    controller.dismissViewControllerAnimated(true, completion:nil)
}
```

## 11.2.8　消息撰写视图控制器

消息撰写视图控制器（MFMessageComposeViewController）与其电子邮件视图控制

器相似，但更为简单。首先，创建一个实例并设置其委托。

```
let mc = MFMessageComposeViewController()
mc.messageComposeDelegate = self
```

与邮件撰写器一样，该控制器始终建议我们使用 canSendText 函数在发送消息之前检查设备是否具备发送消息的能力，该函数返回 true 或 false 两个值。这仅与能够通过 MMS、iMessage 或 SMS 发送文本消息的能力有关。

我们可以填充几个属性：recipients、subject、body 和 attachments。与电子邮件不同，这些属性可以通过类的直接属性以及方法访问器来访问。recipinets 是一个字符串数组，其中每个字符串都是一个读者设备通讯簿或电话号码中的联系人姓名。subject 是消息的初始主题，body 是用户要发送的消息主体，而 attachments 则是描述附件属性的字典数组。

```
mc.recipients = ["Mihir"]
mc.body = "Hello, Mihir!"
mc.subject = "My WWDC Trip"
```

需要注意的是，如果在模拟器中测试这些代码，则无法发送消息。当实例化一个新的控制器时，如果该控制器不支持发送消息，则将返回一个 nil，并且将一个 nil 传递给 presentViewController 将导致程序崩溃。因此，我们必须首先检查设备是否能够使用 canSendText 方法发送文本，具体方法如下：

```
if MFMessageComposeViewController.canSendText() {
    // do all your stuff here
}
```

消息撰写视图控制器委托方法的运行方式与其电子邮件同类的运行方式相同。发送短信时只有 3 种可能的结果：已取消、已发送或失败。

```
func messageComposeViewController (controller:
        MFMessageComposeViewController!, didFinishWithResult result:
        MessageCompose Result)
{
    switch result.value
    {
        case MessageComposeResultCancelled.value:
            println("SMS sending canceled")
        case MessageComposeResultSent.value:
            println("SMS sent")
        case MessageComposeResultFailed.value:
            println ("SMS sending failed")
        default:
```

```
        println ("SMS not  sent")
    }
    controller.dismissViewControllerAnimated(true, completion:nil)
}
```

## 11.2.9 消息附件

从 iOS 7.0 开始，Apple 引入了在消息中添加附件的功能。但是，在我们将一则消息添加到附件之前，需要确认我们的系统是否允许通过 MMS 或 iMessage 发送附件。可使用函数 canSendAttachments 来返回 true 或 false，以便获知结果。

我们可以使用 addAttachmentData:typeIdentifier:filename:将文件数据添加为附件。这与之前向 Mail 编写器添加附件的方式类似，其中文件的内容作为 NSData 对象传递给函数，唯一的区别是，这里不是 MIME 类型，而是为此函数提供统一类型标识符（UTI）。UTI 有很多示，如 public.jpeg 或 com.myapp.photo，也有常量，如 kUTTypePNG 和 kUTTypeJPEG。

```
let path = NSBundle.mainBundle().pathForResource("surpriseCat",
ofType: "png")
let data = NSData(dataWithContentsOfFile:path)
mc.addAttachmentData(data, typeIdentifier:"image/png" fileName:"Cat. png")
```

另一种添加附件的方法是一个使用了 addAttachmentData:withAlternativeFilename:方法的 URL，我们可以在其中传递替代名称以显示该链接的文件名。

## 11.2.10 禁用消息附件

如果应用程序链接到较旧版本的 iOS，则无法使用相机和附件。在 iOS 7.0 或更高的版本中，我们可以通过使用 disableUserAttachments 方法禁用相机/附件按钮。

# 11.3 社 交 框 架

在 iOS 5 中，Apple 与 Twitter 紧密集成。基本上，用户的 Twitter 账户可以从系统中获得。因此，用户很容易向 Twitter 发送消息（推文）或执行 Twitter API 请求。在 iOS 6 中，Apple 将此功能抽象化并将该特点扩展到社交框架中。与 Twitter 一起，Apple 为 Facebook 和新浪微博集成了相同的功能。要在代码中使用此框架，我们需要先导入 Social 框架。

```
import Social
```

## 11.3.1　撰写视图控制器

撰写视图控制器（SLComposeViewController）在设计和原理上类似于 Message UI 框架中的电子邮件和消息视图控制器类。不同的是，该控制器没有相应的委托类。相反，SLComposeViewController 具有可以为块分配的完成处理程序属性。

要确认应用程序可以使用这里的某项服务，请调用静态方法 isAvailableForServiceType。例如，检查是否可以发送内容到 Facebook，具体如下：

```
if SLComposeViewController.isAvailableForServiceType(SLServiceTypeFacebook){
    // code to send message to Facebook
    ...
}
```

isAvailableForServiceType 接收可能的服务类型常量的字符串参数。这些服务类型在头文件 SLServiceTypes.h 中定义。目前，Apple 定义了以下服务类型常量：

```
let SLServiceTypeFacebook: NSString!
let SLServiceTypeTwitter: NSString!
let SLServiceTypeTencentWeibo: NSString!
let SLServiceTypeSinaWeibo: NSString!
```

如果能够向服务发送消息，则首先要创建视图控制器的实例。

```
let composeVC=SLComposeViewController(forServiceType:SLServiceTypeTwitter)
```

此示例将创建用于发送推文的视图控制器。我们可以在呈现视图控制器之前设置初始文本，添加图像和添加 URL。

```
composeVC.setInitialText("Hello, Twitter!")

let image = UIImage(named:"surprisedCat.png")
composeVC.addImage(image)

let url = NSURL(string: "http://www.google.com/doodles/end-of-the-mayan-
calendar")
composeVC.addURL(url)
```

这些方法在成功时返回 true，在失败时返回 false。

有两种便捷的方法，即 removeAllImages 和 removeAllURLs，用于删除所添加的任何图像或 URL。

如前所述，我们不需要分配委托来处理消息完成，而是使用块设置 completionHandler

属性。

```
composeVC.completionHandler = {
    result in
        switch result {
            case .Cancelled:
                println("Message cancelled.")
            case .Done:
                println("Message sent.")
            default:
                break
        }
    self.dismissModalViewControllerAnimated(true, completion:nil)
}
```

该块接收一个参数，该参数告知消息的结果。再次，我们需要通过调用
dismissModalViewControllerAnimated:completion:来解除视图控制器。

## 11.3.2　SLRequest

如果我们只想发布消息，那么 SLComposeViewController 就可以了。但如果读者想利
用这些社交媒体服务提供的 API，该怎么办？在这种情况下，可以使用 SLRequest，其基
本上是处理应用程序和社交媒体服务之间身份验证的 HTTP 请求的封装器。

要创建请求，需要调用类方法 requestForServiceType:requestMethod:URL:parameters:。

```
let request = SLRequest(forServiceType:SLServiceTypeFacebook,requestMethod:
SLRequestMethod.POST, URL:url, parameters:params)
```

第一个参数是在 SLComposeViewController 中使用的相同服务类型的 String 常量。
requestMethod:是 HTTP 操作的子集：GET、POST、PUT 和 DELETE。Apple 已为此子集
定义了枚举：SLRequestMethod。

```
SLRequestMethod.GET
SLRequestMethod.POST
SLRequestMethod.PUT
SLRequestMethod.DELETE
```

URL:是服务提供商定义的 URL。这通常不是服务的公共"www"URL。例如，Twitter
的 URL 以 http://api.twitter.com/开头。最后，parameters:是要发送到服务的 HTTP 参数的
字典。该字典对象定义如下：

```
var params: [NSObject:AnyObject]
```

字典的内容取决于被调用的服务。

一旦编写了请求，程序就会将其发送给服务提供商。

```
request.performRequestWithHandler({
    (responseData:NSData!, urlResponse:NSHTTPURLResponse!,
error:NSError!) -> () in
        // Handle the response, process the data or error
})
```

最好用处理程序块中的数据类型和返回类型编写代码。在前面的示例中，像下面这样编写代码会更加容易：

```
request.performRequestWithHandler({
 (responseData, urlResponse, error) in
  // Handle the response, process the data or error
})
```

处理程序是一个块，返回 HTTP 响应对象以及任何附带的数据。如果发生错误，将返回一个非零值的错误对象。

## 11.4 活动视图控制器

在 iOS 6 中，Apple 引入了一种从应用程序中访问各种服务的新方法：活动视图控制器（UIActivityViewController）。除为应用程序提供访问标准 iOS 服务（如复制和粘贴）外，活动视图控制器还为应用程序提供单一的统一接口，以便发送电子邮件、发送 SMS 消息或将内容发布到社交媒体服务。读者甚至可以定义自己的自定义服务。

活动视图控制器的使用很简单，使用要发送的项目（如文本、图像等）初始化活动视图控制器，并将其推送到当前视图控制器即可。

```
var text = "some text"
var image = UIImage(named: "someimage.png")
var items = [text, image]
let activityVC = UIActivityViewController(activityItems:items,
applicationActivities:nil)
self.presentViewController(activityVC, animated:true, completion:nil)
```

就这些，很简单吧？

所有的"魔法"都发生在这里：

```
let activityVC = UIActivityViewController(activityItems:items,
applicationActivities:nil)
```

实例化活动视图控制器时，会向其传递一个活动项数组。活动项可以是任何对象，取决于应用程序和活动服务目标。在前面的示例代码中，活动项是字符串和图像。如果要将自定义对象用作活动项，则需要符合 UIActivityItemSource 协议，然后，我们将能完全控制自定义对象将其数据呈现给活动视图控制器。

applicationActivities:需要一个 UIActivity 对象数组。如果传递的值为 nil，则活动视图控制器将使用一组默认的 Activity 对象。还记得之前说过我们可以定义自己的自定义服务吗？这里可以通过继承 UIActivity 来定义与服务的通信，从而实现这一目标。然后，将子类作为应用程序活动数组的一部分传入。

同样，我们可以将要限制显示的内容作为 UIActivity 的一部分。这很简单，可以创建一个不想显示的项目数组，然后将其分配给 UIActivityViewController 的 excludeActivityTypes 属性。

```
var excludeItems = [UIActivityTypePostToTwitter,
UIActivityTypePostToFacebook, UIActivityTypePostToWeibo,
UIActivityTypeMessage, UIActivityTypeMail, UIActivityTypePrint,
UIActivityTypeCopyToPasteboard, UIActivityTypeAssignToContact,
UIActivityTypeSaveToCameraRoll, UIActivityTypeAddToReadingList,
UIActivityTypePostToFlickr,UIActivityTypePostToVimeo,
UIActivityTypePostToTencentWeibo]
activityVC.excludeActivityTypes = excludeItems
```

因此，这将仅显示 AirDrop 选项并隐藏所有其他选项。

在本章，我们将只使用默认的应用程序活动列表。准备好了吗？现在开始吧！

## 11.5　构建 MessageImage 应用程序

使用 Single View Application 模板，在 Xcode 中创建一个新项目，将该项目命名为 MessageImage。

### 11.5.1　构建用户界面

回顾图 11-1，界面非常简单：标有 Go 的单个按钮。当按下该按钮时，应用程序将激活用户设备的相机并允许进行拍照。

```
Select Main.storyboard.
```

从对象库中拖动按钮并放到视图的任何位置。双击该按钮，将其命名为 Go。切换助手编辑器，此时编辑窗口会一分为二，然后打开 ViewController.swift。按住 Control 键并从 Go 按钮处拖动鼠标到 ViewController.swift 中的@interface 和@end 之间。然后添加一个新的操作并将其命名为 selectAndMessageImage。添加约束以使按钮水平对齐并垂直居中，或者简单地按住 Control 键，同时用鼠标向下拖动按钮并在 Container 中选择 Center Horizontally；然后同样按住 Control 键并向右拖动按钮，在 Container 中选择 Center Vertically。

接下来，将一个标签拖到视图窗口。将标签放在按钮上方并通过对齐按钮设置约束，或者只需按住 Control 键并从标签处向左拖动鼠标，在 Container 中选择 Center Horizontally。然后，同样按住 Control 键从标签处拖动鼠标到按钮，选择 Vertical Spacing 约束。在特性查看器中，将文本对齐方式更改为居中。按住 Ctrl 键，从标签处拖动鼠标到刚刚在 ViewController.swift 中创建的 selectAndMessageImage:操作。添加新的接口并将其命名为 Label。最后，双击标签并删除 Label 字样。

现在，保存 storyboard。

## 11.5.2　拍照

单击 ViewController.swift。现在需要视图控制器符合两个委托协议。

```
class ViewController : UIViewController ,UINavigationControllerDelegate,
        UIImagePickerControllerDelegate
```

这是因为使用的图像选择器控制器期望其委托符合 UINavigationControllerDelegate 和 UIImagePickerControllerDelegate。我们正在使用图像选择器控制器，因此可以使用相机并选择要发送的图像。现在，需要为要选择的图像添加属性。

```
var image:UIImage!
```

这就是目前所需要的一切。接下来转到视图控制器实现文件。

## 11.5.3　调用摄像头

选择 ViewController.swift 并在编辑器中将其打开。
按下 Go 按钮时需要实现以下操作方法。

```
@IBAction func selectAndMessageImage(sender: AnyObject)
{
    var sourceType = UIImagePickerControllerSourceType.Camera
    if !UIImagePickerController.isSourceTypeAvailable(sourceType) {
        sourceType = UIImagePickerControllerSourceType.PhotoLibrary
```

```
    }

    var picker = UIImagePickerController()
    picker.delegate = self
    picker.allowsEditing = true
    picker.sourceType = sourceType
    self.presentViewController(picker, animated:true completion:nil)
}
```

按下 Go 按钮后，将图像源设置为设备的摄像头。如果相机不可用（如果在模拟器上运行程序），则回退到使用照片库。将图像选择器委托设置为视图控制器并允许编辑图像。最后，显示图像选择器。

由于我们将视图控制器设置为图像选择器的委托，因此可以添加所需的委托方法。在 selectAndMessageImage:方法后面添加以下代码：

```
//MARK: - UIImagePickerController Delegate Methods

func imagePickerController(picker: UIImagePickerController!,
            didFinishPickingMediaWithInfo info:[NSObject: AnyObject]!)
{
    picker.dismissViewControllerAnimated(true, completion:nil)
    self.image = info[UIImagePickerControllerEditedImage] as UIImage
}

func imagePickerControllerDidCancel(picker: UIImagePickerController!)
{
    picker.dismissViewControllerAnimated(true completion:nil)
}
```

两种方法都会关闭图像选择器，但 imagePickerController:didFinishPickingMediaWithInfo:还会将图像属性设置为用户拍摄（或选择）的图像。

在确保一切准备就绪后运行应用程序，拍一张照片，然后单击使用按钮。应该什么都不会发生，没关系。这是因为我们已经将其分配到了一个 UIImage；如果想在屏幕上显示该图片，还需要一个 UIImageView 来显示照片。

## 11.5.4　选择消息发件人

图 11-3 展示了选择图片后出现的活动视图控制器。下面一起来设置这个功能。

首先，定义一个显示活动视图控制器的方法。打开 ViewController.swift 并添加showActivityIndicator 方法。请在 selectAndMessageImage 之后添加以下代码：

```
func showActivityIndicator()
{
   var message = NSLocalizedString("I took a picture on my iPhone",
                         comment:"I took a picture on my iPhone")
   var activityItems = [message, self.image]
   var activityVC =
      UIActivityViewController(activityItems:activityItems
                          applicationActivities:nil)
   self.presentViewController(activityVC, animated:true, completion:nil)
}
```

现在，需要在选择图片后调用 showActivityIndicator 方法。将以下代码行添加到
imagePickerController:didFinishPickingMediaWithInfo:的末尾。我们需要稍微延迟活动视图
控制器的显示，以允许从根视图控制器中删除 UIImagePickerController 时间。

```
NSTimer.scheduledTimerWithTimeInterval(0.5, target: self,
       selector: "showActivityIndicator", userInfo: nil, repeats: false)
```

检查一下到目前为止我们所有的工作。运行该应用程序并确认出现警告信息。就是
这样。是不是很简单？

**注意：**

如果我们选择了某项服务但尚未配置相应的账户信息，则 iOS 会弹出一条提示读者
设置账户的提醒。

# 11.6　发　　送

在本章中，我们了解了如何向社交媒体服务发送电子邮件、SMS 消息或帖子。读者
现在应该有能力将此功能添加到任何应用程序中了。

# 第 12 章　媒体库访问和播放

　　每个 iOS 设备的核心都是一个一流的媒体播放器。开箱即用，人们可以听音乐，使用播客和有声读物，以及观看电影和视频。

　　iOS SDK 应用程序一直能够进行声音和音乐的播放，而且 Apple 每一版 iOS 的问世都意味着对该功能的扩展。iOS 3 为我们提供了 MediaPlayer 框架，该框架提供了对用户音频库的访问；iOS 5 通过让我们访问存储在用户库中的视频进一步扩展了此功能；而 iOS 7 又进一步为我们提供了语音合成和文本到语音等功能，这些功能又被广泛用于增强 Siri 的能力。

　　iOS 4 扩展了 AVFoundation 框架，可以更好地控制媒体的播放、录制和编辑。这种控制需要付出代价，因为大多数 MediaPlayer 框架的功能并未直接在 AVFoundation 中实现。相反，AVFoundation 允许用户实现自定义控件以满足用户的特定需求。

　　在本章中，读者将学习开发 3 个应用程序：一个简单的音频播放器，一个简单的视频播放器和一个音频/视频播放器。前两个程序将仅使用 MediaPlayer 框架；而最后一个应用程序将使用 MediaPlayer 框架访问用户的媒体库，但之后会使用 AVFoundation 进行播放。

## 12.1　MediaPlayer 框架

　　访问媒体库的方法和对象是 MediaPlayer 框架功能的一部分，该框架允许应用程序同时播放音频和视频。虽然该框架允许读者从用户的库访问所有类型的媒体文件，但是读者有时会遇到一些限制只允许使用音频文件。

　　用户的 iOS 设备上的媒体集合曾被称为 iPod 库，但本书将其替换为媒体库。后者可能更准确，因为 Apple 已经将音乐播放器从 iPod 重命名为 Music，并将视频媒体转移到名为 Videos 的应用程序中。之后，Apple 更进一步地创建了一个名为 Podcasts 的应用程序来处理用户的播客收藏。

　　从 MediaPlayer 框架的角度来看，整个媒体库由 MPMediaLibrary 类表示。但是，读者不会经常使用到此对象。该对象主要在读者运行应用程序过程中收到有关对库进行更改的通知时使用。在应用程序运行时，程序很少对库进行更改，因为这些更改通常是由于将设备与计算机同步而发生的。但如今，用户可以直接将音乐集与 iTunes Store 同步，因此这可能需要监视媒体库中的更改。

　　媒体项由 MPMediaItem 类表示。如果读者想播放用户播放列表中的某首歌曲，那么将使用 MPMediaPlaylist 类，该类代表在 iTunes 中创建并与用户设备同步的播放列表。若要在 iPod 库中搜索媒体项目或播放列表，请使用媒体查询，该查询由 MPMediaQuery 类表示。媒体查询将返回符合用户指定条件的所有媒体项目或播放列表。要指定媒体查询的条件，需要使用被称为媒体属性谓词的特殊媒体中心谓词形式，该查询条件由 MPMediaPropertyPredicate 类表示。

　　让用户选择媒体项目的另一种方法是使用媒体选择器控制器，这是 MPMediaPickerController 的一个实例。媒体选择器控制器允许读者程序的用户使用与他们习惯的 iPod 或音乐应用程序相同的基础界面。

　　读者可以使用播放器控制器播放媒体项目。这里有两种播放器控制器：MPMusicPlayerController 和 MPMoviePlayerController。MPMusicPlayerController 不是视图控制器。其负责播放音频和管理要播放的音频项目列表。一般来说，读者需要提供各种必要的用户界面元素，如播放、暂停、向前跳进或后退的按钮。MediaPlayer 框架提供了一个视图控制器类 MPMoviePlayerViewController，允许在应用程序中对管理全屏电影播放器进行简单的管理。

　　如果要指定播放器控制器要播放的媒体项列表，请使用媒体项目集合，该集合由 MPMediaItemCollection 类的实例表示。媒体项目集合是媒体项的不可变集合。一个媒体项目可能出现在集合中的多个位置，这意味着如果读者创建一个集合，该集合会向读者播放一千次生日快乐歌，然后播放一次 *Rock the Casbah*。这么做确实可以……如果读者真的想。

## 12.1.1　媒体项目

　　表示媒体项目的类 MPMediaItem 与大多数其他类的工作方式略有不同。读者可能希望 MPMediaItem 包含标题、艺术家、专辑名称等内容的属性。但事实并非如此。除了从 NSObject 继承的那些特点以及用于允许归档的两个 NSCoding 方法之外，MPMediaItem 仅包括一个名为 valueForProperty:的实例方法。

　　valueForProperty:与 NSDictionary 的实例非常相似，只使用一组有限的已定义键。因此，如果要检索某个媒体项目的标题，就需要调用 valueForProperty: 并指定键 MPMediaItemPropertyTitle，该方法将返回带有音轨标题的 NSString 实例。媒体项目在 iOS 上是不可变的，因此所有 MPMediaItem 属性都是只读的。

　　某些媒体项目属性是可筛选的。可筛选的媒体项目属性是可以搜索的属性，该处理方法将在本章后面的内容中进行介绍。

### 1. 媒体项目持久化 ID

每个媒体项目都有一个持久化标识符（或持久化 ID），这是一个与不可改变的项目相关联的数字。如果读者需要存储对特定媒体项的引用，则应该存储持久化 ID，因为其是由 iTunes 生成的，所以读者可以相信该 ID 永远不会被改写。

读者可以使用属性键 MPMediaItemPropertyPersistentID 检索某个媒体曲目的持久化 ID，具体方法如下：

```
var persistentID = mediaItem.
valueForProperty(MPMediaEntityPropertyPersistentID) as Int
```

持久化 ID 是可筛选属性，这意味着读者可以使用媒体查询功能根据其持久化 ID 查找项目。存储媒体项目的持久 ID 是保证每次搜索时都能获得相同对象的最可靠的方法。本章将在后面的内容中进行有关媒体查询的讨论。

### 2. 媒体类型

所有媒体项目都有与之关联的类型。目前，媒体项目包括 3 个类别：音频、视频和通用。读者可以通过询问 MPMediaItemPropertyMediaType 属性来确定特定媒体项目的类型，具体如下：

```
var mediaType = mediaItem.valueForProperty(MPMediaItemPropertyMediaType)
as UInt
```

媒体项目表示为 MPMediaItem，它包含有几个常量，可以帮助用户确定特定的媒体类型。

以下是目前使用的常量列表。

- MPMediaType.Music：用于检查媒体是否为音乐。
- MPMediaType.Podcast：用于检查媒体是否为音频播客。
- MPMediaType.AudioBook：用于检查媒体是否为有声读物。
- MPMediaType.AudioAny：用于检查媒体是否为任何音频类型。
- MPMediaType.Movie：用于检查媒体是否为电影。
- MPMediaType.TVShow：用于检查媒体是否为电视节目。
- MPMediaType.VideoPodcast：用于检查媒体是否为视频播客。
- MPMediaType.MusicVideo：用于检查媒体是否为音乐视频。
- MPMediaType.ITunesU：用于检查媒体是否为 iTunes University 视频。
- MPMediaType.AnyVideo：用于检查媒体是否为任何视频类型。

❑    MPMediaType.Any：用于检查介质是否为任何已知类型。

例如，要检查给定项目是否包含音乐，可以使用 mediaType 并执行以下操作来进行检索：

```
if mediaType == MPMediaType.Music.rawValue {

}
```

媒体类型是可筛选属性，因此读者可以在媒体查询中指定（具体方法稍后进行讨论）其应该返回特定类型的媒体。

### 3. 可筛选属性

读者可能会希望从媒体项目中检索到多个属性，包括曲目的标题、类型、艺术家和专辑名称。除 MPMediaItemPropertyPersistentID 和 MPMediaItemPropertyMediaType 外，以下是一些读者可以使用的其他可过滤属性常量。

❑    MPMediaItemPropertyAlbumPersistentID：返回项目专辑的持久化 ID。

❑    MPMediaItemPropertyArtistPersistentID：返回项目艺术家的持久化 ID。

❑    MPMediaItemPropertyAlbumArtistPersistentID：返回项目专辑的主要艺术家的持久化 ID。

❑    MPMediaItemPropertyGenrePersistentID：返回项目流派的持久化 ID。

❑    MPMediaItemPropertyComposerPersistentID：返回项目作曲家的持久化 ID。

❑    MPMediaItemPropertyPodcastPersistentID：返回项目播客的持久化 ID。

❑    MPMediaItemPropertyTitle：返回项目的标题，通常为歌曲的名称。

❑    MPMediaItemPropertyAlbumTitle：返回项目专辑的名称。

❑    MPMediaItemPropertyArtist：返回录制该项目的艺术家的姓名。

❑    MPMediaItemPropertyAlbumArtist：返回项目专辑后面的主要艺术家的名称。

❑    MPMediaItemPropertyGenre：返回项目的风格类型（如古典、摇滚或其他）。

❑    MPMediaItemPropertyComposer：返回项目作曲家的名称。

❑    MPMediaItemPropertyIsCompilation：如果该项是编译的一部分，则返回 true。

❑    MPMediaItemPropertyPodcastTitle：如果曲目是播客，则返回播客的名称。

尽管标题和艺术家几乎总是已知，但这些属性都不能保证会返回一个值，因此当读者的程序逻辑包含以上某一个值时，进行防御性编码是十分重要的。虽然不太可能，但没有指定名称或艺术家的媒体曲目是可能存在。

这是一个从媒体项目中检索字符串属性的示例：

```
var title = mediaItem.valueForProperty(MPMediaItemPropertyTitle) as String
```

### 4．不可筛选的特性

读者可以从媒体项目中检索几乎任何有关 iTunes 中音频或视频项目的信息。以下各项值不可筛选，换句话说，读者不能在媒体属性谓词中使用这些值。例如，读者无法检索长度超过 4 分钟的所有曲目。但是一旦读者有了一个媒体项目，就可以获取大量有关该项目的信息。

❑ MPMediaItemPropertyPlaybackDuration：以秒为单位返回项目的长度。

❑ MPMediaItemPropertyAlbumTrackNumber：返回该曲目在专辑中的编号。

❑ MPMediaItemPropertyAlbumTrackCount：返回此曲目所在专辑中的全面曲目数。

❑ MPMediaItemPropertyDiscNumber：如果曲目来自多个专辑集合，则返回曲目的光盘编号。

❑ MPMediaItemPropertyDiscCount：如果曲目来自多个专辑集合，则返回该集合中的光盘总数。

❑ MPMediaItemPropertyBeatsPerMinute：返回项目的每分钟节拍数。

❑ MPMediaItemPropertyReleaseDate：返回项目的发布日期。

❑ MPMediaItemPropertyComments：返回在 Get Info 选项卡中输入的项目的评论。

数字特性始终作为 NSNumber 的实例返回。曲目时长是一个 NSTimeInterval，是 Swift 中的 Double 类型，可以通过简单地将结果转换为 Double 来检索。其余为无符号整数，可以使用 Int 方法检索。

以下是从媒体项目中检索数字属性的几个示例。

```
var durationNum = mediaItem.
valueForProperty(MPMediaItemPropertyPlaybackDuration) as Double
var trackNum = mediaItem.
valueForProperty(MPMediaItemPropertyAlbumTrackNumber) as Int
```

### 5．检索歌词

如果媒体曲目具有与之关联的歌词，则可以使用属性键 MPMediaItemPropertyLyrics 来检索这些歌词，歌词将以一个字符串实例的形式返回，具体如下：

```
var lyrics = mediaItem.valueForProperty(MPMediaItemPropertyLyrics) as String
```

### 6．检索专辑插图

一些媒体曲目会有一张与之相关的插图。在大多数情况下，这将是曲目专辑的封面图片（也有可能是其他东西）。读者可以使用属性键 MPMediaItemPropertyArtwork 来检索专辑插图，该键返回一个 MPMediaItemArtwork 类的实例。MPMediaItemArtwork 类有一个方法，该方法可以返回一个 UIImage 实例以匹配指定的大小。下面这些代码，可用于获取适合 100×100 px 视图的媒体项目的专辑插图：

```
var art = mediaItem.valueForProperty(MPMediaItemPropertyArtwork) as
MPMediaItemArtwork
var imageSize = CGSizeMake(100, 100)
var image = art.imageWithSize(imageSize)
```

### 7. 用户定义属性

读者可以从媒体项目检索的另一组数据称为用户定义数据。以下是基于用户交互在媒体项目上设置的属性。这些内容包括播放次数和评级等属性。

- ❑ MPMediaItemPropertyPlayCount：返回该曲目被播放的总次数。
- ❑ MPMediaItemPropertySkipCount：返回此曲目被跳过的总次数。
- ❑ MPMediaItemPropertyRating：返回曲目的评级，如果曲目未被评级，则返回 0。
- ❑ MPMediaItemPropertyLastPlayedDate：返回上次播放该曲目的日期。
- ❑ MPMediaItemPropertyUserGrouping：返回 iTunes 获取信息面板中的分组选项卡中的信息。

### 8. AssetURL 属性

最后一个要讨论的属性是在 iOS 4 中添加的，用于 AVFoundation。这里只是稍微提到该属性，具体内容稍后再讨论。

MPMediaItemPropertyAssetURL：NSURL 指向用户媒体库中的某个媒体项目。

## 12.1.2　媒体项目集合

媒体项目可以以不同的集合为分组，这种分组被创造性地称为媒体项目集合。实际上，这是一种读者指定播放器控制器要播放的媒体项目列表的方式。媒体项目集合是由 MPMediaItemCollection 类表示的，是媒体项目的不可变集合。读者可以创建新的媒体项目集合，但是一旦创建了集合，就无法再更改其中的内容。

### 1. 创建一个新的集合

创建媒体项目集合的最简单方法是将读者想要放在集合中的所有媒体项目按照读者希望的顺序放入 NSArray 的实例中。然后，将 NSArray 的实例传递给工厂方法 collectionWithItems:，具体操作如下：

```
var items = [mediaItem1, mediaItem2]
var collection = MPMediaItemCollection(items: items)
```

### 2. 检索媒体项目

要从媒体项目集合中检索特定的媒体项目，请使用实例方法项，该实例方法项将按照其在集合中存在的顺序返回包含所有媒体项的 **NSArray** 实例。例如，如果要检索特定目录下的某个特定的媒体项，可执行以下操作：

```
var item = mediaCollection.items[5] as MPMediaItem
```

或者

```
var item = (mediaCollection.items as NSArray).objectAtIndex(5) as MPMediaItem
```

### 3. 创建派生集合

由于媒体项集合是不可变的，因此读者无法将项添加到集合中，也无法将其他媒体项目集合的内容附加到另一个上面。但是，由于读者可以使用实例方法项来获取集合中包含的媒体项目数组，因此可以创建项目数组的可变副本，修改可变数组的内容，然后基于修改后的数组创建新的集合。

以下是将单个媒体项附加到现有集合末尾的一些代码：

```
var items = originalCollection.items
items.append(mediaItem)
var newCollection = MPMediaItemCollection(items: items)
```

同样，要将两个不同的集合组合成一个，可以将两个集合中的项目数组合并来创建一个新集合：

```
var items = firstCollection.items
items.extend(secondCollection.items)
var newCollection = MPMediaItemCollection(items: items)
```

要从现有集合中删除一个或多个项目，可以使用相同的技术。通过检索集合中包含的项目的可变副本，删除要删除的项目，然后根据项目修改后的副本创建新集合，具体代码如下：

```
var items = NSMutableArray(array: originalCollection.items)
items.removeObject(itemToDelete)

var newCollection = MPMediaItemCollection(items: items)
```

## 12.1.3　媒体查询和媒体属性谓词

要在媒体库中搜索媒体项目，需要使用媒体查询，这是 **MPMediaQuery** 类的实例。

许多工厂方法可以被用来从库中检索按特定属性排序的媒体项目。例如，如果想按艺术家排序的所有媒体项目列表，可以使用 artistsQuery 类方法创建配置的 MPMediaQuery 实例，具体代码如下：

```
var artistQuery = MPMediaQuery.artistsQuery()
```

表 12-1 列出了 MPMediaQuery 上的工厂方法。

表 12-1　MPMediaQuery 工厂方法

| 工厂方法名称 | 包含的媒体类型 | 分组/排序基础 |
|---|---|---|
| albumsQuery | Music | Album |
| artistsQuery | Music | Artist |
| audiobooksQuery | Audio Books | Title |
| compilationsQuery | Any | Album* |
| composersQuery | Any | Composer |
| genresQuery | Any | Genre |
| playlistsQuery | Any | Playlist |
| podcastsQuery | Podcasts | Podcast Title |
| songsQuery | Music | Title |

*仅包含 MPMediaItemPropertyIsCompilation 设置为 true 的专辑

这些工厂方法对于显示在用户库中全部满足预设条件的内容非常有用。另外，用户可能会经常希望将查询限制为更小的项目子集，那么可以使用媒体谓词来完成此操作。可以在媒体项的任何可筛选属性上创建媒体谓词，包括持久化 ID、媒体类型或任何字符串属性（如标题、艺术家或流派）。

要在可筛选属性上创建媒体谓词，可以使用 MPMediaPropertyPredicate 类。使用工厂方法 predicateWithValue:forProperty:comparisonType:创建新实例。以下是创建一个媒体谓词的示例，该示例搜索标题为 Happy Birthday 的所有歌曲：

```
var titlePredicate = MPMediaPropertyPredicate(
    value: "Happy Birthday",
    forProperty: MPMediaItemPropertyTitle,
    comparisonType: MPMediaPredicateComparison.Contains)
```

传递的第一个值（在这种情况下）是 Happy Birthday，称作比较值。第二个值是读者希望比较值与之比较的可筛选属性，通过指定 MPMediaItemPropertyTitle，将歌曲标题与字符串 Happy Birthday 进行比较。最后一项指定了要执行的比较类型。读者可以传递 MPMediaPredicateComparison.EqualTo 以查找与指定字符串完全匹配的项目，或者可以传递 MPMediaPredicateComparison.Contains 以查找包含将传递的值作为子字符串的任何项目。

✎ **注意:**

无论使用哪一种比较类型,媒体查询都不会区分大小写。因此,前面的示例还将返回标题为 HAPPY BIRTHDAY 和 Happy BirthDAY 的歌曲。

因为已经传递的是 MPMediaPredicateComparison.Contains,除了普通的生日快乐,这个谓词还将匹配到 Happy Birthday、the Opera 和 Slash Sings Happy Birthday。如果读者通过的是 MPMediaPredicateComparison.EqualTo,那么只有普通的生日快乐歌会被找到,因为是完全匹配。

读者可以创建多个媒体属性谓词并将其传递给单个查询。如果这样做,查询将使用 AND 逻辑运算符并仅返回满足所有谓词的媒体项目。

要基于媒体属性谓词创建媒体查询,请使用 init 方法 initWithFilterPredicates:并传入包含读者希望其使用的所有谓词的 NSSet 实例,如下所示:

```
var query = MPMediaQuery(filterPredicates: NSSet(object: titlePredicate))
```

一旦有了查询(无论是手动创建还是使用其中一种工厂方法检索),便有两种方法可以执行查询并检索要显示的项目。

❑ 读者可以使用查询的项目属性,该属性返回 NSArray 实例,其中包含满足媒体属性谓词中指定条件的所有媒体项目,如下所示:

```
var items = query.items as NSArray
```

❑ 可以使用属性集合来检索按某一可筛选属性分组的对象。通过将 groupingType 属性设置为读者希望按其分组的可筛选特性的属性键,来告知查询对项目进行分组的属性。如果未设置 groupingType,则默认为按标题分组。

当访问集合属性时,查询将返回一个 MPMediaItemCollections 数组,其中一个集合用于分组类型中的每个不同值。因此,如果读者指定了 MPingiaGroupingArtist 的 groupingType,则查询将为每个歌曲的艺术家返回一个带有 MPMediaItemCollection 的数组,其中至少有一首符合读者的条件。每个集合将包含符合指定条件的该艺术家的所有歌曲。以下是实际代码:

```
query.groupingType = MPMediaGrouping.Artist

    var collections = query.collections
      for oneCollection in collections {
```

```
    // oneCollection has all the songs by one artist that met the criteria
}
```

需要小心媒体查询。因为它是同步的并且发生在主线程中，因此如果读者指定一个返回 100000 个媒体项目的查询，那么当程序在集合或数组中找到、检索和存储这些项目时，用户界面将会卡顿。如果使用的媒体查询可能返回十几个以上的媒体项，那么读者就需要考虑将该操作移出主线程。

### 12.1.4　媒体选择器控制器

如果想让用户从其库中选择特定的媒体项目，就需要使用媒体选择器控制器。媒体选择器控制器允许用户从 iPod 库中选择音频，使用的界面可以与他们已经习惯使用的音乐应用程序中的界面相同。但用户将无法使用 Cover Flow 功能，不过可以在按歌曲标题、艺术家、播放列表、专辑和流派分类的列表中进行选择，就像在音乐应用程序中选择音乐时一样（见图 12-1）。

图 12-1　艺术家、歌曲和专辑的媒体选择器控制器

媒体选择器控制器非常易于使用。其工作原理与前面章节中介绍的许多其他系统提供的控制器类相似，例如在第 11 章中使用的图像选择器控制器和邮件撰写视图控制器。

首先创建 MPMediaPickerController 实例，为其分配一个委托，然后呈现模态，具体如下：

```
var picker = MPMediaPickerController(mediaTypes: MPMediaType.Music)
picker.delegate = self
picker.allowsPickingMultipleItems = true
picker.prompt = NSLocalizedString("Seletct items to play",
    comment: "Seletct items to play")
self.presentViewController(picker, animated: true, completion: nil)
```

创建媒体选择器控制器实例时，需要指定媒体类型。可以选择前面提到的 3 种音频类型中的任何一种——MPMediaType.Music、MPMediaType.Podcast 或 MPMediaType. AudioBook；也可以传递 MPMediaType.AnyAudio，这将返回任何类型音频项目。

✎ 注意：

传递非音频媒体类型不会导致代码中出现任何错误，但是当媒体选择器出现时，其只会显示音频项目。

另外还要注意，读者需要告诉媒体选择器控制器允许用户选择多个项目。媒体选择器的默认操作模式是让用户选择一个而且只能选择一个项目。如果这是读者想要的模式，那么不必做任何事情，但如果想让用户选择多个项目，则必须明确告知。

媒体选择器还有一个名为 prompt 的属性，该属性是一个字符串，显示在选择器的导航栏上方（见图 12-1 的顶部）。它不是必需的，但通常是一个好的选择。

媒体选择器控制器的委托需要符合协议 MPMediaPickerControllerDelegate。这里定义了两种方法：一种方法是在用户单击 Cancel 按钮时被调用，另一种方法是在用户选择了一首或多首歌曲时被调用。

### 1．媒体选择器取消处理

如果在媒体选择器控制器出现后，用户单击 Cancel 按钮，将调用委托方法 mediaPickerDidCancel:。读者必须在媒体选择器控制器的委托上实现此方法，即使是在用户取消时没有任何需要处理的内容，因为必须解除视图控制器。以下代码是该方法的一个最小但相当标准的实现：

```
func mediaPickerDidCancel(mediaPicker: MPMediaPickerController) {
    self.dismissViewControllerAnimated(true, completion: nil)
}
```

### 2．媒体选择器选择处理

如果用户使用媒体选择器控制器选择了一个或多个媒体项目，则将调用委托方法 mediaPicker:didPickMediaItems:。必须实现此方法，不仅因为解除媒体选择器控制器是由该委托负责的，而且因为此方法是知道用户选择了哪些曲目的唯一途径。这些所选项目将在媒体项目集合中进行分组。

下面这些代码是 mediaPicker:didPickMediaItems:的一个简单示例实现，该实现将返回的集合分配给委托的一个属性：

```
func mediaPicker(mediaPicker: MPMediaPickerController!, didPickMediaItems
mediaItemCollection: MPMediaItemCollection!) {
    self.dismissViewControllerAnimated(true, completion: nil)
    self.collection = mediaItemCollection
}
```

## 12.1.5　音乐播放器控制器

如前所述，MediaPlayer 框架中有两个播放器控制器：音乐播放器控制器和电影播放器控制器。读者会在稍后的内容中了解到有关电影播放器控制器的知识。音乐播放器控制器允许读者通过指定媒体项目集合或媒体查询来播放媒体项目队列。正如之前所述，音乐播放器控制器没有视觉元素。它只是播放音频的对象，允许用户通过向前或向后跳转来控制该音频的播放，以便告诉播放器播放特定的媒体项目，还可以调整音量或跳到当前项目中的特定播放时间。

MediaPlayer 框架提供了两种完全不同的音乐播放器控制器：iPod 音乐播放器和应用程序音乐播放器。两种播放器的使用方式是相同的，但两种播放器在工作方式上有一个关键的区别。iPod 音乐播放器是音乐应用程序使用的播放器；与这些应用程序的情况一样，如果用户在播放音乐时退出应用程序，音乐会继续播放。此外，如果用户在听音乐时启动 iPod 音乐播放器的应用程序，则 iPod 音乐播放器将继续播放该音乐。相反，应用程序音乐播放器会在用户的应用程序退出时停止音乐的播放。

这里可能会有一个问题，就是 iPod 和应用程序音乐播放器可以同时使用。如果用户使用应用程序音乐播放器播放音频，但用户当前又在听音乐，则两者都将同时播放。这可能是用户需要的，但也可能不是，因此读者的应用程序通常需要检查 iPod 音乐播放器当前是否正在播放音乐，即使实际计划只是使用应用程序音乐播放器播放音乐。

### 1．创建音乐播放器控制器

无论要获取的是哪一种音乐播放器控制器，都要在 MPMusicPlayerController 上使用其中一种工厂方法。要检索 iPod 音乐播放器，需要使用 iPodMusicPlayer 方法，具体如下：

```
var thePlayer = MPMusicPlayerController.iPodMusicPlayer()
```

检索应用程序音乐播放器控制器的方式与上面类似，但使用的是 applicationMusicPlayer

方法，如下所示：

```
var thePlayer = MPMusicPlayerController.applicationMusicPlayer()
```

### 2．确定音乐播放器控制器是否正在播放

一旦创建了一个应用程序音乐播放器，就需要给这个播放器添加一些内容以便用来播放。但如果读者使用 iPod 音乐播放器控制器，那么很可能该播放器已经在播放一些东西了。所以可以通过查看播放器的 playbackState 属性来确定其是否正在进行播放。如果正在播放，则其将被设置为 MPMusicPlaybackStatePlaying。

```
if thePlayer.playbackState == MPMusicPlaybackState.Playing {
    //Playing
}
```

### 3．指定音乐播放器控制器的队列

有两种方法可以指定音乐播放器控制器的音轨队列：提供媒体查询或提供媒体项集合。如果读者提供的是媒体查询，则音乐播放器控制器的队列将设置为项目属性返回的媒体项目。如果提供的是媒体项目集合，则将使用传递的集合作为其队列。在任何一种情况下，应用程序都将使用传入的查询或集合中的项目替换现有队列。设置队列还会将当前曲目重置为队列中的第一个项目。

要使用查询设置音乐播放器的队列，需要使用方法 setQueueWithQuery:。以下示例将队列设置为所有歌曲，并按艺术家排序：

```
var player = MPMusicPlayerController.iPodMusicPlayer()
var artistQuery = MPMediaQuery.artistsQuery()
player.setQueueWithQuery(artistQuery)
```

通过方法 setQueueWithItemCollection:完成使用媒体项集合设置队列，如下所示：

```
var player = MPMusicPlayerController.iPodMusicPlayer()
var items = [mediaItem1, mediaItem2]
var collection = MPMediaItemCollection(items: items)
player.setQueueWithItemCollection(collection)
```

不幸的是，目前无法使用公共 API 检索音乐播放器控制器的队列。这意味着，如果读者希望能够操纵队列，则通常需要保持音乐播放器控制器中播放队列的独立性。

### 4．获取或设置当前播放的媒体项目

读者可以使用 nowPlayingItem 属性获取或设置当前歌曲。如果正在使用的是 iPod 音乐播放器控制器，则可以让用户决定正在播放的曲目并允许用户指定要播放的新歌曲。

请注意，指定的媒体项目必须已位于音乐播放器控制器的队列中。以下是检索当前播放项目的方法：

```
var currentTrack = thePlayer.nowPlayingItem
// To switch to a different track, do this:
thePlayer.nowPlayingItem = newTrackToPlay
// Must be in the queue already
```

### 5．跳过曲目

音乐播放器控制器允许使用 skipToNextItem 方法跳过一首歌曲，或使用 skipToPreviousItem 跳回到上一首歌曲。如果没有要跳过的下一首或上一首歌曲，音乐播放器控制器将停止播放。音乐播放器控制器还允许使用 skipToBeginning 将进度移到当前播放歌曲的开头。

以下是上述 3 种方法的示例：

```
thePlayer.skipToNextItem()
thePlayer.skipToPreviousItem()
thePlayer.skipToBeginning()
```

### 6．搜索

当用户使用 iPhone、iPod touch 或 iTunes 听音乐时，如果按住前进或后退按钮，音乐将开始向前或向后搜索并以越来越快的速度播放音乐。这可以让用户在同一曲目中跳过不想听的部分或跳回到错过的部分。使用方法 beginSeekingForward 和 beginSeekingBackward 可以使音乐播放器控制器拥有相同的功能。使用这两种方法时，可以通过调用 endSeeking 来停止该进程。

以下是一组调用，表示先向前搜索和停止，然后向后搜索和停止：

```
thePlayer.beginSeekingForward()
thePlayer.endSeeking()

thePlayer.beginSeekingBackward()
thePlayer.endSeeking()
```

### 7．播放时间

请读者不要将播放时间与投资回报时间混淆，播放时间指定了用户目前播放的歌曲已经被播放部分的时间长度。如果当前歌曲已播放 5 s，则播放时间将为 5.0。

可以使用属性 currentPlaybackTime 检索和设置当前播放时间。在使用应用程序音乐播放器控制器时，可以使用此功能，以便在应用程序再次启动时能够准确地恢复到其最后一次退出时正在播放的歌曲的时间点。以下是使用此属性在当前歌曲中向前跳进 10 s

的示例：

```
var currentTime = thePlayer.currentPlaybackTime
var currentSong = thePlayer.nowPlayingItem
var duration = currentSong.
valueForProperty(MPMediaItemPropertyPlaybackDuration) as Double
currentTime += 10
if currentTime > duration {
    currentTime = duration
}
thePlayer.currentPlaybackTime = currentTime
```

请注意，这里需要检查当前正在播放的歌曲的持续时间，以确保没有传递无效的播放时间。

### 8. 重复和随机播放模式

音乐播放器控制器在大多数时候按照已经安排好的歌曲队列的顺序进行播放，从队列的第一首歌曲一直播放到队列的最后一首歌曲，然后停止。不过，用户可以通过在 iPod 或音乐应用程序中设置重复和随机播放属性来更改此方式，通过设置音乐播放器控制器的重复和随机播放模式也可以对该方式进行更改，这些模式由属性 repeatMode 和 shuffleMode 表示。有以下 4 种重复模式。

❑ MPMusicRepeatMode.Default：使用上次在 iPod 或音乐应用程序中使用的重复模式。

❑ MPMusicRepeatMode.None：不重复。当播放队列完成后，停止播放。

❑ MPMusicRepeatMode.One：继续重复当前正在播放的曲目，直到用户受不了为止。这是玩 It's a Small World 的理想选择。

❑ MPMusicRepeatMode.All：队列完成后，从第一首曲目重新开始。

还有以下 4 种随机播放模式。

❑ MPMusicShuffleMode.Default：使用上次在 iPod 或音乐应用程序中使用的随机播放模式。

❑ MPMusicShuffleMode.Off：不会随机播放，只按队列顺序播放歌曲。

❑ MPMusicShuffleMode.Songs：以随机顺序播放队列中的所有歌曲。

❑ MPMusicShuffleMode.Albums：以随机顺序播放当前播放的歌曲专辑中的所有歌曲。

以下是关闭重复和随机播放的示例：

```
thePlayer.repeatMode = MPMusicRepeatMode.None
thePlayer.shuffleMode = MPMusicShuffleMode.Off
```

### 9. 音乐播放器控制器的音量调节

从 iOS 7 开始，不再推荐使用 MediaPlayer 的音量属性。也就是说，不能简单地使用 thePlayer.volume = 0.5 或 0.0～1.0 的值来设置音量。相反，现在只能使用 MPVolumeView，这是一个音量滑块，允许用户用来调整设备的音量，同时还提供通过已连接的 AirPlay 目的地播放音频的功能。这是一个视图对象，因此需要创建并将其添加到视图层次结构中以进行显示和交互。

```
var volume = MPVolumeView(frame: CGRectMake(0,0,self.view.bounds.width,40))
self.view.addSubview(volume)
```

读者可以在本章后面的图 12-13 中看到音量滑块是如何在屏幕上显示的。

### 10. 音乐播放器控制器通知

音乐播放器控制器能够在发生以下 3 种情况时发送通知。

❑ 当播放状态（播放、停止、暂停、搜索等）改变时，音乐播放器控制器可以发出 MPMusicPlayerControllerPlaybackStateDidChangeNotification 通知。

❑ 当音量改变时，它可以发出 MPMusicPlayerControllerVolumeDidChangeNotification 通知。

❑ 当新曲目开始播放时，可以发出 MPMusicPlayerControllerNowPlayingItemDidChangeNotification 通知。

注意，音乐播放器控制器在默认设置下不会发送任何通知。必须通过调用方法 beginGeneratingPlaybackNotifications 告诉 MPMusicPlayerController 的实例开始生成通知。要让控制器停止生成通知，请调用方法 endGeneratingPlaybackNotifications。

如果需要接收这些通知，首先要实现一个处理程序方法，该方法接收一个参数，即 NSNotification，然后向通知中心注册以获取想要的通知。例如，如果希望在当前播放的项目发生更改时触发方法，则可以实现名为 nowPlayingItemChanged:的方法，代码如下：

```
func nowPlayingItemChanged(notification: NSNotification) {
    println("A new track started")
}
```

要开始接收这些通知，可以在通知中注册需要的通知类型，然后让该音乐播放器控制器开始生成通知。

```
var notificationCenter = NSNotificationCenter.defaultCenter()
  notificationCenter.addObserver(self,selector:"nowPlayingItemChanged:",
name:MPMusicPlayerControllerNowPlayingItemDidChangeNotification,
object: the Player)
  thePlayer.beginGeneratingPlaybackNotifications()
```

在完成以上此这些代码后,只要曲目发生变化,通知中心就会调用 nowPlayingItemChanged:
方法。

当完成播放并且不再需要通知时,可以取消注册并告诉音乐播放器控制器停止生成
通知:

```
var center = NSNotificationCenter.defaultCenter()
center.removeObserver(self, name:
MPMusicPlayerControllerNowPlayingItemDidChangeNotification, object:
thePlayer)
thePlayer.endGeneratingPlaybackNotifications()
```

到目前为止读者已经学习了本章所涉及的所有理论, 接下来让我们一起动手构建一
些东西!

## 12.2　简单的音乐播放器

读者要构建的第一个应用程序是一个简单的音乐播放器,这一过程将涉及读者迄今
为止在本书中学到的所有相关知识。该应用程序将允许用户通过 MPMediaPickerController
创建歌曲队列,并通过 MPMusicPlayerController 进行播放。

✎ 注意:

下面将使用术语"队列"来描述应用程序的歌曲列表, 而不是术语"播放列表"。
使用媒体库时, 术语"播放列表"是指从 iTunes 同步的实际播放列表。这些播放列表可
以被读取, 但无法使用 SDK 进行创建。为避免混淆, 这里将坚持使用术语"队列"。

应用程序启动后, 会先检查当前是否有音乐在播放。如果有, 则应用程序将允许继
续播放该音乐,并将任何等待播放的音乐添加到要播放的歌曲列表的末尾。

✎ 提示:

如果读者觉得在应用程序播放特定的音频或音乐时关闭用户当前正在播放的音乐效
果更好, 那么请谨慎行事。如果只是提供音轨, 那么读者应该考虑让正在播放的音乐继
续播放, 或者至少让用户有权选择是否关闭他们播放的音乐以支持读者应用程序播放的
音乐。当然, 是否要这样做的决定权在读者, 但用户的使用体验也确实需要考量。

读者要构建的应用程序可能会有一点不实用, 毕竟这个应用程序能够向用户提供的
所有功能都已包含在 iOS 设备上的音乐应用程序中了。但编写该应用程序将可以使读者
探索类似应用程序可能需要执行的与媒体库相关的几乎所有任务。

**警告：**

本章的应用程序必须在实际的 iOS 上运行。iOS 模拟器无法访问计算机上的 iTunes 资料库，任何与 iTunes 资料库访问 API 相关的调用都将导致模拟器出错。

## 12.2.1　构建 SimplePlayer 应用程序

读者编写的应用将检索 iPod 音乐播放器控制器，并允许使用媒体选择器将歌曲添加到队列中。读者将提供一些基本的播放控件来播放/暂停音乐，以及在队列中向前和向后跳进。

**注意：**

模拟器还不支持媒体库功能。要充分利用 SimplePlayer 应用程序，就需要在 iOS 设备上运行，这意味着需要读者注册 Apple 的付费 iOS 开发者计划。如果读者还没有这样做，那么需要前往 http://developer.apple.com/programs/register/进行注册。

首先在 Xcode 中创建一个新项目。由于这是一个很简单的应用程序，因此将使用 Single View Application 项目模板，然后将新项目命名为 SimplePlayer。

## 12.2.2　构建用户界面

单击 Main.storyboard 以打开 Interface Builder。查看图 12-2。顶部有 3 个标签，中间有一个图像视图，底部有一个带有 4 个按钮的按钮栏。我们先从构建底部开始。

图 12-2　正在播放一首歌曲的 SimplePlayer 应用程序

先将 UIToolbar 从对象库拖到 UIView 的底部。在默认情况下，UIToolbar 提供的 UIBarButtonItem 是与工具栏左侧对齐的。由于工具栏需要 4 个按钮，因此先保留此按钮。将一个可变空间栏按钮项（见图 12-3）拖到 UIBarButtonItem 的左侧。确保使用可变空间，而不是固定空间。如果将其放置在了正确位置，则 UIBarButtonItem 现在应该与 UIToolbar 的右侧是对齐的（见图 12-4）。

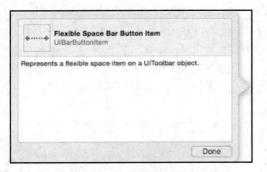
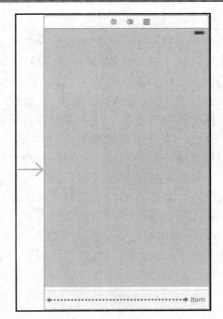

图 12-3　对象库中的可变空间栏按钮项　　图 12-4　使用了可变空间的 SimplePlayer 工具栏

　　在可变空间的左侧添加 3 个 UIBarButtonItem。这些将是应用程序的播放控制按钮。要使这些按钮居中，需要在 UIToolbar 的左侧再添加一个可变空间栏按钮项，如图 12-5 所示。选中最左侧的按钮，然后打开特性查看器。将 Identifier 从 Custom 更改为 Rewind（倒回），如图 12-6 所示。选中新 Rewind 按钮右侧的那个按钮，然后将标识更改为 Play（播放）。将 Play 按钮右侧的按钮标识特性更改为 Fast Forward（快进）。最后，选中最右侧的按钮并将其标识特性更改为 Add。完成后，所有按钮应该如图 12-7 所示。

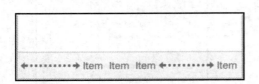

图 12-5　带有全部所需按钮的工具栏　　　　图 12-6　将条工具栏按钮项的标识更改为 Rewind

现在移动到视图上面的部分，准备添加 UIImageView。将一个 UIImageView 拖到工具栏上方的视图中。界面生成器将自动调成 UIImageView 的尺寸以填充整个可用区域。但由于这里不需要这样做，所以请在工具窗口中打开尺寸查看器。此时 UIImageView 应该已经被选中，但如果没有，请先选中以确保正在调整的是正确的组件。尺寸查看器显示的读者的 UIImageView 宽度为 375，更改高度以便与宽度一致。现在，读者添加的图片视图应该是方形的。接下来参照标尺以便使视图中显示的图像视图居中。

现在，需要在顶部添加 3 个标签。将标签拖到应用程序视图的顶部，然后将其区域扩展到视图一样的宽度。打开特性查看器，将标签文本从 Label 更改为 Now Playing。将标签字体的颜色从黑色改为白色，并将字体设置为 System Bold 17.0。将对齐方式设置为中心对齐。最后，将标签的背景颜色更改为黑色（见图 12-8）。接下来在此标签的下方添加第二个标签。该标签的特性设置与第一个标签完全相同，只是将文本从 Label 改为 Artist。在 Artist 标签下再次重复操作添加另一个标签，使用相同的特性设置，并将文本设置为 Song。

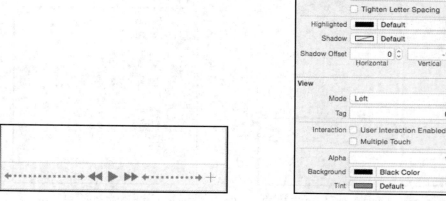

图 12-7　完成后的工具栏　　　　　图 12-8　SimplePlayer 应用程序的标签特性设置

最后，将视图的背景设置为黑色（因为黑色看起来很酷）。

## 12.2.3　声明接口和操作

在界面生成器中，从标准编辑器切换到助手编辑器模式。此时编辑器窗口被拆分为左右两个窗格，左侧显示的是界面生成器，右侧显示的是 ViewController.swift。按住 Control 键并从 Now Playing 标签处拖动鼠标到@interface 声明的正下方，创建一个 UILabel 接口并将其命名为 status。对 Artist 和 Song 标签重复此进程，并将与这两个标签相关的接口分别命名为 artist 和 song。

```
@IBOutlet weak var status: UILabel!
@IBOutlet weak var artist: UILabel!
@IBOutlet weak var song: UILabel!
```

在此按住 Control 键，并从图像视图处拖曳鼠标到标签接口下方，创建一个名为 imageView 的 UIImageView 接口。然后对工具栏和 Play 按钮执行相同的操作。现在读者已经完成设置插座，接下来需要添加相应的操作。

```
@IBOutlet weak var imageView: UIImageView!
@IBOutlet weak var toolbar: UIToolbar!
```

从 Rewind 按钮处按住 Control 键并拖动鼠标，创建一个名为 rewindPressed 的操作。对其他几个按钮重复该操作。将播放操作命名为 playPausePressed，快进操作命名为 fastForwardPressed，添加操作命名为 addPressed。

现在切换回标准编辑器并选中 ViewController.swift，以便在编辑器中将其打开。

首先，读者需要让 ViewController 符合 MPMediaPickerDelegate 协议，以便可以使用 MPMediaPicker 控制器。为此，需要在 UIKit 头文件导入之后导入 MediaPlayer 头文件。

```
import MediaPlayer
```

然后，读者将向 ViewController 添加协议声明。

```
class ViewController: UIViewController, MPMediaPickerControllerDelegate{
```

读者需要添加另一个 UIBarButtonItem 属性来保存音乐播放过程中显示的 Pause（暂停）按钮。还需要将 Play 按钮属性从弱更改为强，以便在两者之间切换。

```
@IBOutlet var playButton: UIBarButtonItem!
var pauseButton: UIBarButtonItem!
```

还需要创建两个属性：一个用于保存 MPMediaPlayerController 实例，另一个用于保存播放器正在播放的 MPMediaItemCollection。

```
var player: MPMusicPlayerController!
var collection: MPMediaItemCollection!
```

当 MPMusicPlayerController 开始播放新媒体项目时，会发送类型为 MPMusicPlayerControllerNowPlayingItemDidChangeNotification 的通知。读者将为该通知设置观察器以便更新视图中的各个标签。

```
func nowPlayingItemChanged(notification: NSNotification){
```

选中 ViewController.swift 并在编辑器窗口中打开。首先，读者需要为程序在加载视图时设置一些内容。找到 viewDidLoad 方法。在调用 super 之后，需要实例化 Pause 按钮。

```
self.pauseButton = UIBarButtonItem(barButtonSystemItem: .Pause,
                    target: self, action: "playPausePressed:")
self.pauseButton.style = .Bordered
```

接下来，创建 MPMusicPlayerController 实例。

```
self.player = MPMusicPlayerController.iPodMusicPlayer()
```

然后当播放器中 Now Playing 项发生变化时注册通知。

```
var notificationCenter = NSNotificationCenter.defaultCenter()
notificationCenter.addObserver(self, selector: "nowPlayingItem Changed:",
    name:MPMusicPlayerControllerNowPlayingItemDidChangeNotification,
                            object: self.player)
self.player.beginGeneratingPlaybackNotifications()
```

请注意，读者必须告知播放器开始生成播放通知。由于已经完成了通知的注册，所以还必须在发布视图时删除观察器。

```
override func didReceiveMemoryWarning() {
   super.didReceiveMemoryWarning()
   // Dispose of any resources that can be recreated.

NSNotificationCenter.defaultCenter().removeObserver(self,
    name:MPMusicPlayerControllerNowPlayingItemDidChangeNotification,
                            object: self.player)
   }
```

接下来开始处理按钮操作。当用户按下 Rewind 按钮时，读者的播放器应该跳到队列中的上一首歌曲。但是，如果当前歌曲已经是队列中的第一首歌曲，则会跳到该首歌曲的开头。

```
@IBAction func rewindPressed(sender: AnyObject) {
    if self.player.indexOfNowPlayingItem == 0 {
        self.player.skipToBeginning()
    } else {
        self.player.endSeeking()
        self.player.skipToPreviousItem()
    }
}
```

当用户按下 Play 按钮时，开始播放音乐，同时该按钮会更改为 Pause 按钮，这时再次按下此按钮，播放器会暂停（停止）播放音乐并让按钮更改回 Play 状态。

```
@IBAction func playPausePressed(sender: AnyObject) {
    var playbackState = self.player.playbackState as MPMusicPlaybackState
    var items = NSMutableArray(array: self.toolbar.items!)
    if playbackState == .Stopped || playbackState == .Paused {
        self.player.play()
        items[2] = self.pauseButton
    } else if playbackState == .Playing {
        self.player.pause()
        items[2] = self.playButton
    }
    self.toolbar.setItems(items, animated: false)
}
```

查询播放器的播放状态后，程序将使用这个结果来决定是启动还是停止播放器。为了能够在 Play 和 Pause 按钮之间切换，读者需要获取工具栏中的项目数组，并使用相应的按钮替换第 3 个项目（索引数为 2），然后替换工具栏的整个按钮项目数组。

Fast Forward 按钮与 Rewind 按钮的工作方式类似。当其被按下时，播放器在队列中向前移动并播放下一首歌曲。但如果当前歌曲已经是队列中的最后一首歌曲，则播放器会停止并重置播放按钮。

```
@IBAction func fastForwardPressed(sender: AnyObject) {
    var nowPlayingIndex = self.player.indexOfNowPlayingItem
    self.player.endSeeking()
    self.player.skipToNextItem()
    if self.player.nowPlayingItem? == nil {
        self.player.setQueueWithItemCollection(self.collection)
        var item = self.collection.items[nowPlayingIndex+1] as MPMediaItem
        self.player.nowPlayingItem = item
        self.player.play()
    } else {
        self.player.stop()
```

```
    var items = self.toolbar.items! as Array
    items[2] = self.playButton
    self.toolbar.items = items
  }
}
```

按下 Add 按钮后，需要以模态方式显示 MPMediaPickerController。请将其设置为仅显示音乐媒体类型并将其委托设置为 ViewController。

```
@IBAction func addPressed(sender: AnyObject){
   var mediaType = MPMediaType.Music
   var picker:MPMediaPickerController =
MPMediaPickerController(mediaTypes: mediaType)
   picker.delegate = self
   picker.allowsPickingMultipleItems = true
   picker.prompt = NSLocalizedString("Select items to play",
      comment: "Select items to play")
   self.presentViewController(picker, animated: true, completion: nil)
}
```

这似乎是添加 MPMediaPickerControllerDelegate 方法的一个好位置。协议中只定义了两种方法：mediaPicker:didPickMediaItems:（在用户完成选择时调用）和 mediaPickerDidCancel:（在用户取消媒体选择时调用）。

```
//MARK: - Media Picker Delegate Methods

func mediaPicker(mediaPicker: MPMediaPickerController!,didPickMediaItems
mediaItemCollection: MPMediaItemCollection!) {
   mediaPicker.dismissViewControllerAnimated(true, completion: nil)

   if let collection = self.collection {
      var oldItems:NSArray = self.collection.items
      var newItems:NSArray = oldItems.arrayByAddingObjectsFromArray
(mediaItemCollection.items)
      self.collection = MPMediaItemCollection(items: newItems)
   } else {
      self.player.setQueueWithItemCollection(self.collection)
      self.collection = mediaItemCollection
   }
   // Start Playing
   var item = self.collection.items[0] as MPMediaItem
   self.player.nowPlayingItem = item
   self.playPausePressed(self)
}
```

```
func mediaPickerDidCancel(mediaPicker: MPMediaPickerController!) {
    self.dismissViewControllerAnimated(true, completion: nil)
}
```

　　用户完成选择后，程序将关闭媒体选择器控制器，然后查看媒体集合属性。如果
ViewController 集合属性为 nil，则只需将其分配给委托调用中发送的媒体集合。如果集合
存在，则需要将新媒体项附加到现有集合。mediaPickerDidCancel:方法只是解除了媒体选
择器控制器。

　　最后，需要实现当前播放项目发生更改时的通知方法。

```
//MARK: - Notification Methods

func nowPlayingItemChanged(notification: NSNotification){
    if let currentItem = self.player.nowPlayingItem as  MPMediaItem? {
        if let artwork = currentItem.valueForProperty
(MPMediaItemPropertyArtwork) as? MPMediaItemArtwork {
            var artworkImage = artwork.imageWithSize(imageView.bounds.size)
            imageView.image = artworkImage
            imageView.hidden = false
        }

        self.status.text = NSLocalizedString("Now Playing", comment: "Now
Playing")
        self.artist.text=currentItem.valueForProperty
(MPMediaItemPropertyArtist) as? String
        self.song.text = currentItem.valueForProperty
(MPMediaItemPropertyTitle) as? String
    } else {
        self.imageView.image = nil
        self.imageView.hidden = true
        self.status.text = NSLocalizedString("Tap + to Add More Music",
            comment: "Tap + to Add More Music")
        self.artist.text = nil
        self.song.text = nil
    }
}
```

　　首先，nowPlayingItemChanged:方法向播放器查询是否正在播放的媒体项目，如果正
在播放某些内容，则会使用 MPMediaItemPropertyArtwork 属性检索媒体项目的插图。该
检索可以确定媒体项目是否包含有插图，如果有，则会将其放入图像视图中，然后更新
标签以告诉用户当前播放歌曲的名称和艺术家的名称。如果播放器没有播放任何内容，
则该方法会重置视图并设置状态标签以告诉用户添加更多音乐。

现在构建并运行 SimplePlayer 应用程序。此时读者应该可以从媒体库中选择音乐并进行播放。这是一个非常简单的播放器，在功能方面也没有额外要求，但读者可以通过该程序了解到如何使用 MediaPlayer 框架播放音乐。接下来，读者还将使用 MediaPlayer 框架来播放视频。

## 12.3　MPMoviePlayerController

使用 MediaPlayer 框架播放视频也很简单。首先，需要获得要播放的媒体项目的 URL。该 URL 可以指向媒体库中的视频文件或 Internet 上的视频资源。如果要在媒体库中播放视频，可以通过 MPMediaItemPropertyAssetURL 从 MPMediaItem 中检索 URL。

```
// videoMediaItem is an instance of MPMediaItem that points to a video in
our media library
var url = videoMediaItem.valueForPropert(MPMediaItemPropertyAssetURL) as
NSURL
```

获得视频的 URL 后，可以创建 MPMoviePlayerController 的实例。该视图控制器处理视频播放和内置播放控件。MPMoviePlayerController 具有 UIView 属性，用于呈现播放。该 UIView 可以集成到应用程序的视图（控制器）层次结构中。使用 MPMoviePlayerViewController 类更容易，其封装了 MPMoviePlayerController。然后，可以将 MPMoviePlayerViewController 以模态方式推送到视图（控制器）层次结构中，从而使其更易于管理。MPMoviePlayerViewController 类使读者可以使用属性访问其底层 MPMoviePlayerController。

为了确定 MPMoviePlayerController 中视频媒体的状态，需要发送一系列通知，如表 12-2 所示。

表 12-2　MPMoviePlayerController 通知

| 通 知 名 称 | 描　　述 |
| --- | --- |
| MPMovieDurationAvailableNotification | 电影（视频）持续时间（长度）已确定 |
| MPMovieMediaTypesAvailableNotification | 已经确定了电影（视频）媒体类型（格式） |
| MPMovieNaturalSizeAvailableNotification | 已确定或更改电影（视频）自然（首选）帧的大小 |
| MPMoviePlayerDidEnterFullscreenNotification | 播放器已进入全屏模式 |
| MPMoviePlayerDidExitFullscreenNotification | 播放器已退出全屏模式 |
| MPMoviePlayerIsAirPlayVideoActiveDidChangeNotification | 播放器已通过 AirPlay 开始或完成播放电影（视频） |
| MPMoviePlayerLoadStateDidChangeNotification | 播放器（网络）缓冲状态已更改 |

续表

| 通 知 名 称 | 描　述 |
|---|---|
| MPMoviePlayerNowPlayingMovieDidChangeNotification | 当前播放的电影（视频）已经变更 |
| MPMoviePlayerPlaybackDidFinishNotification | 播放器已完成播放。原因可以通过 PMoviePlayerDidFinishReasonUserInfoKey 找到 |
| MPMoviePlayerPlaybackStateDidChangeNotification | 播放器播放状态已更改 |
| MPMoviePlayerScalingModeDidChangeNotification | 播放器缩放模式已更改 |
| MPMoviePlayerThumbnailImageRequestDidFinishNotification | 捕获缩略图图像的请求已完成。可能已成功或失败 |
| MPMoviePlayerWillEnterFullscreenNotification | 播放器即将进入全屏模式 |
| MPMoviePlayerWillExitFullscreenNotification | 播放器即将退出全屏模式 |
| MPMovieSourceTypeAvailableNotification | 电影（视频）源类型未知，现在已知 |

通常，使用 MPMoviePlayerController 时，只需要关注这些通知即可。接下来一起构建一个可以播放媒体库中音频和视频媒体的应用。

## 12.4　MPMediaPlayer

读者将使用 MediaPlayer 框架构建一个新的应用程序，该应用程序允许播放媒体库中的音频和视频内容。读者将从标签栏控制器开始构建，其中包含音频内容选项卡和视频内容选项卡（见图 12-9），但这里不会使用队列来进行媒体的选择，在这方面将尽量保持简单：用户选择一个媒体项目，然后由应用程序播放。

使用 Tabbed Application 创建一个新项目，并将应用程序命名为 MPMediaPlayer。

✎ 注意：

从 iOS 7 开始，Apple 就在状态栏下显示表格视图了。如果这使读者感到不便，可以通过一些方法破解和设置 insetRect;。最安全的方法是制作一个导航栏，这样更容易对表视图进行设置。

完成后，Xcode 将创建两个视图控制器：FirstViewController 和 SecondViewController，并在 images.xcassets 中提供标签栏图标。因为读者要对这些控制器和图像进行替换，所以此处将先将其删除。选择文件 FirstViewController.swift 和 SecondViewController.swift，删除文件。当 Xcode 询问时，将文件移动到垃圾箱。接下来，选择 MainStoryboard.storyboard 并在 storyboard 编辑器中打开。选择第一个视图控制器场景并将其删除，选择第二个视图控制器重复此操作。现在从 Images.xcassets 中删除第一个和第二个文件，直到 storyboard

编辑器只剩下标签栏控制器（见图 12-10）。

图 12-9　带有音乐和视频选项卡的 MPMediaPlayer

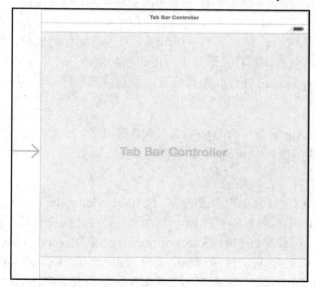

图 12-10　删除第一个和第二个视图控制器

　　再来看图 12-9，读者会看到每个选项卡控制器都是一个表视图控制器。所以，将 UITableViewController 从对象库拖动到 storyboard 编辑器中标签栏控制器的右侧，然后按住 Control 键从标签栏视图控制器拖动鼠标到新的表视图控制器。当弹出 Segue 菜单时，选择 Relationship Segue 标题下的 view controllers 选项。添加第二个 UITableViewController，然后按住 Control 键并从标签栏控制器拖动鼠标到第二个控制器，再次选择视图控制器选项。对齐两个表视图控制器并进行调整，使 storyboard 界面看起来如图 12-11 所示。

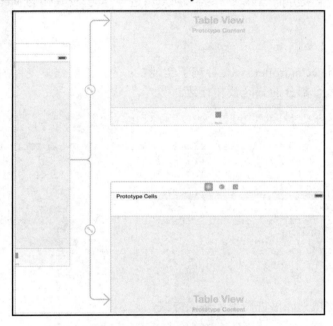

图 12-11　添加新的表视图控制器

　　从顶部的表视图控制器中选择表视图单元格。打开特性查看器并将 Style 特性设置为 Subtitle，将 Mediacell 的值赋予 Identifier 特性，将 Selection 特性设置为 None，并将 Accessory 特性设置为 Disclosure Indicator。对底部表视图控制器中表视图单元的特性进行相同的设置。

　　读者将让顶部的表视图控制器管理音频媒体，底部的表视图控制器管理视频媒体。因此，需要一个音频和视频视图控制器。但是，目前每个视图控制器实际上并没有什么区别，因此读者将首先创建一个 MediaViewController 类，然后将其子类化。使用 Cocoa Touch Class 模板创建一个新文件。将类命名为 MediaViewController，并使其成为 UITableViewController 的子类。

　　MediaViewController 应该满足通用的要求以便处理音频和视频媒体。这意味着需要存储一系列媒体项并提供加载这些项的方法。打开 MediaViewController.swift。启动时需要先导入 MediaPlayer 标题。请在代码 import UIKit 后面添加相关内容。

```
import UIKit
import MediaPlayer
```

　　之前说过这里需要存储媒体项目数组，所以将进行声明，使其作为 MediaViewController 类的属性。

```
var mediaItems: [AnyObject]?
```

　　选择 MediaViewController.swift 并调整实现。首先，需要修复表视图数据源方法，以在表视图中定义每个部分的分区数和行数。

```
// MARK: - Table view data source

override func numberOfSectionsInTableView(tableView:UITableView) -> Int {
    // Return the number of sections.
    return 1
}

override func tableView(tableView: UITableView, numberOfRowsInSection
section: Int) -> Int {
    // Return the number of rows in the section.
    return self.mediaItems.count
}
```

　　接下来，调整填充表格视图单元格的方式。

```
override func tableView(tableView: UITableView, cellForRowAtIndexPath
                        indexPath: NSIndexPath) -> UITableViewCell {
    let cell=tableView.dequeueReusableCellWithIdentifier ("reuseIdentifier",
                  forIndexPath: indexPath) as UITableViewCell

    var row = indexPath.row as Int
    var item = self.mediaItems.objectAtIndex(row) as MPMediaItem
    cell.textLabel?.text = item.valueForProperty
(MPMediaItemPropertyTitle) as String?
    cell.detailTextLabel?.text = item.valueForProperty
(MPMediaItemPropertyArtist) as String?
    cell.tag = row

    return cell
}
```

最后，需要实现 loadMediaItemsForMediaType:方法。

```
func loadMediaItemsForMediaType(mediaType: MPMediaType){
    var query = MPMediaQuery()
    var mediaTypeNumber = Int(mediaType.rawValue)
    var predicate = MPMediaPropertyPredicate(value: mediaTypeNumber,
                          forProperty: MPMediaItemPropertyMediaType)
    query.addFilterPredicate(predicate)
    self.mediaItems = query.items
}
```

定义了 MediaViewController 类后，接下来进行音频和视频子类的创建。使用 Cocoa Touch Class 模板创建一个新文件，将其命名为 AudioViewController，这将是 MediaViewController 的子类。重复此过程，这次将文件命名为 VideoViewController。然后需要对每个文件进行两次小的修改。首先，打开 AudioViewController.swift，在调用 super 之后的位置将以下代码行添加到 viewDidLoad 方法：

```
self.loadMediaItemsForMediaType(.Music)
```

对 VideoViewController.swift 执行相同操作，但这次要加载的是视频。

```
self.loadMediaItemsForMediaType(.AnyVideo)
```

现在进行设置以便让应用程序使用新的视图控制器。选中 MainStoryboard.storyboard 然后打开 storyboard 编辑器。选择顶部的表视图控制器，在标识符查看器中将 Custom Class 的值从 UITableViewController 更改为 AudioViewController，然后将底部的表视图控制器 类更改为 VideoViewController。

在继续之前，先一起来对每个视图控制器的选项卡进行更新。选择音频视图控制器 中的选项卡栏。在特性查看器中，将 Title 设置为 Music 并将 Image 设置为 music.png。读 者可以在本章的下载文件夹中找到图像文件，即 music.png 和 video.png。然后选择视频 视图控制器中的选项卡栏，将 Title 设置为 Video，将 Image 设置为 video.png。

构建并运行应用程序。选择 Music 选项卡时，应该会看到所有媒体库中的音乐；选 择 Video 选项卡时，会看到所有媒体库中的视频。下面我们需要进行播放设置。读者将 使用 MPMoviePlayerViewController 播放视频，但与 SimplePlayer 一样，需要制作音频播 放视图控制器。读者将制作一个更简单的音频播放控制器。创建一个名为 PlayerViewController 的新 Cocoa Touch 类文件，该文件将是 UIViewController 的子类。

选择 MainStoryboard.storyboard，以便可以制作 PlayerViewController 场景。将 UIViewController 拖动到音频视图控制器的右侧。选中这个新的视图控制器，然后打开标 识符查看器。将类从 UIViewController 更改为 PlayerViewController。按住 Control 键并从

音频视图控制器的表格视图单元格拖动鼠标到 PlayerViewController，然后选择 Present Modally Segue。选择 AudioViewController 和 PlayerViewController 之间的跳转，并在特性查看器中将其命名为 PlayerSegue。

完成上述工作后，读者的音频播放视图控制器如图 12-12 所示。从顶部开始，添加两个 UILabel。将这两个 UILabel 拉伸到整个界面的宽度。与使用 SimplePlayer 一样，将标签扩展到视图界面的宽度并调整其特性（System Bold 17.0 字体，中心对齐，白色前景色，黑色背景色）。将上面标签中的文本设置为 Artist，下面标签的文本设置为 Song。

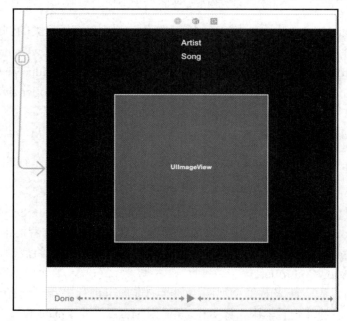

图 12-12　MPMediaPlayer 音频播放视图控制器

将一个 UIImageView 拖动到 Song 标签下方的场景中。使用蓝色标尺将其放到正确位置。调整图像视图的尺寸以适合视图空间的宽度，并使其成为一个正方形（320 px×320 px）。就在图像视图的下方，拖入一个 UIView，使用蓝色标尺调整 UIView 的宽度。最后，将一个 UIToolbar 拖到 PlayerViewController 视图的底部。选择工具栏左侧的 UIBarButtonItem。使用特性查看器，将 Identifier 字段从 Custom 更改为 Done。将一个可变空间栏按钮项拖到 Done 按钮的右侧。接下来，在可变空间栏按钮项的右侧添加 UIBarButtonItem。选中该栏按钮项并在特性查看器中将 Identifier 更改为 Play。最后，使 Play 按钮居中，并在 Play 按钮的右侧添加另一个可变空间栏按钮项。

　　就像编写 SimplePlayer 程序一样，这里也需要读者为 PlayerViewController 创建一些接口和操作。进入助理编辑器模式，按住 Control 键从 Artist 标签处拖动鼠标到 PlayerViewController 实现，并创建一个名为 artist 的插座。对 Song 标签进行相同的操作并将其插座命名为 song。为图像视图、滑块、工具栏和 Play 按钮分别创建接口。除了 UIView 之外，接口的名称都应该是非常直观的（如图像视图的接口名称为 imageView）。我们将把 UIView 的接口命名为 volume，因为我们将使用滑块来控制音量。

　　读者可能认为这里有一个明显的错误，因为这里说的是通过滑块来管理音量，但拖曳进来的确实一个 UIView 还将其命名为“音量”。确实，从某方面来讲这可能是个问题。因为这里会需要一个滑块，而 UIView 不是。但事实是，从 iOS 7 开始，Apple 已经使 volume 属性冗余，通过实例化一个 MPVolumeView，作为滑块，用来调整音频播放时的音量控制。这个 MPVolumeView 被连接到读者的媒体播放器，甚至可以让读者通过 AirPlay 或蓝牙在其他设备上播放音频。读者可以在图 12-13 中看到 UIView 是一个占位符，而 MPVolumeView 就在其中，当点击 AirPlay 图标时，用户可以选择使用 iPhone 或 iMac（运行 Air Server）播放音频。

图 12-13　MPVolumeView 显示的 AirPlay 选项

　　还需要定义两个操作。首先按住 Control 键从 Done 按钮处拖动鼠标以创建 donePressed:
操作，使用同样的方式为 Play 按钮创建 playPausePressed:操作。接下来将编辑器重新置
于标准模式，然后选中 PlayerViewController.swift。

　　首先，需要导入 MediaPlayer。在 import UIKIt 标头下面添加导入声明：

```
import UIKit
import MediaPlayer
```

　　就像之前在 SimplePlayer 中所做的那样，需要将播放属性接口从 weak 重新定义为
strong。而且还声明了暂停（按钮）属性。

```
@IBOutlet var playButton: UIBarButtonItem!
var pauseButton: UIBarButtonItem!
```

　　需要添加更多的属性：一个用于保存 MPMusicPlayerController，另一个用于保存正
在播放的 MPMediaItem，还有一个用于保存 MPVolumeView。

```
var player: MPMusicPlayerController!
var mediaItem: MPMediaItem!
var newVolume: MPVolumeView!
```

　　读者需要知道播放器状态何时发生变化，以及播放器媒体项目何时发生变化。请记
住，这些都是通过通知来处理的。读者将声明一些方法以通过通知中心进行注册。

```
//MARK: - Notification Events

func playingItemChanged(notification: NSNotification){
}

func playbackStateChanged(notification: NSNotification) {
}
```

　　还需要创建 Pause 按钮，由于该按钮不是故事板场景的一部分，所以请找到
viewDidLoad 方法，并在调用 super 之后的位置创建该按钮。

```
self.pauseButton = UIBarButtonItem(barButtonSystemItem: .Pause,
                        target: self, action: "playPause Pressed:")
self.pauseButton.style = .Bordered
```

　　然后在 viewDidLoad 的末尾添加以下代码行：

```
let _W: CGFloat = UIScreen.mainScreen().bounds.width
var frame = self.volume.bounds
```

```
frame.size.width = _W

newVolume = MPVolumeView(frame: frame) //CGRectMake(0, 0, _W, 40))
self.volume.addSubview(newVolume)
// self.view.addSubview(newVolume)
newVolume.userInteractionEnabled = true
newVolume.targetForAction("volumeChanged:", withSender: self.player)
```

还需要一个 **MPMusicPlayerController** 实例来播放用户的音乐。

```
self.player = MPMusicPlayerController.applicationMusicPlayer()
```

读者还想观测播放器的各种通知，因此需要注册这些通知并要求播放器开始生成这些通知。

```
var notificationCenter = NSNotificationCenter.defaultCenter()
notificationCenter.addObserver(self, selector: "playingItemChanged:",
        name: MPMusicPlayerControllerNowPlayingItemDidChangeNotification,
        object: self.player)
notificationCenter.addObserver(self, selector: "playbackStateChanged:",
        name: MPMusicPlayerControllerPlaybackStateDidChangeNotification,
        object: self.player)
    self.player.beginGeneratingPlaybackNotifications()
```

读者需要将媒体项目传递给播放器。但是播放器需要的是 **MPMediaItemCollections**，而不是单独的 **MPMediaItem**。对此，读者将在 viewDidAppear:方法中进行处理，即在其中创建一个集合并将其传递给播放器。

```
override func viewDidAppear(animated: Bool) {
    super.viewDidAppear(animated)

    var collection = MPMediaItemCollection(items: [self.mediaItem])
    self.player.setQueueWithItemCollection(collection)
    self.player.play()
}
```

当 PlayerViewController 被释放时，读者需要程序停止生成通知并注销观察器。所以要找到 didReceiveMemoryWarning 方法，并添加以下调用：

```
override func didReceiveMemoryWarning() {
    super.didReceiveMemoryWarning()
    // Dispose of any resources that can be recreated.
    self.player.endGeneratingPlaybackNotifications()
```

```
   NSNotificationCenter.defaultCenter().removeObserver(self,
        name: MPMusicPlayerControllerPlaybackStateDidChangeNotification,
      object: self.player)
   NSNotificationCenter.defaultCenter().removeObserver(self,
       name: MPMusicPlayerControllerNowPlayingItemDidChangeNotification,
      object: self.player)
}
```

volumeChanged:方法只需通过反映音量滑块的值来更改播放器音量。

```
@IBAction func volumeChanged(sender: AnyObject) {
   // Do nothing for now
}
```

onePressed:方法用来停止播放器并解除 PlayerViewController。

```
@IBAction func donePressed(sender: AnyObject){
   self.player.stop()
   self.dismissViewControllerAnimated(true, completion: nil)
}
```

playPausePressed:方法与 SimplePlayer 中的方法类似，但不需要更新工具栏中的 Play/ Pause 按钮，而是在 playbackStateChanged:方法中进行处理。

```
@IBAction func playPausePressed(sender: AnyObject){
   var playbackState = self.player.playbackState as MPMusicPlaybackState
   if playbackState == .Stopped || playbackState == .Paused {
      self.player.play(
   } else if playbackState == .Playing {
      self.player.pause()
   }
}
```

实现通知观察器方法非常简单。只需在播放器媒体项目更改时更新视图。同样，这与 SimplePlayer 中实现的相同的方法类似。

```
//MARK: - Notification Events

func playingItemChanged(notification: NSNotification){
   if let currentItem = self.player.nowPlayingItem? {
      if let artwork = currentItem.valueForProperty
(MPMediaItemPropertyArtwork) as MPMediaItemArtwork? {
         self.imageView.image = artwork.imageWithSize(self.imageView.
bounds.size)
```

```
            self.imageView.hidden = false
        }
        self.artist.text = currentItem.valueForProperty
(MPMediaItemPropertyArtist) as String?
        self.song.text = currentItem.valueForProperty
(MPMediaItemPropertyTitle) as String?
    } else {
        self.imageView.image = nil
        self.imageView.hidden = true
        self.artist.text = nil
        self.song.text = nil
    }
}
```

playbackStateChanged:通知观察器方法对读者来说是一个新的方法。读者添加此通知，以便当播放器在 viewDidAppear:中自动播放音乐时，该方法随之更新 Play/Pause 按钮的状态。

```
func playbackStateChanged(notification: NSNotification) {
    var playbackState = self.player.playbackState
    var items = self.toolbar.items!
    if playbackState == .Stopped || playbackState == .Paused {
        items[2] = self.playButton
    }else if playbackState == .Playing {
        items[2] = self.pauseButton
    }
    self.toolbar.items = items
}
```

当用户选择表视图单元格到 PlayerViewController 时，程序需要从 AudioViewController 发送音乐媒体项目。为此，需要修改 AudioViewController 的实现。选中 AudioViewController. swift 并添加以下方法：

```
override func prepareForSegue(segue: UIStoryboardSegue,sender: AnyObject?){
    // Get the new view controller using segue.destinationViewController.
    // Pass the selected object to the new view controller.

    if segue.identifier == "PlayerSegue" {
        var cell = sender as UITableViewCell
        var index = cell.tag
        var pvc = segue.destinationViewController as PlayerViewController
```

```
        pvc.mediaItem = self.mediaItems.objectAtIndex(index) as MPMediaItem
    }
}
```

构建并运行应用程序。选择要播放的音乐文件。应用程序此时应该转换为 PlayerViewController 并自动开始播放。滑动音量滑块，看看它是如何调整播放音量的。接下来，一起添加视频播放功能。使用 MediaPlayer 框架非常简单。打开 VideoViewController 并像下面这样实现表视图委托方法 tableView:didSelectRowAtIndexPath::

```
override func tableView(tableView: UITableView, didSelectRowAtIndexPath
indexPath: NSIndexPath) {
    var mediaItem = self.mediaItems.objectAtIndex(indexPath.row) as
MPMediaItem
    if let mediaURL = mediaItem.valueForProperty
(MPMediaItemPropertyAssetURL) as? NSURL {
        var player = MPMoviePlayerViewController(contentURL: mediaURL)
        self.presentMoviePlayerViewControllerAnimated(player)
    }
}
```

再次构建并运行应用程序。选择 Video 标签，然后选择要播放的视频。非常简单！

📎 注意：

虽然列表显示了视频文件，但播放时还是可能会出现问题。例如，如果视频是用户账户的一部分但并未下载到设备，则可能出现各种情况。

## 12.5　AVFoundation

AVFoundation 框架最初是在 iOS 3 中引入的，具有有限的音频播放和录制功能。iOS 4 扩展了该框架，包括视频的播放和录制，以及音频/视频的资源管理。

AVFoundation 的核心是将音频或视频文件表示为 AVAsset。重要的是要理解单个 AVAsset 可能包含多个音轨。例如，音频 AVAsset 可以拥有两个音轨：一个用于左声道，一个用于右声道。视频 AVAsset 可以有更多的音轨：一些用于视频，一些用于音频。另外，AVAsset 可以封装关于其所代表的媒体的其他附加元数据。还有一点也要注意，简单地实例化 AVAsset 并不意味着已经做好播放的准备。分析 AVAsset 本身所代表的数据可能需要一些时间。

为了让用户能够对播放 AVAsset 进行细粒度控制，AVFoundation 将媒体项目的显示状态与 AVAsset 分开。此显示状态由 AVPlayerItem 表示，而 AVPlayerItem 中的每个音轨都由 AVPlayerItemTrack 表示。通过 AVPlayerItem 及其 AVPlayerItemTracks，读者可以使用 AVPlayer 对象确定如何呈现每个项目（即混合音轨或裁剪视频）。如果要播放多个 AVPlayerItem，可以使用 AVPlayerQueue 来安排每个 AVPlayerItem 的播放。

除了更好地控制媒体播放外，AVFoundation 还能让用户创建媒体。用户可以利用设备硬件来创建新的媒体资源。硬件由 AVCaptureDevice 表示。在可能的情况下，读者可以配置 AVCaptureDevice 以启用特定的设备功能或设置。例如，可以将代表 iPhone 相机的 AVCaptureDevice 的 flashMode 设置为打开、关闭或使用自动感应。

要使用 AVCaptureDevice 的输出，需要使用 AVCaptureSession。AVCaptureSession 可以对 AVCaptureDevice 中的管理数据与其输出形式进行协调。此输出由 AVCaptureOutput 类表示。

使用 AVFoundation 创建媒体数据是一个复杂的过程。首先，需要创建一个 AVCaptureSession 来协调媒体的捕获和创建。可以通过定义和配置 AVCaptureDevice 实现，它代表了实际的物理设备（如 iPhone 相机或麦克风）。从 AVCaptureDevice 中，读者可以创建 AVCaptureInput。AVCaptureInput 是一个对象，表示来自 AVCaptureDevice 的数据。每个 AVCaptureInput 实例都有许多端口，每个端口代表一个来自设备的数据流。读者可以将端口视为 AVAsset 音轨的捕获模拟。创建 AVCaptureInput 后，将其分配给 AVCaptureSession。每个会话可以有多个输入。

读者已经获得了捕获会话，并且已经为会话分配输入。现在必须保存数据。读者需要使用 AVCaptureOutput 类并将其添加到 AVCaptureSession 中，可以使用具体的 AVCaptureOutput 子类将数据写入文件，也可以将其保存到缓冲区以进行进一步处理。

现在，读者的 AVCaptureSession 被配置为从设备接收数据并保存。读者需要做的就是告诉会话开始运行。设置完成后，将 stopRunning 消息发送到会话。有趣的是，读者可以在会话运行时更改会话的输入或输出。为确保传输的平顺，读者可以使用一组 beginConfiguration/commitConfiguration 消息来包装这些更改。

资源元数据由 AVMetadataItem 类表示。要将读者的元数据添加到资源，请使用可变版本 AVMutableMetadataItem，并将其分配给资源。

有时读者可能需要将媒体资源从一种格式转换为另一种格式。与捕获媒体类似，可以使用 AVAssetExportSession 类。将输入资源添加到导出会话对象，然后将导出会话配置为新的输出格式并导出数据。

接下来，一起来深入研究 AVFoundation 播放媒体的细节问题。

## 12.6　　TL;DR: AVKit

在上一节，读者学习了如何使用 MediaPlayer。这个过程既漫长又繁复。在 iOS 8 之前，使用 AVFoundation 播放视频非常乏味。但现在，苹果公司有了 AVKit，它位于 AVFoundation 之上，为用户提供了一个完整封装的播放器，其中包含了与 AVFoundation 交互的控件和其他功能。

AVKit 框架只有一个类 AVPlayerViewController。其甚至可以从界面生成器中使用，因此可以使用播放器构建 UI。这实际上削减了大量用以在屏幕上显示控制器的代码。

✎ 注意：

如果在界面生成器中使用 AVPlayerViewController，则必须手动链接框架；否则，可能会使应用程序崩溃。

使用 Single View Application 模板创建名为 AVKitMediaPlayer 的应用程序。首先单击 Main.storyboard 将其打开。将一个按钮拖到此表格的中心，然后将其中的文本更改为 Play Video。如果当前使用了自动布局，那么只需在菜单中选择 Editor→Resolve Auto Layout Issues→Add Missing Constraints 命令即可。接下来将一个 AVPlayerViewController 拖到 storyboard 上。将其放在现有 ViewController 的右侧。现在按住 Control 键并从按钮处拖动鼠标到 AVPlayerViewController，然后从弹出的列表中选择 Present Modally 选项。这会在用户单击按钮时，显示 AVPlayerViewController。最后一件事，单击导航栏中的 Project 文件夹并创建一个名为 PlayerViewController 的新 Cocoa Touch Class 文件，该文件是 AVPlayerViewController 的子类。这一操作会在编辑器中打开 PlayerViewController.swift 文件，同时 Xcode 会显示一些错误。不要紧，请在 import UIKit 语句后添加以下代码：

```
import UIKit
import AVKit
import AVFoundation
```

现在再次单击 Main.storyboard 并选择 AVPlayerViewController。在标识符查看器（Cmd+Opt+3）中将类更改为 PlayerViewController。现在运行应用程序并单击按钮。播放器应该如图 12-14 所示。如果读者单击 Done 按钮，则其将被删除并返回到显示 Play Video 按钮的屏幕。读者几乎没有编写任何代码。滚动模拟器或设备中的界面，或单击屏幕使其全屏显示。读者会发现几乎所有的功能都已经显示出来。但是，如果此时单击 Play Video 按钮，读者看到的只是黑屏，没有视频可播放。

图 12-14　AVPlayerViewController 和 UI

## 12.7　播 放 视 频

要播放视频文件，读者需要设置 AVPlayerViewController 的 AVPlayer 属性。
AVPlayer 需要一个 URL，这是一个可以引用远程或本地文件的标准 NSURL。播放器将
加载/缓冲文件并开始播放。

打开 ViewController.swift 并添加 prepareForSegue;方法，调用此跳转时，程序会将视
频链接传递给播放器。

```
override func prepareForSegue(segue:UIStoryboardSegue,sender: AnyObject?){

   let _AppleWatch_ = "http://images.apple.com/media/us/watch/2014/
videos/e71af271_d18c_4d78_918d_d008fc4d702d/tour/reveal/watch-reveal-
cc-us-20140909_r848-9dwc.mov"

   if let _videoPlayer = segue.destinationViewController
as? PlayerViewController {
```

```
        _videoPlayer.videoURL = NSURL(string:_AppleWatch_)
    }
}
```

_AppleWatch_URL 取自苹果网站，单击该按钮时，系统会通过设置 videoURL 变量将视频链接字符串作为 URL 传递给播放器视图控制器。然后在 viewDidLoad 上，播放器视图控制器创建一个 AVPlayer 并将其分配给封装 videoURL 的视图控制器。这将下载视频并播放，如图 12-15 所示。

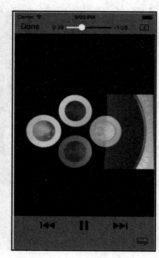

图 12-15　具有 UI、00fit to screen 和 subtitles 等功能的播放器视图控制器

现在要加载和播放已包含在应用程序中的本地文件，方法与上文相同，唯一区别是 URL 是从文件的本地路径创建的。

```
override func prepareForSegue(segue: UIStoryboardSegue,
sender: AnyObject?) {
    var filePath = NSBundle.mainBundle().pathForResource("stackofCards",
ofType: "mp4")
    if let _videoPlayer = segue.destinationViewController
as? PlayerViewController{
        if filePath != nil {
            _videoPlayer.videoURL = NSURL(fileURLWithPath: filePath!)
        }
    }
}
```

用此代码替换现有函数以从项目加载文件。读者可以将自己的视频拖入项目并将其传递给播放器视图控制器。只有一点点障碍：if filePath!=nil。虽然读者可能已经将视频拖到了项目上，但这并不意味着该视频可以被应用程序使用，Xcode 会自动复制.mov 文件，但不会复制其他格式，包括.mp4。读者可以单击项目以显示项目属性。在 Build Phases 下展开 Copy Bundle Resources 以查看可用作资源的文件（即未编译但已复制的文件）。如果读者的视频不在此列表中，则该视频将无法使用。单击"+"号，选择视频，然后单击 Add 按钮。现在，当读者运行程序时，该文件将可用。

如果读者要此播放器播放自己能够控制但不允许用户与其进行交互的介绍性视频，则可以通过将 showsPlaybackControl 设置为 false 来禁用播放器视图控制器上的界面。

```
self.showsPlaybackControls = false
```

读者还可以播放一系列视频，例如带有队列项目的 Video Juke Box;。但是，这里将使用 AVQueuePlayer 而不是 AVPlayer 项。

这将创建一个带有 url 的新 AVPlayer，并将其设置为 AVPlayerViewController 的 player 属性，在本例中为 self。顾名思义，读者可以对要播放的视频项进行排队。

如果选择 AirPlay 为目的地，视频将在外部资源上播放，如图 12-16 所示。在外部资源上播放时，用户可以看到一个 iOS 界面。

图 12-16　玩家通过 AirPlay 在外部资源上进行播放

## 12.8　AVMediaPlayer

读者的 AVMediaPlayer 看起来应该与 MPMediaPlayer 类似，但存在一些细微差别。与选项卡不同，这里将用一个 TableView 显示所有可用的视频，然后进行播放，就像之前的 MPMediaPlayer 一样。

可以看到创建播放器视图控制器非常容易。读者还可以将此 ViewController 中的视图作为子视图嵌入其他视图中。读者可以创建 AVPlayerViewController，然后将其作为 childViewController 添加到主视图的子视图中，然后将框架调整到所需的位置和尺寸。

```
let player = AVPlayer(URL: NSURL(fileURLWithPath: pathFor("stackofCards")!))

let playerViewController = AVPlayerViewController()
playerViewController.player = player

self.addChildViewController(playerViewController)
self.view.addSubview(playerViewController.view)
playerViewController.view.frame = self.view.frame

player.play()
```

最大的问题是如何列出设备上可用的视频。在这里，读者可以看到一种使用 MediaPlayer 列出相同内容的方法。苹果公司推出了一个名为照片框架的新框架，通过它读者可以访问设备上的照片。这是另一种查找视频和存储视频的方法。

读者可以像下面这样查询"相机胶卷"或"照片"应用程序中的视频：

```
var videoAssets = PHAsset.fetchAssetsWithMediaType(.Video, options: nil)
```

fetchAssetsWithMediaType 方法返回 PHFetchResults 对象，该对象包含 PHAsset 类型的视频资源，读者可以使用此 PHAsset 创建播放器并播放资源。

```
let imageManager = PHImageManager.defaultManager()

imageManager.requestPlayerItemForVideo(videoAsset, options: nil,
resultHandler: {
   playerItem, info in
   self.player = AVPlayer(playerItem: playerItem)
})
```

同样，读者也可以使用 requestImageForAsset 方法以类似的方式查询 poster 框架或视频图像。

```
manager.requestImageForAsset(self.videos.objectAtIndex(indexPath.row)
as PHAsset, targetSize: CGSizeMake(150, 150),
        contentMode: PHImageContentMode.AspectFill,
            options: nil,
        resultHandler: {
    assetImage, info in
})
```

## 12.9　AVMediaPlayer v2

打开 Xcode，使用 Single View Application 模板创建一个新应用程序，并将其命名为 AVKitMediaPlayer2。单击 Main.storyboard 并删除已有的视图控制器。现在从对象库中拖出一个 TableViewController，然后在菜单中选择 Editor→Embed in（嵌入）→Navigation Controller（导航控制器）命令。将 Cell 样式更改为 Basic 并将 Identifier 字段设置为 VideoCell。接下来将 Selection 更改为 None。现在添加一个新的 Cocoa Touch Class 文件，将其命名为 MediaListViewController，并使其成为 UITableViewController 的子类。单击 Main.Storyboard 并将 UITableViewController 的类更改为 MediaListViewController，然后单击 MediaListViewController.swift 文件以便在编辑器中将其打开。首先，读者需要在导入 UIKit 之后导入库。

```
import AVFoundation
import AVKit
import Photos
```

在类声明之后，需要声明两个变量：一个用于保存 PHImageManager，另一个用于保存照片库中可用的视频（具体内容见 12.10 节）。

```
let manager = PHImageManager.defaultManager()
var videos:PHFetchResult!
```

Apple 非常重视对 iOS 各种功能的访问，并有授权对话框提示用户在第一次运行时进行授权。照片库就是这样一个功能，第一次使用该功能时，如果用户想要进行访问，则会提示用户，如果用户拒绝访问，那么相关代码将无法获取结果，直到用户通过 Settings→Privacy→Photos 的方式进行允许访问的设置。但是，读者需要知道在应用程序中用户是否对此进行了授权。所以首先，需要查询 ViewDidLoad 中 video 变量内的所有视频资源。

```
override func viewDidLoad() {
    super.viewDidLoad()
    super.title = "Video Browser"
    self.videos = PHAsset.fetchAssetsWithMediaType(.Video, options: nil)
}
```

如果用户拒绝授权访问照片库，则视频中将没有任何内容，因此列表视图不会填充任何内容。读者的程序需要让用户知道这一点。可以使用 viewDidAppear 方法检查授权状态并显示警告。

```
override func viewDidAppear(animated: Bool) {

    super.viewDidAppear(animated)

    if PHPhotoLibrary.authorizationStatus() == .Denied {
        let alert = UIAlertController(
                title: "Requires Access to Photos",
            message: "Please allow this app to access your Photos Library
            from the Settings > Privacy > Photos setting",
            preferredStyle: .Alert)
        let OKButton = UIAlertAction(title: "OK", style: .Default, handler: nil)
        alert.addAction(OKButton)
        UIApplication.sharedApplication().keyWindow?.
rootViewController?.
        presentViewController(alert, animated: true, completion: nil)
    }
}
```

现在取消注释 numberOfSectionsInTableView 方法，并返回 1。

```
override func numberOfSectionsInTableView(tableView:UITableView) -> Int{
    // Return the number of sections.
    return 1
}
```

取消注释 numberOfRowsInSection 以返回 video.count，如果为 nil，则返回 0。

```
override func tableView(tableView: UITableView, numberOfRowsInSection
section: Int) -> Int {
    // Return the number of rows in the section.
    return self.videos?.count ?? 0
}
```

最后，取消注释 cellForRowAtIndexPath 方法，对于该行的视频资源，需要查询图像和详细信息，如视频大小、长度、创建日期和修改日期。

首先，从视频结果中获得资源。

```
override func tableView(tableView: UITableView,
        cellForRowAtIndexPath indexPath: NSIndexPath) -> UITable ViewCell {
    let cell = tableView.dequeueReusableCellWithIdentifier("VideoCell",
                forIndexPath: indexPath) as UITableViewCell

    // Configure the cell…
    var theAsset = self.videos.objectAtIndex(indexPath.row) as PHAsset
```

接下来，向 **PHImageManager** 发送请求以获取该资源的图像。然后，当处理程序返回数据时，可以创建指定大小的 **UIImage** 并将其分配给单元格的 imageView。

```
self.manager.requestImageForAsset(self.videos.objectAtIndex(indexPath.
row) as PHAsset, targetSize: CGSizeMake(150, 150),
            contentMode: PHImageContentMode.AspectFill,
                options: nil,
            resultHandler: {
    image, info in

    UIGraphicsBeginImageContextWithOptions(CGSizeMake(100,100),false,1)
    var context = UIGraphicsGetCurrentContext()
    (image as UIImage).drawInRect(CGRectMake(0, 0, 100, 100))
    var img = UIGraphicsGetImageFromCurrentImageContext()
    UIGraphicsEndImageContext()
    cell.imageView?.image = img
    var duration = String(format: "%0.1fs", theAsset.duration)
    var details = "(\(theAsset.pixelWidth) x \(theAsset.pixelHeight)) -
\(duration)"
    cell.textLabel?.text = details
})
```

视频可以是横向或纵向，之前的代码将以正方形来呈现，这可能导致图像被压扁或拉伸。读者也可以使用函数传递的原始图像，只需将其直接分配给 cell.imageview?.image= image。

读者可以从资源本身获取长度和维度，因此只需将其格式化为字符串并将其显示为单元格上的 textLabel。

```
    return cell
}
```

如果此时运行应用程序，读者应该能够在类似图 12-17 所示的表格视图中看到设备上的视频资源列表。

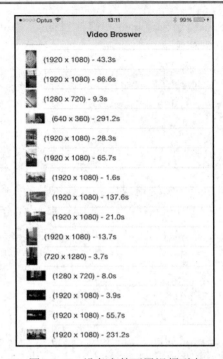

图 12-17　设备上的可用视频列表

# 12.10　照　片　库

Apple 在 iOS 8 中引入的照片框架由 PHImageManager 和 PHPhotoLibrary 组成。读者在前面已经使用过了 PHImageManager 的部分功能；而 PHPhotoLibrary 则用来表示存储在设备上的所有图像和视频，包括 iCloud（如果启用）。

与 MediaPlayer 一样，实际包含该项目元数据信息的元素是 PHAsset。PHAsset 可以是 3 种媒体类型（即图像、音频或视频）之一。它还具有其他属性，如 pixelWidth 和 pixelHeight，用于表示图像或视频的大小（正如读者在前面的示例程序中使用的那样），还有 creationDate 和 modificationDate 等属性。要想知道图像的拍摄位置，PHAsset 还有一个名为 location 的属性，类型为 CLLocation，该属性保存了图像或视频拍摄时位置的 GPS 坐标。duration 属性保存视频的播放时间或长度。在照片中，读者还可以将图像或视频标记为收藏项，favorite 属性将告诉我们该项目是否已被标记为收藏项。

PHAsset 对象保存在 PHAssetCollection 中。这是表示相册，智能相册和时刻的集合项。该集合项是一个有序列表，其属性是估计值而不是实际值。approximateLocation 和 estimatedAssetCount 等属性以及 startDate 和 endDate 定义了此 PHAssetCollection 类。属性 assetCollectionType 用于表示集合的类型，包括相册、智能相册或时刻集合。

另一个集合是 PHCollectionList，其构成了文件夹和 moment 中的"年"。该集合具有与 PHAssetCollections 类似的一组属性。这些属性允许读者访问照片库的体系结构模型。

每次查询类时，实际上都是以 PHFetchResults 形式返回的资源元数据。这类似于 NSArray，但属于延迟加载。要获取与该资源相关联的图像或视频，读者必须像之前一样查询 PHImageManager 以获取所有视频。要获取所有图像，只需使用以下代码：

```
var images = PHAsset.fetchAssetsWithMediaType(.Image, options: nil)
```

在遍历结果中包含的每个资源时，读者可以像下面这样查询图像详细信息：

```
self.manager.requestImageForAsset(self.videos.objectAtIndex(indexPath.
row) as PHAsset, targetSize: CGSizeMake(150, 150),
              contentMode: PHImageContentMode.AspectFill,
                  options: nil,
            resultHandler: {
    image, info in
}
```

这段代码与读者在本章前面获取视频图像时所使用的代码相同。

## 12.11　修改照片库

Photos 框架在线程上运行，以提供更流畅的 UI 和交互。因此，对象是不可变的，这使得框架对线程是安全的，但也难以使用点语法。读者不能简单地获取资源然后修改数据并保留它，而只能使用 PHAssetChangeRequest 创建一个新的 changeRequest 对象，然后执行更改，允许框架通过 performChanges 块异步应用更改。读者可以更改 4 个属性，即 favorite、hidden、creationDate 和 location。

```
PHPhotoLibrary.sharedPhotoLibrary().performChanges({
    let request = PHAssetChangeRequest(forAsset: theAsset)
    request.favorite = !request.favorite
},
completionHandler: nil)
```

读者可以在代码中进行一些修改以创建图像查看器，并在每次单击图像时对其进行查看。

首先修改 viewDidLoad 方法，将 app 的标题从视频浏览器更改为图像浏览器，接下来修改查询以获取所有图像，而不是视频。

```
override func viewDidLoad() {
    super.viewDidLoad()
    // self.title = "Video Browser"
    self.title = "Image Browser"

    // self.videos = PHAsset.fetchAssetsWithMediaType(.Video,options: nil)
    self.videos = PHAsset.fetchAssetsWithMediaType(.Image, options: nil)
}
```

读者可以运行并查看设备或模拟器中图像填充的列表。现在，在 cellForRowAtIndexPath 中，可以使用 AccessoryType 显示图像是否为收藏项。请在 return cell 这一行代码之前，添加以下代码：

```
cell.accessoryType = theAsset.favorite ? .Checkmark : .None
```

如果图像被标记为收藏，则会显示一个复选标记。如果想要测试，可以切换到设备或模拟器上的 Photos 应用程序，然后选择几个图片，通过单击心形按钮将这些图片加入收藏夹，如图 12-18 所示。

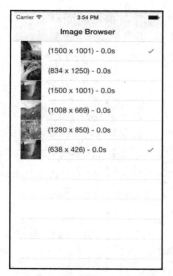

图 12-18　将图像标记为照片中的收藏项

如果读者单击任何图像，视频播放器将显示无法播放。这很容易解决。只需向下面这样对 didSelectRowAtIndexPath 进行修改：

```
override func tableView(tableView: UITableView, didSelectRowAtIndexPath
indexPath: NSIndexPath) {
    var theAsset = self.videos.objectAtIndex(indexPath.row) as PHAsset
        if theAsset.mediaType == .Video {
            manager.requestPlayerItemForVideo(theAsset as PHAsset,
                                    options: nil,
                                resultHandler: {
                item, info in
                var playerVC = AVPlayerViewController()
                var player:AVPlayer = AVPlayer(playerItem: item)
                playerVC.player = player

                player.play()
                self.presentViewController(playerVC, animated: true,
completion: nil)
            })
    }
```

此时如果运行应用程序并单击一个单元格，将不会有任何效果，因为其只显示图片，而不显示视频。但是，如果读者将 viewDidLoad 中的项目类型更改为.Video 并再次单击该单元格，则程序将开始播放。

# 12.12　在对我讲话吗

技术发展很快，但没有我们预期的那么快。摩登家族中的场景比 2015 年更先进，但这并不妨碍我们的移动设备与我们交谈。Siri 开始了这一切，现在读者的应用也可以。在 iOS 7 中，苹果公司使文本-语音合成技术成为 SDK 的一部分。因此，读者可以让警告框开始说话了，这不仅可以为读者的应用增加价值，还可以使其更易于访问。这同样也是面向儿童的应用程序，读者可以保存录音的.wav 或.mp3 文件来询问"什么是 2＋2？"或其他任何问题。

AVFoundation 框架非常强大，还包含语音合成 api。文本-语音转换的第一步是创建一个合成器。类 avspeech 合成器可以返回合成器对象。

```
let synthesizer = AVSpeechSynthesizer()
```

第二步是创建一段话语，这是一个将被合成器转换成语音的文本。类 AVUtterance 会根据传递给它的指定字符串创建一段话语。

```
let utterance = AVSpeechUtterance(string:thisSentence)
```

接下来要为其赋予一个真正的声音。读者需要为合成器指定一个语言和声音。声音是为话语而设的。这些都基于 BCP47 语言标签，读者可以在 http://tools.ietf.org/rfc/bcp/bcp47.txt 中找到更多信息。Apple 大约支持 36 种语言。通过为语言传递 nil 值可以使用系统上的默认语言。

```
utterance.voice = AVSpeechSynthesisVoice(language: "en-US")
```

最后，需要告诉合成器把这段文字合成为语音。

```
synthesizer.speakUtterance(utterance)
```

这就是把文本转换成语音所要做的工作。实际上，SDK 的功能比这些要多得多。读者还可以改变音高和音量，还有其他方法可以操作语音播放，如 stopSpeakingAtBoundary:、pauseSpeakingAtBoundary:和 continueSpeaking。语音合成可以分为 AVSpeechBoundary.Immediate 和 AVSpeechBoundary.Word。

读者还可以设置委托来处理重要语音事件的通知，如 didstartspeech hutterance、didfinishspeech hutterance、didPauseSpeechUtterance、didContinueSpeechUtterance 和 didcancelspeech hutterence。

语音合成器具有一个委托方法，该委托方法会被合成器说出的每个单词调用。方法 synthesizer:willSpeakRangeOfSpeechString:utterance:获取要传递给合成器播放的原始字符串的范围。这可以用来突出显示单词，因为合成器正在合成这些单词，读者甚至可以将音量设置为 0 并在显示屏幕上突出这些单词。

提示:

苹果系统支持的所有语言都可以使用 avspeech synthesisvoice.speech hvoices()找到。

## 12.13　注意！前方波涛汹涌

在本章中，读者使用 iPod 音乐库进行了一次漫长而愉快的旅程。读者了解了如何使用媒体查询查找媒体项，以及如何让用户使用媒体选择器控制器选择歌曲；学习了如何使用和操作媒体项的集合。本书还向读者展示了如何使用音乐播放器控制器来播放媒体项，以及如何通过查找或跳过来操作当前正在播放的项。读者还了解了如何查找当前正在播放的曲目，无论是读者的代码播放的曲目，还是用户使用 iPod 或音乐应用程序选择的曲目。读者还进一步研究了 AVKit、AVFoundation 和 Photos 框架来访问和显示图像及视频。

现在，请准备好，是时候进入 iOS 的开放领域了。

# 第 13 章　闪光灯、摄像头和内容捕获

如今每个移动设备都会配备一个摄像头；事实上，在许多情况下，一个设备会有两个摄像头，并且已经不再仅仅是作为摄像头来使用。需要注意的是，摄像头是 iOS 设备家族的重要组成部分。在本章中，我们将按顺序探索光、相机和动作的功能。

## 13.1　闪　光　灯

当一个发光二极管（LED）闪光灯被添加到 iPhone 上时，许多开发人员做的第一件事就是制作手电筒和闪光灯应用程序，虽然这些东西在商店里随处可见。当时，Apple 还没有提供访问闪光灯的 API。然而，现在 AVFoundation 已经集成了访问闪光灯的功能。要使用 LED 闪光灯，需要做的第一件事就是找到可用来捕捉图像的设备（可以使用闪光灯），这可以通过类 **AVCaptureDevice** 来，然后就是查询该设备是否支持闪光灯、对焦等功能。如果有硬件支持此功能，则 hasTorch 方法返回 true，否则返回 false。

```
var devices = AVCaptureDevice.devices()
for device in devices {
   let _device = device as AVCaptureDevice
   if _device.hasTorch{
      // Code to work with the Flash
   }
}
```

捕获设备具有手电筒并不意味着可以使用，还必须使用 isAvailable 属性检查火炬是否可用。（由于几个原因，手电筒可能无法使用。其中一个原因是 LED 过热并需要关闭一段时间冷却后才能使用。）

```
if _device.torchAvailable {
}
```

一旦读者确定图像捕获设备具有 LED 的功能，并且是可用的，就可以简单地将 **torchMode** 更改为 **AVTorchMode.On**、**AVTorchMode.Off** 或 **AVTorchMode.Auto**。当闪光灯打开时，读者还可以通过 torchLevel（只读）检索闪光灯亮度，该值介于 0 和 1 之间。

```
_device.torchMode = AVCaptureTorchMode.On
```

把这些代码放在一起，就得到了一个手电筒应用程序。然而，Apple 可能不会在 App Store 上批准这种做法了。此外，手电筒现在是 iPhone 的一部分，如图 13-1 所示，读者可以通过从屏幕底部向上滑动并轻击手电筒图标的方式将其打开或关闭。

图 13-1　手电筒已成为 iOS 的内置功能

## 13.2　摄　像　头

iPhone 的一个重要部分就是摄像头。事实上，有两个摄像头——前置摄像头和带闪光灯的高分辨率后置摄像头。通过相机应用程序捕获的照片存储在相机卷中（可通过照片应用程序访问）。但从 AVFoundation 的角度来看，读者可以使用摄像头做更多事情。

首先我们一起探索一下这个架构，以了解其中的内容。该框架允许读者捕获图像或声音，框架核心是一个捕获设备，由 AVCaptureDevice 类指定。在 13.1 节中，读者枚举了所有可用的捕获设备，以查询是否具有闪光灯硬件。AVCaptureDevice 类可以代表相机或麦克风。接下来是 AVCaptureInput 类，用于配置输入设备的端口。然后是 AVCaptureOutput 类，用于指定捕获数据（图像、声音或视频）输出的点。所有这些都在 AVCaptureSession 类中绑定在一起。读者可以通过 AVCaptureSession 类协调配置多个输入和输出。

```
var device = AVCaptureDevice.defaultDeviceWithMediaType(AVMediaTypeVideo)
var input = AVCaptureDeviceInput(device: device, error: nil)
var session = AVCaptureSession()
session.addInput(input)
session.startRunning()
```

如果读者需要预览相机正在录制的内容，可以通过 AVCaptureVideoPreviewLayer 类来进行访问，该类是 CALayer 的子类。

```
var previewLayer = AVCaptureVideoPreviewLayer(session: session)
previewLayer.videoGravity = AVLayerVideoGravityResizeAspectFill
previewLayer.frame = theView.frame
theView.layer.addSublayer(previewLayer)
```

这将添加一个供摄像头实时馈送的图层。如果视图的大小与屏幕的大小相同，则可以进行全屏摄像头预览。由于是 CALayer，读者可以添加更多的图层，转换、缩放、旋转，甚至转换成 3D。

注意：

Apple 的技术文档明确指出，同时从前置摄像头和后置摄像头进行捕获是不可能的。

会话可以配置为通过可用的预置值指定图像质量和分辨率。读者可以使用表 13-1 中的符号进行设置。

表 13-1　预设值

| 符　　号 | 分　辨　率 | 注　　释 |
|---|---|---|
| AVCaptureSessionPresetHigh | 高 | 最高录制质量 |
| AVCaptureSessionPresetMedium | 中 | 适合通过 Wi-Fi 分享 |
| AVCaptureSessionPresetLow | 低 | 适合通过 3G 分享 |
| AVCaptureSessionPreset640×480 | VGA | 适合 VGA 画质捕获 |
| AVCaptureSessionPreset1280×720 | 1280×720 | 720p 高清 |
| AVCaptureSessionPreset1920×1080 | 1920×1080 | 全高清 |
| AVCaptureSessionPresetPhoto | 照片画质 | 使用全分辨率捕获，不支持视频 |

读者还可以根据捕获设备的特性来对其进行查询，以确保使用的是正确的设备，并且具有读者需要的功能。如果读者想以全高清分辨率使用后置摄像头进行捕捉，可以使用以下代码：

```
if device.hasMediaType(AVMediaTypeVideo) &&
   device.supportsAVCaptureSessionPreset(AVCaptureSessionPreset1920
×1080) &&
   device.position == AVCaptureDevicePosition.Back{
       // This device has all the capabilites you require
   }
```

# 13.3　更　改　设　置

在大多数情况下，更改设置就像为对象分配新值一样简单。但是，要获得对硬件的独占访问以更改设置，则必须在更改之前设置锁定。完成后，还必须再次进行解锁。锁定和解锁的方法分别是 lockForConfiguration 和 unlockForConfiguration。

```
theDevice.lockForConfiguration(nil)
// Change the settings here
theDevice.unlockForConfiguration()
```

捕获设备可以提供微调设置的属性，如曝光模式、聚焦模式、闪光模式、割炬模式、视频稳定和白平衡属性。例如，读者可以将摄像机的焦点锁定在屏幕上的某个位置。

```
if device.isFocusModeSupported(AVCaptureFocusMode.ContinuousAutoFocus){
    var autoFocus = CGPointMake(0.5, 0.5)
    theDevice.lockForConfiguration(nil)
    device.focusPointOfInterest = autoFocus
    device.focusMode = AVCaptureFocusMode.ContinuousAutoFocus
    theDevice.unlockForConfiguration()
}
```

读者可以从以下 focusMode 设置中进行选择。

❑　.Locked 将相机焦点锁定在指定的焦点上，这可以为用户锁定焦点提供便利。

❑　.AutoFocus 通过单次扫描焦点后再恢复到锁定焦点来帮助用户将焦点聚焦在没有成功处在屏幕中心的物体上并保持该焦点。

❑　.ContinuousAutoFocus 会根据需要持续执行自动对焦。

如果在更改某些 AVCaptureSession 设置（如输入或输出）后需要独占访问，则使用的函数为 beginConfiguration 和 commitConfiguration。

下面开始创建程序。启动一个新的 Xcode 单视图项目，并将其命名为 Camera_1。单击 ViewController.swift 并导入 AVFoundation；然后在类声明之后添加变量（theCamera、theInputSource 和 thePreview）以保存会话。

```
import UIKit
import AVFoundation

class ViewController: UIViewController {

    var session: AVCaptureSession!
```

```
var theCamera: AVCaptureDevice!
var theInputSource: AVCaptureDeviceInput!

var thePreview: AVCaptureVideoPreviewLayer!
```

在 viewDidLoad 方法中，可以检测可用的摄像头，并将 theCamera 设置为设备后置摄像头。函数 AVCaptureDevice.devicesWithMediaType 返回的是能够处理特定媒体类型的设备。

```
var allCameras = AVCaptureDevice.devicesWithMediaType(AVMediaTypeVideo)
```

现在，可以通过 position 属性遍历每一个可用的摄像头来标识出后置摄像头。

```
for camera in allCameras {
    if camera.position == AVCaptureDevicePosition.Back {
        theCamera = camera as AVCaptureDevice
        break
    }
}
```

现在，已经识别出了后置摄像头，接下来需要对该设备创建会话和输入设备。

```
session = AVCaptureSession()
theInputSource = AVCaptureDeviceInput(device: theCamera, error: nil)
```

创建了输入源之后，需要将其添加到会话中。最好先使用 canAddInput 函数检查是否可以将这个输入源添加到会话中。

```
if session.canAddInput(theInputSource){
    session.addInput(theInputSource)
}
```

现在所有这些都就绪了，可以创建一个预览图层来显示作为指定输入源的摄像头正在捕获的内容。预览图层是 CALayer 类的子类，需要添加到视图中图层集合的子图层中。

```
thePreview = AVCaptureVideoPreviewLayer(session: session)
thePreview.frame = self.view.bounds
thePreview.videoGravity = AVLayerVideoGravityResizeAspectFill
self.view.layer.addSublayer(thePreview)

session.startRunning()
}
```

如果此时运行项目，将看到全屏显示的摄像机视图。

注意：

在图 13-2 中，添加了一个文本视图，背景是实时摄像头视图。所以，用户可以一边打字一边看手机屏幕。但这样的功能不建议在交通或可能发生事故的地方使用。此外，长时间使用摄像头还会耗尽设备的电池。

图 13-2　带有叠加文本视图的摄像头预览界面

## 13.4　选择一个摄像头

大多数情况下，后置摄像头是默认摄像头，效果很好。但读者有时可能需要使用前置摄像头。在前面的代码中，如果使用 AVCaptureDevicePosition.Front 替代 AVCaptureDevicePosition. Back，便可以使用前置摄像头。读者可以进行更改并重新运行应用程序以查看差异。

然而，在读者的应用程序中，可能想要一个按钮，允许用户在摄像头输入源之间进行切换。更改代码中的摄像头输入源代码，然后再重新编译应用程序并运行程序，这一系列操作十分不方便。因此，读者可以同时存储摄像头和一个变量，该变量可以帮助读者的程序确定将哪个摄像头用作当前输入源。

```
var theFrontCamera: AVCaptureDevice!
var theBackCamera: AVCaptureDevice!
var theSource = 0
```

将 viewDidLoad 方法进行一些少量的更改，然后就可以检测两个摄像头并进行相应的保存。

```
override func viewDidLoad() {
    super.viewDidLoad()
    // Do any additional setup after loading the view, typically from a nib.

    var allCameras = AVCaptureDevice.devicesWithMediaType(AVMediaTypeVideo)

    for camera in allCameras {
        if camera.position == AVCaptureDevicePosition.Back {
            theBackCamera = camera as AVCaptureDevice
        } else if camera.position == AVCaptureDevicePosition.Front {
            theFrontCamera = camera as AVCaptureDevice
        }
    }

    theCamera = theBackCamera
    ...
```

要在两个输入源之间进行切换，就需要一个按钮，因此请在 Main.storyboard 中添加一个按钮。设置布局约束，以便在设备上运行程序时可以看到该按钮。在助手编辑器中，使用 Control 加鼠标拖动的方法创建一个名为 theButton 的接口。然后再次以同样的方式创建一个名为 switchCamera 的操作。

```
@IBOutlet weak var theButton: UIButton!
```

如果此时运行代码，仍然看不到按钮。这个问题不在于约束，而是由于该按钮被 previewLayer 覆盖了。因此，需要通过 viewDidLoad 函数中的命令 bringSubviewToFront 将按钮图层放到视图层次结构的顶部，即右大括号之前。

```
self.view.bringSubviewToFront(theButton)
```

接下来，在每次按下按钮时都被调用的函数 switchCamera 中，先根据 theSource 的值切换摄像头，然后启动配置以更改会话详细信息。首先删除 theInputSource，然后基于摄像头创建新的 InputSource，并在最终提交配置之前将其添加到会话中。

```
@IBAction func switchCamera(sender: AnyObject){
    theSource = 1 - theSource
```

```
    if theSource == 0 {
        theCamera = theBackCamera
    } else {
        theCamera = theFrontCamera
    }
    session.beginConfiguration()
    session.removeInput(self.theInputSource)
    theInputSource = AVCaptureDeviceInput(device: theCamera, error: nil)
    session.addInput(theInputSource)

    session.commitConfiguration()
}
```

现在每次单击该按钮时，都会改变摄像头输入源。

注意:

所有能运行 iOS 8 或 Swift 的设备，或苹果官方支持的设备都是双摄像头，一个在设备的前面，一个在设备的后面。唯一没有双摄像头的设备是 iPad 1$^{st}$ 系列。如果要确保代码无懈可击，可以使用 session.canAddInput 函数测试一下是否可以将 InputSource 添加到会话中。

## 13.5　选择一个输出源

读者现在已经拥有了一个输入源，但是如果想进行视频录制或拍照，还需要一个输出源。AVFoundation 中有一个名为 AVCaptureOutput 的抽象类。读者可以从该框架提供的一些输出源中进行选择，如表 13-2 所示。

表 13-2　AVCaptureOutput 输出源

| 输 出 格 式 | 描　　　　述 |
| --- | --- |
| AVCaptureVideoDataOutput | 用于处理捕获的音频数据 |
| AVCaptureAudioDataOutput | 用于处理捕获的音频数据 |
| AVCaptureFileOutput | 开始将数据写入设备上的文件 |
| AVCaptureMovieFileOutput | 将捕获设备中的电影数据写入 QuickTime，MOV 格式 |
| AVCaptureStillImageOutput | 数据作为单个图像写入文件 |
| AVCaptureMetadataOutput | 从图像中读取元数据，如条形码或二维码 |

如果要拍照，可以使用 AVCaptureStillImageOutput 作为 outputSource。

然后，当用户想拍照时，可以触发 outputSource 上的 capturestillimagfromconnection: completionHandler:函数。完成处理程序会被传递给包含图像的 CMSampleBuffer。这可以转换成一个 UIImage，然后被保存到相机胶卷或应用程序的沙箱中。

更改代码，首先创建一个新的变量来引用 outputSource。

```
var theOutputSource: AVCaptureStillImageOutput!
```

然后在 viewDidLoad 中，将输出源添加到会话中。

```
theOutputSource = AVCaptureStillImageOutput()
    session.addOutput(theOutputSource)
```

转到 Main.storyboard 并添加一个新的按钮，将按钮文本更改为 Take Picture，并添加 ImageView。打开助手编辑器，按住 Control 键并从按钮处拖动鼠标，创建一个名为 picButton 的接口。再次按住 Control 键，从该按钮处拖动鼠标，这次创建一个名为 takePicture 的操作。再从 ImageView 创建另一个接口并将其命名为 theImage。最后关闭助手编辑器。

现在可以编写 takePicture IBAction 方法的实现，具体如下：

```
@IBAction func takePicture(sender: AnyObject){
var theConnection=theOutputSource.connectionWithMediaType(AVMediaTypeVideo)
theOutputSource.captureStillImageAsynchronouslyFromConnection
(theConnection, completionHandler: {
    theBuffer, error in
    var imageData =
AVCaptureStillImageOutput.jpegStillImageNSDataRepresentation(theBuffer)
    var theImage = UIImage(data: imageData)
    self.theImage.image = theImage
})
}
```

该函数做的第一件事是创建一个 AVCaptureConnection 对象，这是使用 connectionWithMediaType 函数在输入和输出之间建立的链接。将视频源链接到输出的连接会被检索。接下来 captureStillImageAsynchronouslyFromConnection 会被调用，从而调用处理程序并将其与图像作为 CMSampleBuffer 对象传递给缓存。使用 AVCaptureStillImageOutput 类的 jpegStillImageNSDataRepresentation 函数将其转换为 NSData 表示，再使用 UIImage(data:imageData)函数从 NSData 创建 UIImage，然后将其设置为 Image.image 并显示在屏幕上。由于有一个 previewLayer，因此该按钮将被覆盖。请在 viewDidLoad 函数的末尾添加以下代码：

```
self.view.bringSubviewToFront(picButton)
```

注意：

读者可以在显示此图像之前添加叠加层和其他信息，甚至可以将其保存到照片库。

为 UIImage 添加叠加层也很容易，这可用于创建水印或添加数据、商标或任何读者觉得令人炫目的内容。如果读者想要为拍摄的图像添加一个简单的日期和时间，则可以按如下方式修改代码：

```
@IBAction func switchCamera(){
    var theConnection = theOutputSource.
connectionWithMediaType(AVMediaTypeVideo)

    theOutputSource.captureStillImageAsynchronouslyFromConnection
(theConnection, completionHandler: {
        theBuffer, error in

        var imageData = AVCaptureStillImageOutput.
jpegStillImageNSDataRepresentation(theBuffer)
        var theImage = UIImage(data: imageData)

        UIGraphicsBeginImageContext(theImage!.size)
        var context = UIGraphicsGetCurrentContext()
        theImage?.drawAtPoint(CGPointMake(0, 0))

        CGContextSetFillColorWithColor(context, UIColor(white: 0.5, alpha:
0.5).CGColor)
        CGContextFillRect(context, CGRectMake(0, 0, theImage!.size.width,
20))
        // CGContextSetStrokeColorWithColor(context, UIColor.
whiteColor().CGColor)

        var attr = [NSForegroundColorAttributeName:UIColor.whiteColor()]
        var message = "Taken on : \(NSDate().description)"
        message.drawAtPoint(CGPointMake(0, 0), withAttributes: attr)

        var _image = UIGraphicsGetImageFromCurrentImageContext()
        UIGraphicsEndImageContext()

        self.theImage.image = _image
    })
}
```

现在，读者可以在每张拍摄的照片上看到一个叠加图，其中包含了当前的日期和时间，但此图像还未被保存到相册。将图像保存到相册也是一项非常简单的任务。函数 UIImageWriteToSavedPhotosAlbum 可以将图像保存到相册。在第一次运行应用程序时，该函数将请求访问相册的权限。传递给该函数的参数是 UIImageWriteToSavedPhotosAlbum (image:UIImage!, completionTarget: AnyObject, completionSelector: Selector, contextInfo: UnsafeMutablePointer<Void>)。在这个函数中，第一个是要保存的图像本身，读者可以为其余参数传递 nil 值。但是，要想知道图像是否已被保存，需要建立 completionSelector。

```
UIImageWriteToSavedPhotosAlbum(_image, self,
"imageSaved:didFinishSavingWithError: contextInfo:", nil)
```

完成处理函数是这样的：

```
func imageSaved(image: UIImage, didFinishSavingWithError error: NSError,
            contextInfo: UnsafeMutablePointer<Void>){
   if error.code != 0 {
      println(">> Error : \(error.localizedDescription)")
   } else {
      println("Saving done!!")
   }
}
```

该错误可以指出无法将图像保存到相册的原因。接下来，捕获一个图像，放置一个水印，并将其保存到相册中，如图 13-3 所示。

图 13-3　已保存到相册的带有自定义叠层的图像

# 13.6　扫描条形码

苹果公司在 iOS 7 中引入了扫描条形码作为 AVFoundation 框架的一部分。AVFoundation 支持各种不同的条形码格式，包括 QR 码、Code 128、UPC、EAN 和 Interleaved，甚至还支持 Aztec 和 DataMatrix 等新格式。

随着 iOS 设备成为许多工业硬件设备的替代品，具备扫描内置条形码的能力将变得很有意义。扫描条形码就像读者在前面的话题中对静态图像所做的一样简单，唯一的区别是 outputSource。如果回顾上一个话题的内容，读者就会了解到各种类型的输出源。对于条形码，outputSource 属性将会是 AVCaptureMetadataOutput。

创建一个新的名为 Camera_2 的单视图项目（现在读者可能已经意识到为什么最后会有这些数字），然后单击 ViewController.swift 并添加以下内容：

```swift
import UIKit
import AVFoundation

class ViewController: UIViewController {
    var session: AVCaptureSession!
    var theCamera: AVCaptureDevice!
    var theInputSource: AVCaptureDeviceInput!
    var theOutputSource: AVCaptureMetadataOutput!
    var thePreview: AVCaptureVideoPreviewLayer!
```

接下来，像以前一样在 viewDidLoad 中初始化以下内容：

```swift
override func viewDidLoad() {
    super.viewDidLoad()
    // Do any additional setup after loading the view, typically from a nib.

    var allCameras = AVCaptureDevice.devicesWithMediaType(AVMediaTypeVideo)
    for camera in allCameras {
        if camera.position == AVCaptureDevicePosition.Back {
            theCamera = camera as AVCaptureDevice
            break
        }
    }

    session = AVCaptureSession()
    if theCamera != nil {
```

```
    theInputSource=AVCaptureDeviceInput(device:theCamera, error: nil)
    if session.canAddInput(theInputSource) {
        session.addInput(theInputSource)
    }

    thePreview = AVCaptureVideoPreviewLayer(session: session)
    self.view.layer.addSublayer(thePreview)
    thePreview.frame = self.view.bounds
    thePreview.videoGravity = AVLayerVideoGravityResizeAspectFill
}

session.startRunning()
}
```

这个代码块中唯一缺少的是输出源；对于扫描条形码，读者需要创建一个类型为 AVCaptureMetadataOutput 的输出源。可以将这部分代码放在 InputSource 和 thePreview 实例化之间。

```
theOutputSource = AVCaptureMetadataOutput()
if session.canAddOutput(theOutputSource) {
    session.addOutput(theOutputSource)
}
var options = [AVMetadataObjectTypeQRCode]
theOutputSource.setMetadataObjectsDelegate(self, queue: dispatch_get_
main_queue())
theOutputSource.metadataObjectTypes = options
```

AVCaptureMetadataOutput 与其他输出源略有不同，读者可以设置 metadataObjectTypes 属性以包含要识别的条形码。如果未将其添加到元数据类型，则无法识别。在前面的示例中，这将仅扫描并识别 QR 码。另一个不同的是委托方法。这里需要两个参数：一个是实现 AVCaptureMetadataOutputObjectsDelegate 的目标，另一个是执行委托方法的调度队列。读者可以创建自定义队列并将其用于处理，但是，在本例中，使用的是默认优先级队列，可以在图 13-4 中看到条形码检测器的运行情况。

✏ 注意：

所有 UI 更新都是在 dispatch_main_queue 上的，因此，如果读者的代码在任何其他队列上运行，则必须在 main_queue 上运行 UI 更新代码才能使更新生效。

将 AVCaptureMetadataOutputObjectsDelegate 添加到类定义中，以便该类可以成为 metadataObjects 的委托。

```
class ViewController: UIViewController,
AVCaptureMetadataOutputObjectsDelegate {
```

图 13-4    QR 条形码被识别并显示警告

在 AVCaptureMetadataOutputObjectsDelegate 中只有一个委托方法，就是 captureOutput:
didOutputMetadataObjects:。每当输出捕获任何新对象时，都会调用此函数。

```
//MARK: - AVCaptureMetadataObjectsDelegate functions

func captureOutput(captureOutput: AVCaptureOutput!,
        didOutputMetadataObjects metadataObjects: [AnyObject]!,
        fromConnection connection: AVCaptureConnection!) {
    for theItem in metadataObjects {
        if let _item = theItem as? AVMetadataMachineReadableCodeObject {
println("We read \(_item.stringValue) from a barcode of type : \(_item. type)")
        }
    }
}
```

想要将 QR 码显示为 AlertBox，可以添加以下代码：

```
showAlert("We got \(_item.stringValue)", theMessage: "barcode type:
\(_item.type)")
```

为 showAlert 对象添加以下代码，这里读者可以自定义想要的内容，这些内容将显示为警告窗口中的信息。

```
func showAlert(theTitle: String, theMessage: String, theButton: String =
"OK", completion:((UIAlertAction!) -> Void)! = nil){
    let alert = UIAlertController(title: theTitle, message: theMessage,
    preferredStyle: .Alert)
    let OKButton = UIAlertAction(title: theButton, style: .Default, handler:
completion)
    alert.addAction(OKButton)

    self.presentViewController(alert, animated: true, completion: nil)
}
```

## 13.7　生成条形码

读者可以使用前面学到的代码来扫描和解码条形码，也可以使用 Apple 提供的生成条形码的功能，该功能来自 CoreImage 框架。该框架可能是生成条形码的最简单方法之一。传统意义上，条形码将被编码的信息保存起来，并且生成一个可视化的表示并不是最简单的任务（因为没有这样的 API）。生成条形码的方法是利用 CIFilter，之所以这样命名是因为 CIFilter 可以作为 CoreImage 框架的一部分来使用。过滤器就像一个函数，有一个输入、一个输出，但对输入的内容进行处理以生成输出的逻辑在这里并不适用。要生成条形码，需要使用适当的过滤器名称初始化一个 CIFilter。

```
var filter = CIFilter(name: "CIQRCodeGenerator")
filter.setDefaults()

var data = kText.dataUsingEncoding(NSUTF8StringEncoding,
                                   allowLossyConversion: false)
filter.setValue(data, forKey: "inputMessage")
```

现在，读者可以通过过滤器的 outputImage 属性获取图像。请注意，此输出图像采用的是 CIImage 格式并需要转换为 UIImage，转换后可以将其分配给 UIImageView 或保存到相册中。还有一件事就是这个图像通常会很小，需要进行一些扩展以使其变得大一些。但依靠 UIImageView 缩放图像可能会导致图像模糊。

```
var outputImage = filter.outputImage
```

```
var  context = CIContext(options: nil)
var cgImage = context.createCGImage(outputImage, fromRect:
                                    outputImage.extent())
var image = UIImage(CGImage: cgImage, scale: 1, orientation: .Up)
```

图 13-5 显示了这种模糊的结果，但令人惊讶的是，该二维码是可以被检测到的，甚至可以被一台 iPhone 4 的摄像头读取。

图 13-5　模糊的二维码

为了显示平滑的放大图像，大多数算法都会使用抗锯齿，这就是造成模糊的原因。对于需要清晰显示但不需要任何抗锯齿的线条作品，缩放选项不能很好地处理。这是因为算法在缩放图像时会尝试插值（找出中间像素）。要获得图 13-6 所示的清晰黑白线条，就需要关闭插值。

```
var scaleRef = self.view.bounds.width / image!.size.width

var width = image!.size.width * scaleRef
var height = image!.size.height * scaleRef

var quality = kCGInterpolationNone

UIGraphicsBeginImageContext(CGSizeMake(width, height))
var _context = UIGraphicsGetCurrentContext()
CGContextSetInterpolationQuality(_context, quality)
image!.drawInRect(CGRectMake(0, 0, width, height))
```

```
var _temp = UIGraphicsGetImageFromCurrentImageContext()
UIGraphicsEndImageContext()
// The new crisp scaled up image is in _temp
```

将插值设置为 none 后，显示出图 13-6 所示的更为清晰的效果。

图 13-6　更为清晰美观的二维码，只需稍加缩放即可实现

## 13.8　制　造　声　响

在第 12 章中，读者已经了解了如何播放视频，还学习了如何使用相机拍摄静止图像或检测条形码。但在读者的应用程序中，可能还想播放发射子弹的声音，甚至是祝贺玩家的声音或操作反馈的声音。在一些情况下，使用文本-语音转换就能够做到，但读者一定想象不到在射击或拳击比赛中听到的是文本-语音转换的 Bang 或 Kapow 而不是实际的音效。

要播放音频文件，需要一个音频文件和一个播放器。我们先来了解音频文件的相关知识，这将有助于读者理解播放音频文件的复杂性。所有音频文件都存储为二进制数据，并进行了编码，甚至压缩以节省空间。就像静态图像文件可以存储为 JPEG、PNG、BMP、GIF 等格式那样，音频文件同样可以存储为不同的格式。数据特定于每种类型的文件。要播放音频文件，播放器必须识别、解码，然后将数据转换成音频信号并播放。幸运的是，读者不必自己费心处理这些事物，只需专注于播放音频并通过 UI 进行管理即可。AVFoundation 通过 AVAudioPlayer 提供音频播放功能，但与 AVPlayerViewController（来自AVKit）不同，其不提供管理播放的 UI。读者必须亲自动手创建自己的 UI，就像在第 12 章中使用 MPMediaPlayer 那样。AVAudioPlayer 与之前读者使用过的其他类（如 AVPlayer）的另一个区别是，AVAudioPlayer 提供了一个委托来管理事件，而对于其他类，则必须设置通知来监视事件的更改。

```
var file = NSBundle.mainBundle().pathForResource("megamix", ofType: "mp3")

theURL = NSURL(fileURLWithPath: file!)
thePlayer = AVAudioPlayer(contentsOfURL: theURL, error: &self.error)
```

现在读者可以使用 player.play()了。然而，还有一个小问题，由于文件数据加载在异步队列上，所以播放器可能不会播放任何音频。因此，如果可以把播放方法放到一个按钮中，那么音频就可以很好地播放了。

读者还可以对播放速度进行更改，使音频的播放速度快于或慢于正常的播放速度。但简单地将 rate 设置为 0.5 是不会将回放速率设置为半速的，因为读者还需要在调用prepareToPlay 或调用 play 之前将 enableRate 设置为 true。这些就是播放音频文件所要知晓的全部内容。AVAudioPlayer 不会播放流媒体音频，但可以播放位于网络上的音频文件。读者可以使用 pause 方法暂停音频播放，并通过 isplaying 属性查询播放器的状态，该属性在播放时返回 true，在暂停或停止时返回 false。currentTime 属性以秒为单位提供有关音频文件中播放位置的信息，duration 以秒为单位提供该文件的总长度。

## 13.9　录　　音

如果要录制音频，可以使用 AVAudioRecorder 类。其与 AVAudioPlayer 类似，同样没有 UI，读者可以创建自己的 UI 元素来使用记录器类。使用的方法与读者所预想的相同，可以使用 record()方法开始录制，使用 pause()暂停录制，然后使用 stop()停止录制。

从 iOS 8 开始，访问大多数硬件功能都需要用户授权。只有在用户允许的情况下，应用程序才能访问这些硬件功能。第一次运行应用程序时会询问授权，然后保留这些权限（除非通过"设置"应用程序明确更改）。

在使用 AVAudioPlayer 之前，需要先设置 AVAudioSession，安排好从应用程序中播放声音的方式，以及应用程序转到后台（如屏幕锁定）时的运行方式。必须小心这一点，因为这甚至可以禁用某些模式下的录制和播放。对于这个应用程序，由于读者希望录制并能够回放录制，因此需要使用 AVAudioSessionCategoryPlayAndRecord。

但是，在开始录制之前，需要准备 AVAudioRecorder 对象以及要保存录制内容的文件。该文件是一个 URL，并在初始化时传递给该类。

```
@IBAction func record(sender: AnyObject){

    let docsDir = NSFileManager.defaultManager().URLsForDirectory(
        NSSearchPathDirectory.DocumentDirectory,
        inDomains: NSSearchPathDomainMask.UserDomainMask).last as NSURL
    var theFile = NSURL(string: "recording.wav", relativeToURL: docsDir)

    self.recorder = AVAudioRecorder(URL: theFile, settings: nil, error:
&self.error)
    self.recorder.recordForDuration(10)
}
```

上面的代码首先设置 docsDir 变量，该变量的 URL 路径指向设备上的 Documents 目录，接下来，文件 recording.wav 被添加到此 URL。生成的 URL 用于初始化 AVAudioRecorder 对象。如果文件存在，则录音将覆盖该文件。接下来，把录音时间限制在 10 s 内。使用 recordForDuration 方法，将值传递给 10。如果想要更长时间的录制，可以简单地调用 record 方法，在完成之后停止或暂停。

当调用 pause 方法时，录制将暂停，并且文件仍然通过 record 方法打开以获取更多的音频数据。但是，当调用 stop 方法时，所有缓冲区信息都会被写入设备，并且文件被关闭。任何进一步的记录尝试都会导致文件被新数据覆盖。创建 AVAudioRecorder 对象时会指定存储音频数据的文件。如果要创建另一个作为记录数据的文件，则需要使用新的 URL 创建一个 AVAudioRecorder 对象。

回放录制的内容与之前使用的方法相同，唯一的区别是，这一次播放的是名为 record.wav 的文件，该文件存储在 Documents 目录中。之前所有的内容都存储在此目录中，因为 Apple 将其作为目录沙盒层次结构中的可写目录提供；现在，在引入 iCloud 集成之后，Apple 不建议将所有信息存储在此目录中，因为此目录已同步。

✎ 注意：

如果想在模拟器上运行代码，AVAudioPlayer 和 AVAudioRecorder 都可以正常工作，但是，使用一台真正的设备进行测试总是最好的。

在创建 AVAudioRecorder 类时，还可以指定录制的设置。在前面的代码中，设置被传递为 nil 值，因为设置使用的是默认值。然而，在创建 AVAudioRecorder 时，读者可以指定诸如音频格式、采样速率、通道数量等设置。一些可使用的设置如下。

❑　**AVSampleRateKey**：用赫兹表示的采样率，表示为浮点值。

❑　**AVNumberOfChannelsKey**：将通道数指定为整数值。

❑　**AVEncoderBitRateKey**：指定了音频编码器的比特率。

❑　**AVSampleRateConverterAudioQualityKey**：指定了采样率转换的质量。

设置会作为键值对传递，示例如下：

```
var settings = [AVSampleRateKey:44100,
        AVNumberOfChannelsKey:2,
          AVEncoderBitRateKey:16,
    AVEncoderAudioQualityKey:AVAudioQuality.High.rawValue]
```

如果要删除录制，只需调用 deleteRecording 方法。

```
self.recorder.deleteRecording()
```

💡**提示：**

想了解更多有关使用和处理音频及视频的信息，Apress 出版的 *Beginning iOS Media App Development* 一书是一个很好的资源。

## 13.10　更精彩的内容

iOS 更新所提供的功能远不止读者在本章所读到的。事实上，涉及的知识是如此之多，以至于有些书完全致力于介绍这些功能。Apress 有几本书可以帮助读者获得关于这些功能的更为详细的信息。读者只需在 Apress.com 网站上进行搜索即可。

在第 14 章中，读者将了解界面生成器的添加和视图控制器之间的转换。所以，做好准备，前往下一个环节吧。

# 第 14 章　界面生成器和故事板

在开发应用程序时，编写代码固然重要，但视觉辅助的形式会为开发过程提供一些很好的帮助。虽然经验丰富的开发人员可以很容易地在几分钟内通过代码提取用户界面（UI），但在通过代码绘制 UI 时，可能由于其他设计方面的因素而造成一些不便。因此对于可视化编辑，Apple 提供了界面生成器，作为 Xcode 的组成部分。界面生成器同样也适用于代码编辑器，读者可以通过拖放来创建接口和操作。

视觉总览对于帮助读者理解和管理项目非常重要。而故事板（storyboard）则是另一个工具，storyboard 可以让读者直观地看到不同的视图控制器及其相关的连接。开发人员过去使用各种线框工具来创建大纲和工作流，然后必须将这些东西转换为可以在 Xcode 中使用的内容。现在通过使用 storyboard，读者不仅可以在 Xcode 中创建这些内容，还可以在各种视图控制器和对象之间设置流程，并只需单击不同的按钮就可以安排好它们之间的交互模型。在此之后，开发人员可以接管并编写代码，以使项目按预期的设计工作。

在前面的章节中，读者已经使用过不同的 storyboard 并将这些 storyboard 与各种跳转连接起来，所以读者现在应该已经对 storyboard 的工作方式有了一个大致的了解。

## 14.1　storyboard 视图控制器

storyboard 是几个场景的可视化表示。用户的应用程序可以包含多个 storyboard。在过去，用户会有一个 xib 文件，该文件会为每个文件存储一个场景；而现在 storyboard 中的一个场景基本上由至少一个视图控制器和一个视图组成。这些视图可能依次包含构成应用程序 UI 的其他对象、视图和控件。视图控制器中的视图和子视图集合构成了内容视图的层次结构。一个 storyboard 可能有多个场景，这些场景可以通过 segues 连接。segues 表示视图控制器之间的转换。这里有几种视图控制器，可以用在我们的项目中，具体如下。

❑ View controller：这是许多应用程序中最常用的标准视图控制器，通常与某个自定义类一起使用来提供某些功能。

❑ Navigation controller：该视图控制器带有一个导航控制器和一个根视图控制器。该控制器可以使用户轻松地在应用程序中不同的场景之间切换。后退按钮为自动显示，并且被视为该视图控制器功能的一部分。

❑ Table view controller：另一种常用的视图控制器，可以显示一个 UITableView 视图并对其进行管理。

❑ Tab bar controller：这个视图控制器就像一个容器，连接着其他的视图控制器，并根据选中的选项卡切换至相应的控制器。选项卡显示在窗口的底部，允许用户选择和切换。

❑ Split view controller：这个视图控制器提供一个主-从界面，其中在主（主要）视图控制器中的操作会主导内容（次要）视图控制器中相关信息的显示。这个视图控制器提供了一个分屏视图，通常可以在 iPad 应用程序和 iPhone 6 Plus 的横向模式中看到。在 iPhone 上，也会使用导航栏来显示同样的内容。

❑ Page view controller：该视图控制器类似于选项卡控制器，可以显示多个视图控制器，并允许用户在这些控制器之间进行切换。用户可以像翻书一样，通过页面底部的一个页面指示器跳转到不同的视图控制器。

❑ GLKit view controller：该视图控制器包含一个 GLView，可以用来显示 OpenGL 动画或对象。

❑ Collection view controller：与表视图控制器包含表视图一样，该控制器显示并管理了一个集合视图。

❑ AVKit Player view controller：本视图控制器是一个功能齐全的 AVPlayer，正如读者在第 12 章看到过的示例一样。

所有的 storyboard 都有一个单独的入口，该入口指出了当这个 storyboard 被实例化时，该 storyboard 是首先被显示的视图控制器。每个视图控制器都有一个叫作初始视图控制器的属性，每个 storyboard 只能设置一个视图控制器作为初始视图控制器。作为初始视图控制器的 storyboard 会在视图控制器左侧出现一个箭头，如图 14-1 所示。

✎ 注意：

读者从来没有直接实例化过 UIViewController 对象，但总会用到 UIViewController 的子类。

如果一个视图是通过页面跳转连接的，那么包含该视图的视图控制器将加载并分配其拥有的所有对象，并在设备上显示该视图控制器。该视图控制器永远不会被分配或释放。如果需要以编程方式实例化视图控制器，可以通过调用 storyboard 对象上的 instantiateViewControllerWithIdentifier 方法来实现。

```
let story = UIStoryboard(name: "Main", bundle: nil)
let tmpFrm = story.instantiateViewControllerWithIdentifier
("frmCustomScene") as frmCustomScene
```

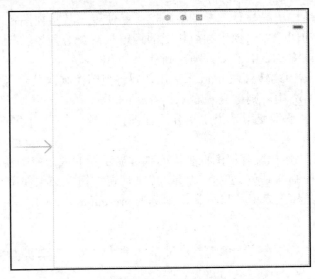

图 14-1　带有初始视图控制器的 storyboard

读者还可以使用 nib/xib 文件中的视图控制器，但是子视图和其他视图控制器之间的关系不能像使用 storyboard 那样来创建或可视化。如果读者要从 xib 文件创建视图控制器，将会用到 initWithNibName:bundle:方法。

最后一点，如果在 storyboard 或 xib 文件中都不能定义视图，那么还可以通过代码创建和添加视图。为此，读者可以通过覆盖 lloadView:方法，将此视图的层次结构分配给 view 属性。

还有一个叫作容器视图控制器的，其本质也是一个视图控制器，只是该视图控制器可以包含其他视图控制器，其他视图控制器作为该控制器的子控制器。容器视图控制器的例子有很多，如分屏视图控制器、选项卡视图控制器和页视图控制器。

## 14.2　页　面　跳　转

在场景中放置一些控件后，读者希望可以授予用户与这些控件交互的能力，而其中一些任务可能会有显示另一个场景的需要。读者可以通过 Control+鼠标拖动的方式将相应的元素放到新的场景中，然后在弹出的菜单中进行选择（之前创建 SuperDB 应用程序时使用过这种方法）。在两个表单之间创建的连接称为页面跳转。页面跳转有几个可以修改的属性。第一个是标识符，这是一个字符串，可用于手动触发或调用页面跳转。下一个是跳转的类型，可以是以下类型之一。

- ❑ Push：该跳转一般与导航视图控制器一起使用。其将视图控制器添加到导航堆栈中，并向用户提供使用导航栏上的后退按钮查看和导航到前一个控制器的能力。如果该跳转启用了 size 类，则称为 show。
- ❑ Popover：该种跳转只在 iPad 上运用，并将视图控制器显示为一个弹出窗口。如果启用了 size 类，则称为 popover presentation。
- ❑ Replace：该条状使用一个主从分屏视图控制器。如果启用了 size 类，则称为 show detail。
- ❑ Modal：此跳转在现有视图控制器的顶部显示新的视图控制器，当被取消时，前一个视图控制器是可见的，但没有提供后退按钮，必须使用一种方法来取消视图控制器。如果启用了 size 类，则称为 present modally。

✎ 注意：

这里列出的选项名称是基于读者不使用 size 类的情况。当使用 size 类时，这些选项的名称是不同的。

现在请基于 Single View Application 模板创建一个新的应用程序，并将其命名为 Storyboarding_1。单击 Main.Storyboard 并从对象库中拖曳一个按钮到视图控制器上，双击该按钮并将其中的文本更改为 Show。然后，将另一个视图控制器拖动到现有视图控制器的右侧。

接下来按住 Control 键并从左侧视图控制器上的按钮拖动鼠标到右侧视图控制器上。然后将页面跳转的类型设置为 modal/present modally。从对象库中拖曳一个标签将其放到视图控制器的右侧，将文本文字改成 This is a new Scene。选择跳转并将 animation 字段从 Default 更改为 Flip Horizontally。运行项目单击该按钮，视图将水平翻转并显示带有文本的视图控制器。唯一的问题是读者无法回到第一个视图控制器。

单击左侧的视图控制器，并从菜单中选择 Editor→Embed in→Navigation View Controller 命令。这时读者将看到在第一个视图控制器的左侧添加了一个新的视图控制器，类型为导航视图控制器。单击刚才在带有按钮和标签的两个视图控制器之间创建的跳转。在特性查看器中将类型从 Modal/Present Modally 更改为 Push/Show。再次运行项目并单击该按钮，这一次读者会看到顶部有一个后退按钮，滑动屏幕还会看到带有标签的按钮。如果单击后退按钮，将返回到第一个带有按钮的视图控制器。

读者还可以创建另一种跳转，叫作 manual segue。这种跳转有着几乎与之前介绍的跳转相同的类型选项：Push、Modal 或 Custom。但是，这些跳转需要手动设置，而不是自动调用，读者可以通过代码进行调用。读者曾经在 SuperDB 应用程序中创建并使用过手动跳转。

# 14.3　控　　件

对象库包含着大量的控件，可以帮助读者为应用程序创建 UI。读者可以将对象拖放到视图控制器上，就像前面对标签所做的那样，还可以更改位置、维度，甚至一些属性，如文本、文本颜色或背景颜色。这些更改可以立即被展现。这样可以让读者快速可视化地设置界面。

如果需要自定义控件，可以拖入一个视图作为占位符，并将其想象为在项目运行时呈现的视图。要向控件添加功能，需要子类化控件，添加属性，并在运行应用程序时进行设置。

将一个视图拖放到带有按钮的视图控制器上，置于按钮上方，并将宽度和高度分别设置为 150 px。单击 Storyboarding_01，创建一个类型为 Cocoa Touch 类的新文件作为 UIView 的子类，并将其命名为 BasicControl。编辑器将打开新创建的文件。现在请像下面这样添加两个属性：

```
import UIKit

class BasicControl: UIView {

    var text: String = "Unknwown"
    var secretID:Int = 123
}
```

切换到 storyboard 并单击刚才添加的 UIView。在表示查看器中，将 Class 字段更改为 BasicControl。这样，该控件只有在项目运行时才会具有这两个属性。这里读者不能像使用标签或按钮时那样在界面生成器中更改属性值。

## 14.3.1　Inspectable 特性

从 Xcode 6 开始，读者可以将属性标记为 Inspectable，这意味着这些属性将在界面生成器中可用。单击 BasicControl.swift 文件并将@IBInspectable 特性添加到属性中。

```
class BasicControl: UIView {
    @IBInspectable var text: String = "Unknwown"
    @IBInspectable var secretID: Int = 1234
}
```

切换回 storyboard 并单击 UIView。然后转到特性查看器，读者将看到两个可以修改的新属性，如图 14-2 所示。

　　界面生成器不能显示和支持所有类型的变量，其支持的变量类型如下。

- ❏　Int, Double, CGFloat
- ❏　String
- ❏　Bool
- ❏　CGPoint
- ❏　CGSize
- ❏　CGRect
- ❏　UIColor
- ❏　UIImage

添加到 BasicControl 的附加属性将显示在特性查看器中，如图 14-3 所示。

```
@IBInspectable var text: String = "Unknwown"
@IBInspectable var secretID: Float = 1234
@IBInspectable var image: UIImage!
@IBInspectable var position: CGPoint!
@IBInspectable var rect: CGRect!
@IBInspectable var isVisible: Bool = fals
```

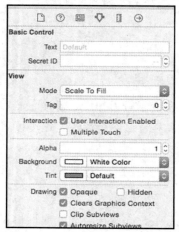
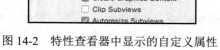

图 14-2　特性查看器中显示的自定义属性　　　图 14-3　在特性查看器中显示更多自定义属性

## 14.3.2　Designable 特性

　　苹果系统添加了另一个@IBDesignable 特性，该特性允许控件可以是交互式的，并可以在界面生成器中绘制，而不仅仅是在运行时。@IBDesignable 特性应该被添加到类定义前面。

```
import UIKit

@IBDesignable class BasicControl: UIView {
```

读者可以容易地添加一个可以绘制自定义控件的 drawRect 函数。下面将 drawRect
代码添加到 BasicControl 中：

```
override func drawRect(rect: CGRect) {
    NSString(string: text).drawAtPoint(CGPointMake(5,5),withAttributes: nil)
}
```

下面将在 text 属性中绘制字符串，读者只需要再做一点改变。由于更改 text 属性值
时，控件不知道必须重新绘制自己并显示更新后的文本，所以对属性文本进行一个简单
的更改就可以解决这个问题。

```
@IBInspectable var text: String = "Unknown" {
    didSet {
        self.setNeedsDisplay()
    }
}
```

使用一个更新一点的值设置属性并调用 setNeedsDisplay 函数，之后运行程序，调用
drawRect，现在只要在界面生成器中更改 text 的值，就可以在 BasicControl 上进行更新，
如图 14-4 所示。

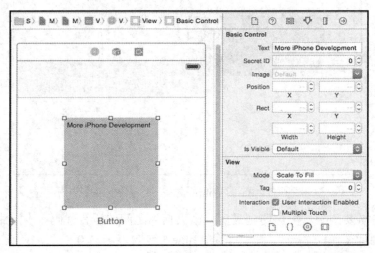

图 14-4　在界面生成器中使用自定义属性绘制的 Basic 控件

在创建自定义控件时，程序会创建一个自定义类，该类子类化了一个现有视图对象，主要是一个 UIView，但是读者也可以子类化一个 UITextField 并添加浮动标题，或添加一个 UILabel 等。Xcode 会坚持实现 init(coder aDecorder: NSCoder)函数，因为要在应用程序运行时调用初始化器；但是，对于界面生成器实时预览，init(frame:CGRect)初始化器是通过界面生成器调用的。此外，还需要实现 layoutSubviews 方法，该方法会在视图被指示重新加载其子视图时被调用。当控件位于界面生成器中时，程序将调用 layoutSubviews 方法，但当控件作为应用程序的一部分运行时，则不会调用该方法。最后，如果读者的程序有任何自定义绘图，那么还必须实现 drawRect 方法，该方法在设计时和运行时都会被调用。

### 14.3.3　制作一个更有用的 BasicControl

现在一起回到 BasicControl。接下来，BasicControl 不仅用于显示文本，还将成为一个进度条，其灵感来自于材料设计。它会使用一个进度值为 0~1 的圆圈填充视图。完成后的 BasicControl 如图 14-5 所示。

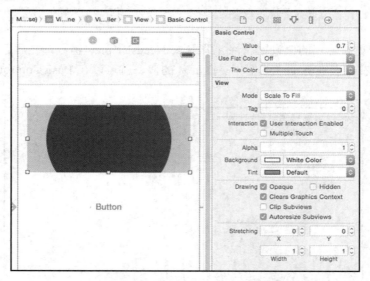

图 14-5　BasicControl 成为一个奇特的进度条

读者首先需要删除从类声明到最后一个大括号之间的所有代码。该控件有几个属性，其中 3 个属性如图 14-5 所示。第一个是 Value，包含 0.0~1.0 的数字；还有一个布尔值叫作 Use Flat Color，用来在平面、彩色填充和渐变填充之间进行切换；最后是 The Color，用来保存控件的平面颜色。除此之外，控件还需要两个私有变量：一个用于引用平面填充形状，另一个用于渐变形状。

```
import UIKit

@IBDesignable class BasicControl: UIView {

    private var shape: CAShapeLayer!
    private var gradient: CAGradientLayer!
    @IBInspectable var value: CGFloat = 0 {
        didSet {
            layoutSubviews()
        }
    }
    @IBInspectable var useFlatColor: Bool = true {
        didSet {
            gradient.hidden = useFlatColor
        }
    }
    @IBInspectable var theColor:UIColor! = UIColor.greenColor(){
        didSet {
            shape.fillColor = theColor.CGColor
        }
    }
}
```

这 3 个变量都是 inspectable 特性，可以使用 didSet。didSet 是一个观察器函数，在变量的值发生更改后调用。这些更改应用于这些函数中的自定义控件。如果值被更改，控件将发送一条消息来重新绘制自己。当 Use Flat Color 被更改时，渐变将相应地被隐藏或显示。渐变图层会覆盖在平面和彩色形状层上，所以当渐变层可见时，平面、彩色层就变得不可见了，而当颜色改变时，其会作为填充色直接应用到形状上。

接下来添加要被实例化并创建的控件的 init 函数。

```
required init(coder aDecoder: NSCoder) {
    super.init(coder: aDecoder)
    // Called when project run in Simulator or on Device if Control was in IB
}

override init(frame: CGRect) {
    super.init(frame: frame)
    // Called when in Interface Builder or via Code created by passing a frame
}
```

当控件被放置在界面生成器中的视图上时，带有 NSCoder 的 init 函数会被调用；而当控件被放置在界面生成器中，并且该初始化器被用于从代码创建实例时，则会调用带有 frame 的 init 函数。

现在需要实现 layoutSubviews 函数，这将重新定位和调整子视图的大小。有许多触发器会触发 layoutSubview 函数的调用。以下情况发生时都会调用此函数。

❑ 视图层次结构被更改，如添加或删除子视图。

❑ 视图的维度被改变，比如在界面生成器中或通过代码（设置框架）调整控件的大小。

❑ 设备被旋转。

管理控件的最佳节点是先检查形状和渐变是否已被初始化，如果其值仍然是 nil，则先对其进行实例化。

```
override func layoutSubviews() {
    super.layoutSubviews()

    if shape == nil {
        shape = CAShapeLayer()
        shape.fillColor =theColor.CGColor
        shape.cornerRadius =self.frame.height/2
        shape.masksToBounds = true

        self.layer.addSublayer(shape)
        self.clipsToBounds = true
    }
    if gradient == nil {
        gradient = CAGradientLayer()
        gradient.colors = [UIColor.redColor().CGColor, UIColor.blueColor().
CGColor]
        gradient.locations = [0.0, 1.0]
        gradient.cornerRadius = self.frame.height/2
        gradient.masksToBounds = true

        gradient.hidden = useFlatColor
        self.layer.addSublayer(gradient)
    }
```

现在，开始计算半径，也就是控制容器的高度和宽度的斜边。这样可以确保所有的角落都会被填满。frame 变量被设置为容器的边框。

```
var frame = self.bounds
```

```
let x:CGFloat = max(shape.frame.midX, frame.size.width - shape.frame.midX)
let y:CGFloat = max(shape.frame.midY, frame.size.height - shape.frame.midY)
var radius = sqrt(x*x + y*y) * valu
```

运行中更改控件的值时，该控件会稍微跳动一下，这是因为系统设置的动画效果所致。要想使其不跳动，读者可以首先启动一个转移语句，然后将 animationDuration 设置为 0 来停止动画。这将禁用后续更改的动画，然后调用 commit 方法。代码基本上只是检查值的设置是否为 0；如果是，那么这个圆就会被隐藏。基于固定颜色的当前形状，填充后的圆通过半径和局部坐标器生成 CGpath。cornerRadius 属性的设置是为了确保图层看起来是圆形的。应用于形状层的设置与应用于渐变层的设置相同。渐变层位于形状层的顶部，当其为可见时，会阻碍平面单色形状层，从而给人一种该图层是渐变填充的印象。

```
CATransaction.begin()
   CATransaction.setAnimationDuration(0.0)
   CATransaction.setDisableActions(true)

   if value == 0 {
      shape.hidden = true
      gradient.hidden = true
   } else {
      shape.hidden = false
      gradient.hidden = useFlatColor

      shape.path = UIBezierPath(ovalInRect: CGRectMake(0, 0, radius*2,
radius*2)).CGPath
      shape.frame = CGRectMake(frame.midX - radius, frame.midY - radius,
radius * 2, radius * 2)
      shape.position = CGPointMake(frame.midX, frame.midY)

      shape.anchorPoint = CGPointMake(0.5, 0.5)

      shape.cornerRadius = radius

      gradient.frame = shape.frame
      gradient.cornerRadius = radius
   }
   CATransaction.commit()
}
```

如果在代码和界面生成器/storyboard 之间切换，读者会在视图中看到呈现出的圆圈。调试这些视图很容易，只是在刚开始的时候容易混淆。但是，如果读者在

BasicControl.swift 文件中设置了断点，就会看到界面生成器在每次从查看器对控件进行更改时都会运行该代码以便更新该控件，但是始终不会到达断点。所以很难调试。println 语句也不能工作，因此不能向控制台显示正在发生的事情。然而，之所以又说调试很容易，是因为要在自定义控件上启用调试，只需选择 Editor→Debug Selected Views 命令。调试器会在断点集中中断，从而使读者可以一段一段地执行代码。

✎ 注意：

调试 IBDesignable 时，可以逐步执行代码，但不能使用控制台通过 po 和其他命令显示变量信息。

## 14.4　视图控制器

在 14.3 节中，读者看到在显示视图控制器时可以选择不同类型的页面转换。Apple 提供的转换非常好，但随着 iOS 的开发，开发者总是在不断创新。这些转换可能很好，但是如果读者想拥有自己的转换集该怎么办呢？由此，Apple 引入了一个新的类，允许开发者创建自己的转换并将其应用到视图控制器上。

首先一起来仔细看看视图控制器，了解一下视图控制器的工作方式和机制。视图控制器，顾名思义，控制和管理视图在屏幕上的显示。读者可以用一个大视图控制器来管理每个小视图；但是，让多个视图控制器控制应用程序的不同部分，可以更好地可视化和管理视图之间的关系。

而在实例化、显示、交互和处理视图时，也会将视图分割为更小的可管理的模块。

每个视图控制器都管理着一个单个视图，这通常被称为 rootViewController，会作为视图层次结构的根。视图控制器根据需要加载和释放视图，这是管理应用程序资源的关键。因为其遵循模型-视图-控制器（model-view-controller，MVC）模式，所以会拥有应用程序数据子集的信息，并且知道如何根据模型提供的内容访问和显示这些信息。视图控制器之间必须彼此通信以向用户提供无缝体验，因为每个视图控制器只负责用户体验的一个子集。在前几章中，读者使用过视图控制器，所以可能还记得视图控制器通常只用于执行一个任务。例如，在 SuperDB 中，第一个视图控制器负责显示超级英雄列表，当读者单击其中一个时，另一个视图控制器会被加载以显示英雄的详细信息。每个视图控制器都允许用户编辑/删除数据。

在前面的视图控制器示例中，读者有两个视图控制器，单击第一个视图控制器上的按钮将显示第二个视图控制器，然后可以使用后退按钮导航返回。视图控制器还提供了一个稍微高级点的功能，读者可以将另一个视图控制器的视图添加到第一个视图控制器上。视图控制器也可以显示为弹出窗口，或者简单地从另一个视图控制器显示。如果读者尝试更改页面跳转的类型，就会看到相应的选项列表，这对读者的学习理解可能会有帮助，如图 14-6 所示。

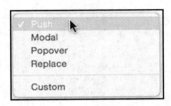

图 14-6　页面跳转类型选项

当页面跳转被触发时，会发生几件事。首先会加载视图控制器，然后根据不同的类型，视图控制器会像前面所讨论的那样以不同的方式呈现。在读者的应用程序中，触发跳转的视图控制器会收到一个到 prepareForSegue 的回调，传递的参数是 segue 和 sender。传递的 segue 对象有 3 个可以访问的属性，即 identifie、sourceViewController 和 destinationViewController。identifier 属性是一个字符串，读者可以对其设置标识，以便区分不同的跳转（如果有多个跳转）。sourceViewController 是该跳转被调用的视图控制器，destinationViewController 是将要显示的新的视图控制器。通过将属性从当前视图控制器分配给 destinationViewController，可以实现两个视图控制器之间的数据传递。

单击 storyboard，并在带有按钮和标签的视图控制器之间的页面跳转上单击。将标识符设置为 segueTour。接下来单击 ViewController.swift 并在编辑器中将其打开，在文件末尾添加一个名为 prepareForSegue 的函数。这是在调用跳转之前的函数，其为读者提供了将数据传递到目标视图控制器（new）的机会。

使用 Cocoa TouchClass 模板创建一个新文件，命名为 DetailViewController，并使其成为 UIViewController 的子类。新文件将在编辑器中打开。在类定义之后，添加以下代码：

```
@IBOutlet weak var theLabel: UILabel!
var theText: String!
```

在 viewDidLoad 方法中添加下面一行代码。这将把 theLabel 中的文本设置为 theText 属性中的值：

```
theLabel.text = theText
```

现在切换到 storyboard，单击带有标签的视图控制器。单击窗体顶部的黄色图标，在标识符查看器中将类更改为 DetailViewController。接下来，从黄色图标处按住 Control 键并拖动鼠标到标签，从弹出的菜单中选择 theLabel，如图 14-7 所示。

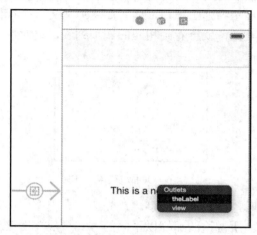

图 14-7　将标签作为一个 IBOutlet 连接

切换回 ViewController.swift 并将以下代码添加到 prepareForSegue 函数中。

```
override func prepareForSegue(segue:UIStoryboardSegue,sender: AnyObject?){
    println("\(segue.identifier)")
    let _dest = segue.destinationViewController as DetailViewController
    _dest.theText = "This is not sparta mate!"
}
```

现在运行项目，当单击按钮时，将显示传递的文本，而不是读者通过界面生成器设置的文本。

# 14.5　转 换 动 画

读者可能已经注意到最初的场景是通过翻转显示其他场景的，但当内容视图控制器变为导航控制器的一部分时，转换动作则变为滑进或滑出。在显示视图控制器时使用的这些动画称为转换动画。UIKit 有一个叫作 UIPresentationController 的对象，用来呈现和管理被呈现视图控制器的高级转换动画，也就是创建翻转、滑动等转换动画。视图控制器可以在 animator 对象已经提供的动画之上添加自己的动画。管理呈现过程的方法是 presentViewController:animated:completion:。自定义动画可用于具有 UIModalPresentationCustom 呈现类型的视图控制器。读者还可以使用呈现控制器向视图控制器添加装饰（chrome）。

呈现控制器的工作方式是在呈现或取消阶段向视图层次结构添加自己的视图（如果

有的话），并为这些视图创建适当的动画。所有这些动画都由 animator 对象管理，这是一个符合 uiviewcontrolleranimatedtransiating 协议的对象。呈现过程有 3 个不同的阶段。

- ❑　Presentation：一个新的视图控制器显示在屏幕上，用动画将其移动到视图中。
- ❑　Management：当新的视图控制器出现在屏幕上时所需的动画，如响应设备旋转。
- ❑　Dismissal：视图控制器被动画移出屏幕。

这里读者需要做两件事：首先实现协议，然后实现呈现和取消函数，并返回一个自定义动画控制器。

```swift
func animationControllerForPresentedController(presented:UIViewController,
                      presentingController presenting: UIViewController,
                            sourceController source: UIViewController) ->
        UIViewControllerAnimatedTransitioning? {
    var animator = MyAnimator()
    animator.presenting = true
    return animator
}

func animationControllerForDismissedController(dismissed:UIViewController) ->
          UIViewControllerAnimatedTransitioning? {
    var animator = MyAnimator()
    return animator
}
```

通过这种方法，读者可以抽象动画，并对转换动画应用不同的效果。使用 Cocoa Touch Class 创建一个新的文件，使其成为 NSObject 的子类，并将其命名为 MyAnimator。添加一个名为 presenting 的布尔型属性，该属性指示转换动画是呈现视图控制器还是关闭视图控制器。

```swift
var presenting: Bool = false
```

这个类需要符合 uiviewcontrolleranimatedtransiating 协议。这个协议有两个需要实现的功能：一个是 transitionDuration，返回转换动画的过程长度；另一个是 animateTransition，用来实际执行转换。

```swift
import UIKit

class myAnimator: NSObject, UIViewControllerAnimatedTransitioning {

    var presenting: Bool = false

    func transitionDuration(transitionContext:
```

```
UIViewControllerContextTransitioning) ->
   NSTimeInterval{
      return 0.5
   }

   func animateTransition(transitionContext:
UIViewControllerContextTransitioning){
      var fromView = transitionContext.viewControllerForKey
(UITransition ContextFromViewControllerKey)
      var toView = transitionContext.viewControllerForKey
(UITransition ContextToViewControllerKey)
      var endFrame = UIScreen.mainScreen().bounds

      if self.presenting{
         fromView?.view.userInteractionEnabled = false

         transitionContext.containerView().addSubview(fromView!.view)
         transitionContext.containerView().addSubview(toView!.view)

         var startFrame = endFrame
         startFrame.origin.x += 320

         toView?.view.frame = startFrame

         UIView.animateWithDuration(self.transitionDuration
            (transitionContext), animations: {
               fromView?.view.tintAdjustmentMode = .Dimmed
               toView?.view.frame = endFrame
               fromView?.view.alpha = 0
               },
            completion: {
               _ in
               transitionContext.completeTransition(true)
         })
      } else {
         toView?.view.userInteractionEnabled = true

         transitionContext.containerView().addSubview(toView!.view)
         transitionContext.containerView().addSubview(fromView!.view)

         endFrame.origin.x += 320
```

```
            UIView.animateWithDuration(self.transitionDuration
        (transitionContext), animations: {
            toView?.view.tintAdjustmentMode = .Automatic
            fromView?.view.frame = endFrame
            toView?.view.alpha = 1
        },
        completion: {
            _ in
            transitionContext.completeTransition(true)
        })
    }
  }
}
```

　　现在剩下的唯一一件事情是要让视图控制器在被显示之前做好准备。如果读者有了一个页面跳转，或者正在手动创建并呈现，则读者需要将 transitionDelegate 设置为 self（需要符合 UIViewControllerTransitioningDelegate 协议）并将视图控制器的 modalPresentationStyle 设置为 Custom。然后切换到 Main.storyboard，单击 DetailViewController，并将 storyboard ID 设置为 sparta。单击视图控制器（带有一个按钮的那个），添加一个新控制器，并将文本文字更改为 No Segue。在 ViewController.swift 中添加以下代码，然后切换回 storyboard。从新建的按钮处按住 Control 键，同时拖动鼠标到视图控制器顶部的黄色图标位置，并连接到 displayAnimated 方法（这是将现有 IBAction 连接到控件的一种方法）。

```
@IBAction func displayAnimated(sender: AnyObject) {
    let story = UIStoryboard(name: "Main", bundle: nil)
    let newVC = story.instantiateViewControllerWithIdentifier("sparta") as
    DetailViewController

    newVC.transitioningDelegate = self
    newVC.modalPresentationStyle = .Custom

    self.modalPresentationStyle = .CurrentContext
    newVC.modalPresentationStyle = .CurrentContext

    self.presentViewController(newVC, animated: true, completion: nil)
}
```

　　再次切换到 storyboard，向 DetailViewController 添加一个按钮，并将其文本更改为 Done。为刚刚添加的这个按钮创建一个名为 UIButton 类型的 IBOutlet 和一个名为 button 的 IBAction。还要创建一个名为 hideButton 的变量，并在以下文件中添加一些代码：在

ViewController.swift 中，为 prepareForSegue 函数添加_dest.hideButton = true，作为结束大括号前的最后一行；在 DetailViewController.swift 中，为 viewDidLoad 函数添加代码行 theButton.hidden = hideButton；最后，在 DetailViewController.swift 中，像下面这样添加 dismissButton 函数的实现：

```
@IBAction func dismissButton(sender:AnyObject){
    dismissViewControllerAnimated(true, completion: nil)
}
```

按钮通常是隐藏的，因为当通过页面跳转调用 DetailViewController 时，在 prepareForSegue 函数中会将 hideButton 设置为 true。现在，当读者运行程序并单击 No segue 按钮时，会看到视图控制器从右侧开始变化并且原来部分会变为黑色。当其被取消时（通过单击 Done 按钮），视图控制器会从黑色中显现出来，并且顶部的视图控制器会向右滑动。

读者可以通过另一个 animator 类使显示和查看视图控制器拥有完全不同的动画。由于动画效果是使用 UIView.animateWithDuration 在视图上实现的，所以所有可以应用到 UIView 类型的动画和转换也同样可以应用到该转换动画。

传递给函数 animateTransition 的 transitioningContext 对象有一些对创建和设置动画有用的引用。

❑   containerView：这是发生转换的容器。对于模态视图，呈现新视图控制器的视图是 containerView；对于导航控制器，这是和 rootViewController 大小一样的封装器视图。

```
var theView = transitionContext.containerView()
```

❑   From view controller：这是显示新的视图控制器的视图控制器，是当前在堆栈上可见的视图控制器。

```
var fromView = transitionContext.viewControllerForKey(UITransition
ContextFromViewControllerKey)
```

❑   To view controller：这是被呈现的视图控制器，或者在导航控制器转换的情况下，这是被推送或弹出的视图控制器。

```
var toView = transitionContext.viewControllerForKey(UITransition
ContextToViewControllerKey)
```

❑   Initial Frame：这是当转换动画开始时视图控制器的每个视图所在的框。

```
var toStartFrame = transitionContext.initialFrameForViewController
(toView!)
```

```
var fromStartFrame = transitionContext.initialFrameForViewController
(fromView!)
```

❑　**Final Frame**：这是过渡动画结束时视图控制器的每个视图应该所在的框。

```
var toEndFrame = transitionContext.finalFrameForViewController
(toView!)
var fromEndFrame = transitionContext.finalFrameForViewController
(fromView!)
```

如果视图控制器被移除，这些框可能是 CGRectZero，就像在解散转换动画结束时那样。

# 14.6　后文预告

Apple 为开发人员提供了大量的函数和 api 来制作和管理动画作品。只要有足够的想象力，转换动画这个神奇的装置可以有很多种玩法，当读者读到本书的末尾时，会发现其实还有很多内容可以学习，从而可以了解 iOS SDK 中提供了哪些功能。本书会在第 16 章中列出一些资源，讨论一些其他的话题。

到目前为止，读者已经对调试有了一定的了解，也有了在代码中寻找错误（可能错过了某个步骤）或程序崩溃的体验，但在一个真实的项目中，这些情况并没有太大的不同。现在，做好准备进入下一章，在那里读者将学习一些有关调试和调试工具的知识。

# 第 15 章 单元测试、调试以及 Instruments 工具

计算机编程（和生活）中的一个基本事实是，并非所有事情都完美无缺。无论计划得多么周详，无论读者编写程序的时间有多长，想要编写的应用程序第一次就能完美地工作，并且在所有的环境和可能的情况下都能正常运行，这是非常罕见的。知道如何正确地设计应用程序并编写格式良好的代码是很重要的。同样重要的还有，能够找出程序没有按照预计方式运行的原因，并进行修复。

这里读者可以利用 3 种技术来帮助识别和解决这些问题。

❑ 单元测试（Unit Testing）：其概念是从程序中分割出最小的可测试代码段，并确定该代码的运行是否符合预期。在测试应用程序之前，对每个代码单元进行分割测试，可以将其视为所有代码单元的集成。因此，苹果公司提供了一个单元测试框架并将其集成到 Xcode 中。

❑ 调试（Debugging）：读者可能已经意识到，调试的任务是从应用程序中消除错误。尽管这可能指的是可以纠正错误的任何进程，但通常情况下，还是意味着使用调试器来查找和识别代码中的错误。

❑ 性能分析（Profiling）：在应用程序运行时对其进行度量和分析。通常，执行性能分析的目的是优化应用程序性能。分析可用于监视 CPU 或内存使用情况，以帮助确定应用程序在何处消耗资源。iOS 提供了一个名为 Instruments 的 GUI 工具，从而使对应用程序的分析变得更加容易。

本章将对这些技术进行简要的介绍。因为本书的目标不是为这些技术提供全面的指导，而只是进行基本的介绍。如果读者想要一个更详细的解释，可以阅读 *Pro iOS 5 Tools: Xcode Instruments and Build Tools* 一书。

在本章中，读者不会构建和调试一个复杂的应用程序。读者会从模板中创建一个项目，然后学习每种技术是如何实现的，这里将逐一进行介绍，并通过添加不同的代码来演示特定的问题。

## 15.1 单 元 测 试

首先从创建一个简单的项目开始。打开 Xcode 并创建一个新项目。选择 Master-

Detail Application（主-从视图应用程序）模板，将其命名为 DebugTest，确保选中 Use
Core Data 复选框，并将语言设置为 Swift（见图 15-1）。

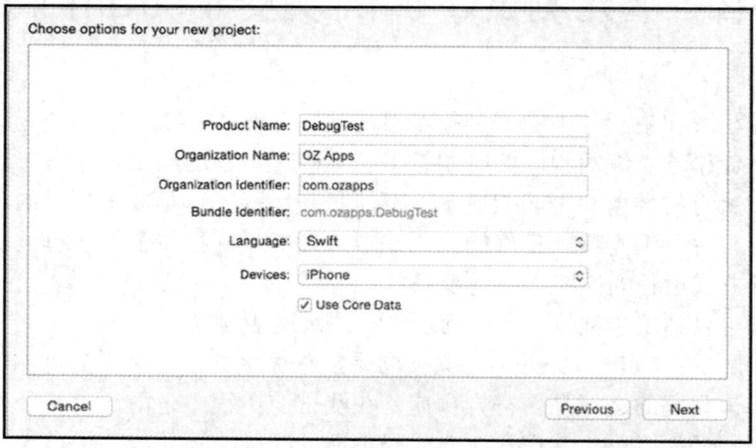

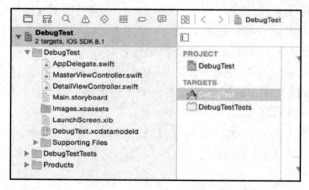

图 15-1　创建 DebugTest 项目

　　先一起来快速看一下这个项目。在导航栏中选择该项目，查看生成的项目编辑器
（见图 15-2）。注意，这里有两个项目目标：应用程序 DebugTest 和包 DebugTestTests。
这个包是读者将要编写单元测试的地方。DebugTestTests 目标依赖于 DebugTest 目标（应
用程序），这意味着当读者构建单元测试包时，需要首先构建应用程序。

图 15-2　两个项目目标：应用程序和单元测试包

　　如何运行测试？如果读者查看工具栏中 Xcode 方案弹出的菜单，就会发现没有
DebugTestTests 方案，只有 DebugTest 方案（见图 15-3）。

　　其实 Xcode 会"自动"为读者管理 DebugTestTests。当读者在 DebugTest 方案上选择

Product（结果）→Test（测试）时，Xcode 就知道要执行 DebugTestTests 目标了。

图 15-3　只有 DebugTest 方案

现在运行单元测试包，看看会发生什么。请选择 Product→Test。

这时 Xcode 应该会通知读者测试通过了。如果失败了，问题导航器会向读者报告错误发生在哪里。如果读者此时选中 failure（失败），编辑器将会转到 DebugTestTests.swift 中的 failed 测试（见图 15-4）。

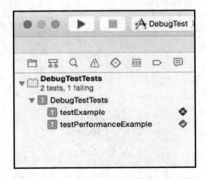

图 15-4　Xcode 中的测试失败界面

这似乎是深入讨论单元测试格式的一个好机会。在项目导航器中，打开名为 DebugTestTests 的组，并选择 DebugTestTests.swift。

现在一起来看看 DebugMeTests.swift。

```
import UIKit
import XCTest

class DebugMeTests: XCTestCase {
```

```
    override func setUp() {
        super.setUp()

// Put setup code here. This method is called before the invocation of each
test method in the class.
    }

    override func tearDown() {
// Put teardown code here. This method is called after the invocation of
each test method in the class.
        super.tearDown(
    }

    func testExample() {
        // This is an example of a functional test case.
        XCTAssert(true, "Pass")
    }

    func testPerformanceExample() {
        // This is an example of a performance test case.
        XCTAssert(true, "Pass")
    }

    func testPerformanceExample() {
        // This is an example of a performance test case.
        self.measureBlock() {
        // Put the code you want to measure the time of here.
        }
    }

}
```

　　每个单元测试都遵循一套简单的流程：设置测试、执行测试和分解测试。由于每个测试都需要单独运行，所以每个测试方法都遵循 set up/test/tear down 循环。

　　在示例 DebugMeTests.swift 中，读者可以看到一个测试方法：testExample。该方法的主体由一行代码组成，该行代码调用了函数 XCTAssert。XCTAssert 是一个测试表达式的断言。如果明确希望测试失败，则可以使用 XCTFail。现在一起来将其修改为 fail。将 XCTAssert 替换为：

```
func testExample() {
    // This is an example of a functional test case.
```

```
    XCTFail("Make this test fail")
}
```

再次运行测试（要简化此操作，请单击 Cmd-U）。

读者在这里做了什么？在没有实际进行修复或测试任何内容的情况下竟然通过了测试（也可能失败）。这一点很重要：单元测试不是万能的。测试只有在进行了正确的代码编写时才会生效，因此确保编写有意义的测试代码非常重要。有一种被普遍接受的实践策略叫作测试优先：编写测试，然后编写应用程序代码使测试失败，然后调整代码使测试通过。一个有趣的副作用是，这样编写的代码往往更短、更清晰、更简洁。

现在用一些可以测试的简单方法来定义一个对象。创建一个新文件，选择 Cocoa Touch Class，命名为 DebugMe 并使其成为 NSObject 的子类。保存文件时，确保只将其分配给 DebugTest 目标（见图 15-5）。

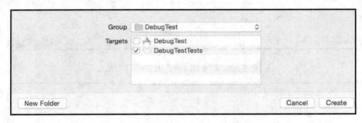

图 15-5　确保 DebugMe 类只保存到 DebugTest 目标

选中文件 DebugMe.swift 并参照以下示例对其进行编辑（根据需要添加相应代码）：

```
import UIKit

class DebugMe: NSObject {
    func isTrue() -> Bool {
        return true
    }

    func isFalse() ->Bool {
        return false
    }

    func helloWorld() -> String {
        return "Hello, World!"
    }
}
```

这一次也很简单。读者的类可能比这个复杂得多，但这里只是作为一个例子来操作。要测试 DebugMe 类，需要创建一个 DebugMeTests 类。所以现在请读者创建一个新文件，选择 Test Case Class（测试用例类）模板（见图 15-6），将其命名为 DebugMeTests（见图 15-7）。保存文件时，请确保只将其添加到 DebugTestTests 目标中（见图 15-8）。接下来，一起对测试类进行更新，从 DebugMeTests.swift 开始。

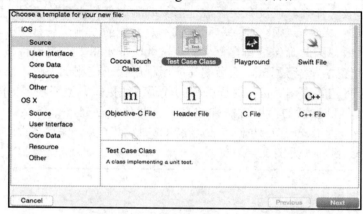

图 15-6　选择测试用例类模板

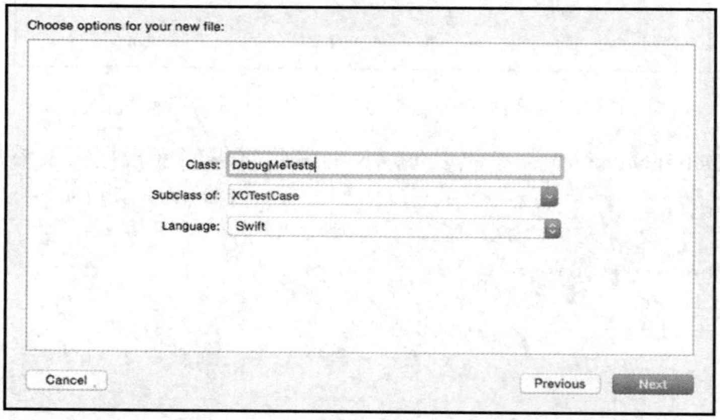

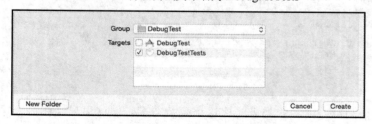

图 15-7　将该测试类命名为 DebugMeTests

图 15-8　只向 DebugTestTests 目标添加 DebugMeTests

```
import UIKit
import XCTest

class DebugMeTests : XCTestCase {

var debugMe:DebugMe!

}
```

添加属性 debugMe，类型为 debugMe。读者将在实现中使用此属性。在编写任何测试之前，需要实现 setUp 和 tearDown 方法。读者将使用 setUp 实例化 debugMe 属性，并使用 tearDown 来进行释放。

```
    override func setUp() {
        super.setUp()

        self.debugMe = DebugMe()
// Put setup code here. This method is called before the invocation of each
test method in the class.
    }

    override func tearDown() {
        self.debugMe = nil
// Put teardown code here. This method is called after the invocation of
each test method in the class.
        super.tearDown()
    }
```

首先，一起来考虑一下读者需要在 DebugMe 类中测试什么。 DebugMe 有一个名为 string 的属性。对于该属性，读者既可以测试其存在也可以不进行测试。这最终取决于读者的偏好和项目的需要。此处出于联系的目的会进行测试。

```
func testDebugMeHasStringProperty() {
    XCTAssert(self.debugMe.respondsToSelector("string"),
            "expected DebugMe to have a 'string' selector")
}
```

这里要检查的只是 string 属性是否有访问器方法。读者还可以检查是否有 setter 方法（setString:）。但这就引出了另一个问题：读者应该将那个 check 放入本测试中，还是应该创建另一个测试？这同样没有正确的答案，读者想怎么做将取决于个人的喜好和项目的需要。

此时，再次对项目进行测试是一个好主意。通常，只有在所有现有测试都通过时才会添加新的测试。因此，在继续之前，请运行当前测试并确保能够通过。

读者的测试应该已经通过了，所以现在一起继续接下来的工作，测试 isTrue 方法。

```
func testDebugMeIsTrue() {
    let result = self.debugMe.isTrue()
    XCTAssertTrue(result, "expected DebugMe isTrue to be true, got \(result)")
}
```

接下来，为 isFalse 方法编写一个测试。

```
func testDebugMeIsFalse() {
    let result = self.debugMe.isFalse()
    XCTAssertFalse(result,"expected DebugMe isFalse to be false,got \(result)")
}
```

最后，为 helloWorld 方法编写一个测试。

```
func testDebugHelloWorld() {
    let result = self.debugMe.helloWorld()
    XCTAssertEqual(result, "Hello, World!", "expected DebugMe helloWorld
to be 'Hello,World!', got \(result)")
}
```

成功！读者自己编写的第一个单元测试完成了。

作为一种普遍的做法，读者需要为应用程序中的每个类编写一个测试类。有一种称为测试驱动开发（TDD）的方法，就是首先编写测试用例，然后编写应用程序代码。TDD 的一个副作用是读者在真正开始为自己的应用程序编写代码之前就已经清楚地知道应用程序的运行方式是什么样子的（这不是一个很好的主意吗？）。

📎 **注意：**

如果读者想进一步了解有关测试驱动开发（test-driven development，TDD）的知识，可以在 Agile Data 网站（www.agiledata.org/essays/tdd.html）上找到一些很好的介绍。作者 Kent Beck 写了一本叫作 *Test Driven Development*（Addison-Wesley，2003）的书，这本书非常不错，可以作为读者的重点参考资料。

在编写测试时还有一个非常有用的概念叫作 mock。当测试的代码需要依赖于另一个对象时，读者可以定义一个模拟对象来模拟其依赖的对象。这有助于保持每个单元测试的独立性。Mulle Kyberkinetik（http://ocmock.org/）的 OCMock 是一个很好的 mock 框架。

## 15.2　调　　试

读者可能已经注意到，当在 Xcode 中创建项目时，项目被默认为 debug configuration。

如果读者曾经为 App Store 编译过应用程序或进行过临时分发，就会知道应用程序通常以两种配置开始，一种叫作调试（debug），另一种叫作发行（release）。

那么，调试配置与发行（或者叫分发）配置有何不同呢？实际上两者之间的差异还是很多的，但主要区别在于 Debug 配置会在读者的应用程序中构建调试符号。这些调试符号就像编译应用程序中的小书签一样，可以将应用程序触发的任何命令与项目中的特定源代码相匹配。Xcode 包含一个称为调试器的软件，该软件可以使用调试符号按照机器码的相应字节转换为生成该机器码的源代码中的特定函数和方法。

⚠ 警告：

调试器与发行（或分发）配置一起使用会遇到问题，因为这些配置本身不包含调试符号，所以会导致标识符不能正确工作甚至消失。

自 Xcode 4 以来，一个重大变化是将调试器集成到主窗口中（见图 15-9）。早期的 Xcode 版本有自己独立的调试器控制台。现在，Xcode 对调试时用到的多个窗口进行了调整。有关这些窗口的具体内容稍后将逐一进行讨论。

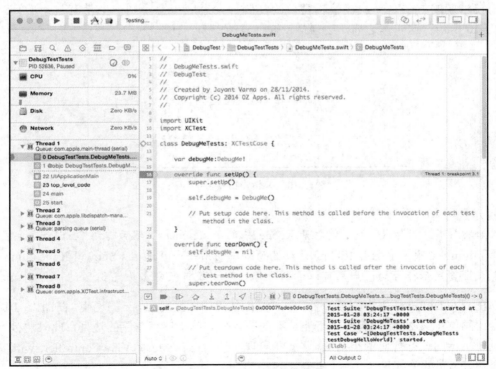

图 15-9　Xcode 中的调试模式

### 15.2.1　断点

读者的工具库中最重要的调试工具可能就是断点了。断点是给调试器的一条指令，用于在代码中的特定位置暂停应用程序的执行并等待。通过暂停（而不是停止，此情况下读者的应用程序仍然在运行）程序的执行，读者可以做一些事情，如查看变量的值并逐行执行代码。读者还可以设置断点，但不是暂停程序的执行，而是为了执行特定的命令或脚本，然后再让程序继续执行。在本章中，读者将看到这两种类型的断点，但第一种使用得会更多一些。

在 Xcode 中设置的最常见的断点类型是行号断点。这种类型的断点允许读者指定调试器应该停止的指定文件中的代码行。要在 Xcode 中设置行号断点，只需单击编辑窗口中源代码文件左边的空白区域。现在一起来动手操作，这样就能看到行号断点是如何工作的了。

单击 MasterViewController.swift，找到名为 viewDidLoad 的方法。该方法应该是文件中比较早期的方法之一。在编辑窗口的左侧，读者应该会看到一个带有数字的列，如图 15-10 所示。这叫作边列，边列是设置行号断点的一种途径。

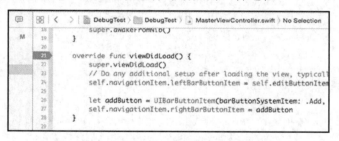

图 15-10　编辑窗口左侧的边列

🔖提示：

如果看不到行号或边列，请打开 Xcode 中的 Preferences，然后转到 Text Editing 窗口，选择 Editing 选项卡（见图 15-11）。该选项卡中的第一个复选框（Show: ☑Line numbers）是用来设置显示行号的。如果可以看到行号，则设置断点要容易得多。

在 viewDidLoad 中查找第一行代码，该行代码应该是对 super 的调用。在图 15-10 中，这行代码位于第 22 行，但实际可能是不同的行号。单击该行左侧的边列，此时边列上会出现一个指向该行代码的小箭头。这意味着现在读者已在 MasterViewController.swift 文件指定的行号处设置了断点。

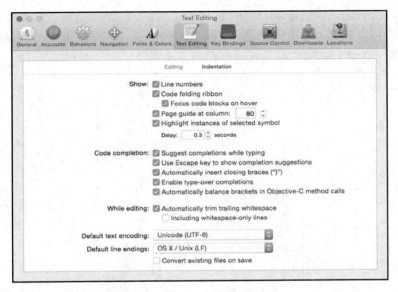

图 15-11　显示边列设置

　　读者可以通过将断点拖离边列的方式来移除断点，还可以通过将断点拖动到边列上新位置的方式来移动断点；通过单击的方式，读者可以暂时禁用现有断点，禁用操作会将断点的颜色从较暗的颜色变为较浅的颜色。要重新启用已禁用的断点，只需再次单击，将其改回较暗的颜色即可。

　　在开始讨论使用断点可以做哪些事情之前，先一起来看看断点的基本功能。选择 Product（结果）→Run（运行）命令，程序正常启动，在程序视图完全显示之前，读者将先回到 Xcode，此时项目窗口将会出现，显示出将要执行的代码行及其相关的断点（见图 15-10）。

**注意：**

　　在 debug 和 project 窗口顶部的工具栏中有一个标记为 Breakpoints 的图标。顾名思义，单击该图标可以让断点在打开和关闭状态之间进行切换，这可以让读者同时启用或禁用所有断点，而不至于落下某些断点。

## 15.2.2　调试导航器

　　当 Xcode 进入调试模式时，导航栏（屏幕左侧）会激活调试导航器（见图 15-12）。该视图显示了应用程序的堆栈跟踪、方法和函数调用。在本例中，这里突出显示了在

MasterViewController 中对 viewDidLoad 的调用。灰色的行表示在源代码中不能访问的类和方法。读者可以看到下一个方法是 UIViewController 的视图。因为 UIViewController 是 UIKit 框架的一部分，所以这里没有源代码并不奇怪。

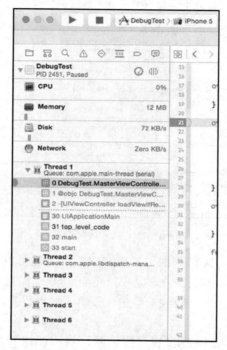

图 15-12　堆栈跟踪的调试导航器

　　如果读者在调用堆栈中一直向上查找，就会看到 top_level_code 行。如果单击该行，Editor 窗口将显示文件 AppDelegate.swift，并突出显示上一次在到达断点之前调用的行。这是一个有用的功能，可以让读者追踪到导致问题的方法和函数调用的流程。

## 15.2.3　调试区域

　　编辑器下面的区域称为调试区域（见图 15-13），由 3 个部分组成：顶部是调试栏，调试栏的左下方是变量列表，变量列表的右侧是控制台窗口。下面从变量列表开始，逐个讨论每个部分。

　　变量列表显示了当前范围内的所有变量。如果变量是来自当前方法的参数或局部变量，或者是包含该方法的对象的实例变量，则该变量在范围内。

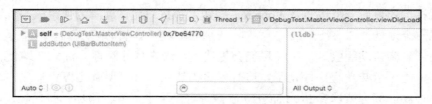

图 15-13　编辑区域下方的调试区域

**注意:**

变量列表还允许读者直接更改变量的值。双击列表中的任何值，该值会变成可编辑状态，当按回车键提交更改时，应用程序中的底层变量也将随之被修改。

默认情况下，变量列表将显示局部变量。读者可以通过变量列表窗口左上角的下拉菜单来对此进行修改。选项包括 Auto、Local、All Variables、Registers、Globals 和 Statics。Auto 显示的是 Xcode 根据给定的文本内容确定读者想要的变量；All Variables 显示所有变量和处理器寄存器。可以这样说，如果读者正在处理处理器寄存器，那意味着读者正在做一些非常高级别的工作，而且远远超出了本章的范围。

控制台窗口使读者可以直接访问调试器命令行和输出。虽然调试器控制台命令很强大，但本书并不打算在此进行详细讨论。

需要注意的是，output（也就是 println() 语句）将把读者引向控制台窗口。因此，在调试时查看窗口并查看生成的输出内容是很有用的。

最后，调试栏包含一组控件（见图 15-14）和一个堆栈跟踪跳转栏。跳转栏显示应用程序中当前线程的当前位置。这只是调试导航器视图的精华之一。

图 15-14　调试栏控件

调试栏控件提供了一系列按钮来帮助控制调试会话。从左侧开始，第一个按钮是一个披露按钮，用于最小化调试区域。最小化时，只有调试栏可见。接下来是 Continue 按钮。Continue 按钮会从程序停止的地方开始，继续正常执行，除非遇到另一个断点或错误情况。Step Over 和 Step Into 按钮都允许读者一次执行一行代码。两者之间的区别在于 Step Over 会将任何遇到的方法或函数调用作为单行代码执行，然后跳转到当前方法或函数中的下一行代码；而 Step Into 则是转到调用的方法或函数的第 1 行代码中并停在那里。Step Out 按钮是完成当前方法的执行并返回调用它的方法。这可以有效地将当前方法从堆栈跟踪的堆栈中弹出，并且调用此方法的方法会成为堆栈跟踪的顶部。

调试栏上的最后一个按钮是 Location 按钮。该按钮允许读者为使用核心位置的应用程序模拟一个地址。

如果读者亲自动手尝试一下，可能会更清楚。现在停止程序。注意，即使程序在断点处暂停，也不意味着程序停止了，这时程序仍然在执行。要真正停止程序，需要单击 Xcode 中的 stop 标志或选择 Product→Stop 命令。接下来读者将添加一些代码，以便更好地理解 Step Over、Step Into 和 Step Out 的用法。

---

### 嵌 套 调 用

嵌套方法的调用与下面类似，即在一行代码中组合了两个命令：

```
self.tableView.indexPathForSelectedRow()
```

如果将多个方法嵌套在一起，只需单击 Step over 按钮，就可以跳过多个命令，这样就不可能在不同嵌套语句之间设置断点。这是避免消息调用过度嵌套的主要原因。除标准的 alloc 和 init 方法嵌套外，通常不要嵌套任何消息。

点表示法在某种程度上改变了这一点。请记住，点表示法只是调用方法的简写，因此这行代码也是两个命令：

```
self.tableView.reloadData()
```

在调用 reloadData 之前，有一个对访问器方法 tableView 的调用。如果可以使用访问器，那么通常会在消息调用中直接使用点表示法，而不是使用两行单独的代码。但是要小心，因为这样很容易忘记每个点表示法会在方法调用中产生的结果，从而可能会在将多个方法调用嵌套在一行代码时无意中创建一些难以调试的代码。

---

## 15.2.4　尝试调试控件

选中 MasterViewController.swift 并在类声明之后添加以下两个方法：

```swift
class MasterViewController: UITableViewController,
NSFetchedResultsControllerDelegate {

  func processBar(inBar:Float) -> Float {
      var newBar = inBar * 2.0
      return newBar
```

```
    }

    func processFoo(inFoo:Int) -> Int {
        var newFoo = inFoo * 2
        return newFoo
    }
```

然后将现有的 viewDidLoad 方法更新为以下内容：

```
override func viewDidLoad() {
    super.viewDidLoad()

    var foo:Int = 25
    var bar:Float = 374.3494
    println("foo: \(foo), bar: \(bar)")

    foo = processFoo(foo)
    bar = processBar(bar)
    println("foo: \(foo), bar: \(bar)")

    // Do any additional setup after loading the view, typically from a nib.
    self.navigationItem.leftBarButtonItem = self.editButtonItem()

    let addButton = UIBarButtonItem(barButtonSystemItem: .Add,
                                            target: self,
                                       action: "insertNewObject:")
    self.navigationItem.rightBarButtonItem = addButton

    //var test = NSArray(object: "hello")

}
```

　　此时读者设置的断点仍然在该方法的第 1 行代码处。无论读者是从代码行的上面或下面插入或删除文本，Xcode 都会相应地移动断点。即使像读者这样刚刚在断点之上添加了两个方法，并且都是从新的行号开始，断点仍然会被设置到正确的代码行，这很好；但如果断点以某种方式移动了，也不用担心，因为那意味着这个移动不可避免。

　　现在单击选中断点并向下拖动，直到其与下面的代码行对齐：

```
var foo:Int = 25
```

　　现在，选择 Project→Run 命令来对变更进行编译并再次启动程序。此时读者可以在

viewDidLoad 的第 1 行新代码中看到断点。

前两行代码只是声明变量并为其赋值。这些代码行不会调用任何方法或函数，因此 Step Over 和 Step Into 按钮在这里的功能是相同的。要测试这一点，请单击 Step Over 按钮以执行下一行代码，然后单击 Step Into 以执行第 2 行新代码。

在任何进一步使用调试器控件之前，请先来看看变量列表（见图 15-15）。读者刚刚声明的两个变量位于 Local 标题下的 Variable List 中，并带有当前的值。另外请注意，bar 的值为蓝色。这意味着该值只是由最后一个被执行的命令分配或更改。

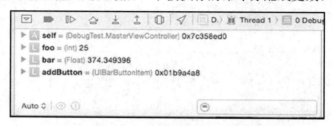

图 15-15　变量列表列出的各种变量

 注意：

就像读者知道的，数字在内存中表示为 2 的幂的总和，对于小数部分则是 1/2 的幂。这意味着某些数字最终将存储在内存中，其值与源代码中指定的值略有不同。虽然读者将 bar 的值设置为 374.3494，但最接近的表示形式为 374.349396。这应该足够准确了。

还有另一种方法可以看到变量的值。读者可以将光标移动到编辑器窗口中 foo 上方的任何位置，然后会弹出一个工具提示框，该提示框会告诉读者变量的当前值并提供详细的快速查看选项（见图 15-16）。

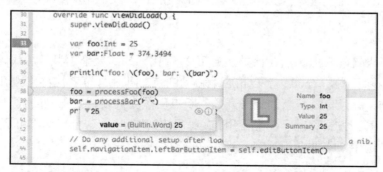

图 15-16　变量的当前值

下一行代码只是一个 print 语句，所以再次单击 Step Over 按钮来执行。

接下来的两行代码分别调用一个方法。读者将对其中一个使用 Step into，对另一个使用 Step Over。现在请单击 Step Into 按钮。

绿色箭头和高亮显示的代码行刚刚被移动到 processFoo 方法的第 1 行。如果读者现在查看堆栈跟踪，将会看到 viewDidLoad 不再是堆栈中的第 1 行，而是已经被 processFoo 取代。由于读者同时编写了 processFoo 和 viewDidLoad，堆栈跟踪中不再只有一个黑色行，而是两个。如果读者愿意，可以逐步执行这个方法的各个部分。当准备回到 viewDidLoad 时，单击 Step Out 按钮。这将返回 viewDidLoad。processFoo 将从堆栈跟踪的堆栈中弹出，绿色指示器和高亮显示将位于调用 processFoo 之后的代码行。

接下来，对于 processBar，读者将使用 Step Over。当这样做时，读者会发现在堆栈跟踪上看不到 processBar。调试器将运行整个方法，并在返回后停止执行。绿色箭头和突出显示将向下移动一行（不包括空行和注释）。读者可以通过 bar 的值看到 processBar 的结果，现在应该是原来的两倍，但是方法本身看起来好像只是一行代码。

## 15.2.5　断点导航器和符号断点

读者现在已经了解了断点使用的基本知识，但是断点还有更多内容。在 Xcode 导航器中，选择导航栏上的 Breakpoints 选项卡，其中显示了当前项目中的所有断点（见图 15-17）。读者可以通过选择断点并按下 Delete 键进行删除，还可以在这里添加另一种断点，称为符号断点。符号断点告诉调试器在使用调试配置时，每当到达应用程序中内置的某个调试符号时，就中断，而不是中断特定源代码文件中的特定行。需要注意的是，调试符号是由方法和函数名派生的可读的名称。

图 15-17　断点导航器可以让读者看到项目中的所有断点

单击一个现有的断点（选择右侧窗口中的第 1 行），然后按 Delete 键将其删除。 现在，单击断点导航器左下角的 "+" 按钮，并选择 Add Symbolic Breakpoint（见图 15-18），在弹出对话框中为符号输入 viewDidLoad。在 Module 字段中输入 DebugMe 并单击 Done

按钮。断点导航器将更新一行代码，该行代码在读取 viewDidLoad 之前使用一个样式化的西格玛图标（见图 15-19）。该西格玛图标用于提醒读者这是一个符号断点。

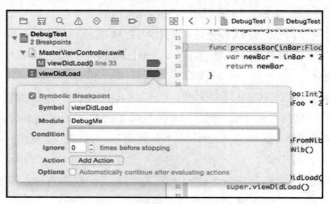

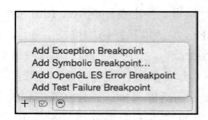

图 15-18　添加符号断点　　　　　　图 15-19　设置符号断点后更新的断点列表

通过单击工具栏上的 Run 按钮重新启动应用程序。如果 Xcode 报告应用程序已经在运行，那么需要先停止运行然后重新启动。这一次，应用程序应该会停在 viewDidLoad 中的第 1 行代码处。

## 15.2.6　条件断点

到目前为止，读者已经设置了符号和行号等无条件断点，这意味着调试器在到达这些断点时就会停止。如果程序到达了这些断点，也将停止。读者也可以创建条件断点，仅在满足条件时才暂停执行。

如果此时程序仍在运行，请将其停止，然后在断点窗口中删除刚刚创建的符号断点。打开 MasterViewController.swift，在 viewDidLoad 里调用 super 之后添加以下代码行：

```swift
super.viewDidLoad()

for i in 0..<25 {
    println("i = \(i)")
}

var foo:Int = 25
var bar:Float = 374.3494
...
```

保存文件。现在，通过单击下面这行代码左侧的位置来设置行号断点：

```
println("i = \(i)")
```

按住 Control 键并单击断点，然后从上下文菜单中选择 Edit Breakpoint（编辑断点），如图 15-20 所示。此时应弹出一个指向断点的对话框，如图 15-21 所示。在 Condition 字段中输入 i > 15，然后单击 Done 按钮。

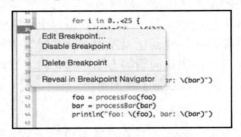

图 15-20　断点的上下文菜单

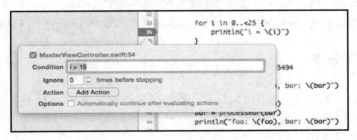

图 15-21　编辑一个断点的执行条件

再次构建并调试应用程序。这一次，还会像以前一样在断点处停下，但是此时读者查看调试控制台，应该会看到：

```
i = 0
i = 1
i = 2
i = 3
i = 4
i = 5
i = 6
i = 7
i = 8
i = 9
i = 10
i = 11
```

```
i = 12
i = 13
i = 14
i = 15
(lldb)
```

　　如果读者查看变量列表，应该会看到 i 的值为 16。因此在循环的前 16 次中，执行没有暂停，因为读者设置的触发条件还没有得到满足。

　　当程序在很长的循环中出现错误时，条件断点是一个非常有用的工具。如果没有条件断点，读者将会被卡在循环中，直到错误发生，这是很乏味的。条件断点在那些经常被调用但只有在特定情况下才会出现问题的方法中很有用。通过设置条件，读者可以告诉调试器忽略自己已经知道的可以正常工作的情况。

🖱️提示：

　　位于 Condition 字段下面的 Ignore 字段也非常有用——忽略断点会在每次遇到断点时递减一个值。因此，读者可以将数字 16 放入列中，以便代码在第 16 次通过断点时停止。读者甚至可以将这些方法结合使用，比如同时使用忽略断点和条件断点。棒极了，是吧？

## 15.2.7　断电操作

　　再次查看断点编辑器（见图 15-21），读者将看到一个 Action 标签。这里可以让我们设置断点操作，也是一个很有用的功能。

　　现在停止应用程序。

　　编辑断点并删除刚刚添加的条件。为此，只需清除 Condition 字段中的内容即可。接下来，读者将添加断点。在 Action 标签旁边，单击文字 Click to add an Action。该区域应展开以显示断点操作界面（见图 15-22）。

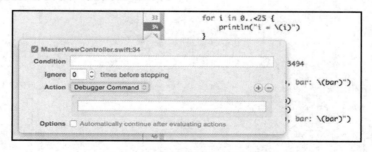

图 15-22　显示出的断点操作界面

这里有许多不同的选项可供选择（见图 15-23）。读者可以运行调试器命令或向控制台日志添加语句，还可以播放声音或触发 shell 脚本或 AppleScript。正如读者所看到的，在调试应用程序时可以做很多事情，而不必在代码中添加调试的特定功能。

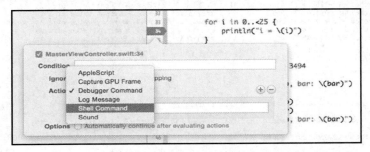

图 15-23　断点操作界面的不同选项

从 Debugger Command 的弹出的菜单中选择 Log Message，它将允许读者向调试器控制台添加信息，但无须编写另一条 NSLog() 语句。当编译此应用程序以便分发时，是不会带有断点的，因此不可能在应用程序中意外地传递此日志命令。请在弹出菜单下方的白色文本区域中，添加以下 log 命令：

```
Reached %B again. Hit this breakpoint %H times. Current value of i is @(int)i@
```

%B 是一个特殊的替换变量，在运行时将被替换为断点的名称；%H 是一个替换变量，将被替换为达到此断点的次数；两个 @ 字符之间的文本是一个调试器表达式，告诉打印 i 的值，该值是一个整数。

任何断点都可以有一个或多个与之关联的操作。单击右侧的"+"按钮向该断点添加另一个操作。

接下来，选中 Automatically continue after evaluating action 复选框，这样断点就不会导致程序停止执行。

提示：

读者可以在 Apple 开发者网站上的 Xcode 4 用户指南中阅读有关的各种调试操作，以及每种调试操作语法的详细信息。

再次构建和调试应用程序。这一次，读者应该会在调试器控制台日志中看到 println() 语句所打印的值之间的附加信息（见图 15-24）。使用 println() 记录的语句以粗体打印，而由断点操作完成的语句则以非粗体字符打印。

以上内容并不是断点的全部，只是基础知识，但可以为读者在查找和修复问题方面打下良好的基础。

```
DebugTest

Reached viewDidLoad() again. Hit this breakpoint 1 times. Current value of i is
Reached viewDidLoad() again. Hit this breakpoint 2 times. Current value of i is
Reached viewDidLoad() again. Hit this breakpoint 3 times. Current value of i is
Reached viewDidLoad() again. Hit this breakpoint 4 times. Current value of i is
Reached viewDidLoad() again. Hit this breakpoint 5 times. Current value of i is
Reached viewDidLoad() again. Hit this breakpoint 6 times. Current value of i is
Reached viewDidLoad() again. Hit this breakpoint 7 times. Current value of i is
i = 0
i = 1
i = 2
i = 3
i = 4
i = 5
i = 6
Reached viewDidLoad() again. Hit this breakpoint 8 times. Current value of i is
i = 7
Reached viewDidLoad() again. Hit this breakpoint 9 times. Current value of i is
i = 8
Reached viewDidLoad() again. Hit this breakpoint 10 times. Current value of i is
i = 9
Reached viewDidLoad() again. Hit this breakpoint 11 times. Current value of i is
i = 10
Reached viewDidLoad() again. Hit this breakpoint 12 times. Current value of i is
i = 11
Reached viewDidLoad() again. Hit this breakpoint 13 times. Current value of i is
i = 12
Reached viewDidLoad() again. Hit this breakpoint 14 times. Current value of i is
i = 13
Reached viewDidLoad() again. Hit this breakpoint 15 times. Current value of i is
i = 14
Reached viewDidLoad() again. Hit this breakpoint 16 times. Current value of i is
i = 15
Reached viewDidLoad() again. Hit this breakpoint 17 times. Current value of i is
Reached viewDidLoad() again. Hit this breakpoint 18 times. Current value of i is
Reached viewDidLoad() again. Hit this breakpoint 19 times. Current value of i is
Reached viewDidLoad() again. Hit this breakpoint 20 times. Current value of i is
Reached viewDidLoad() again. Hit this breakpoint 21 times. Current value of i is
Reached viewDidLoad() again. Hit this breakpoint 22 times. Current value of i is
Reached viewDidLoad() again. Hit this breakpoint 23 times. Current value of i is
Reached viewDidLoad() again. Hit this breakpoint 24 times. Current value of i is
Reached viewDidLoad() again. Hit this breakpoint 25 times. Current value of i is
i = 16
i = 17
i = 18
i = 19
i = 20
i = 21
i = 22
i = 23
i = 24
foo: 25, bar: 374.349
foo: 50, bar: 748.699

All Output ◇                                                        🗑 | ▢ ▢
```

图 15-24　调试器控制台日志

## 15.2.8　常见问题介绍

　　现在读者已经学习使用调试中的一些基本工具。虽然这里并没有讨论 Xcode 或 LLDB 的所有特性，但是基本要点都已经涉及。要详尽介绍这些内容，一章的篇幅远远不够，但是读者已经看到了在绝大多数调试工作中都会用到的工具。然而不幸的是，要想更好地进行调试，最好的方法就是做大量的练习，这在调试早期可能会令人相当沮丧。当读者第一次看到一个特定类型的问题时，常常会不知道如何着手解决。因此，为了让读者有一个初步的了解，这里将向读者展示几个在 Cocoa Touch 程序中经常发生的问题，并告诉读者当这些问题发生时，如何将其找出并进行修复。

调试可能是最困难和最令人沮丧的事务之一。但调试又非常重要，而且能够找到一直报错的代码可能是一件非常有成就感的事情。调试过程如此困难的原因是因为现代应用程序很复杂，用来构建这些程序的库也很复杂，而现代操作系统本身更是复杂，在任何时候都有大量的代码被加载、运行和交互。

## 15.3　性能分析工具 Instruments

这里不打算深入研究 Instrments 工具，只是让读者了解如何启动 Instruments 以及其所提供的功能。在 Xcode 中选择 Product→Profile 命令，然后 Xcode 将构建应用程序（如果必要的话）并启动 Instruments。

**注意：**

读者可以在苹果公司开发者网站的文档中阅读有关 Instruments 工具的信息。具体链接是 http://developer.apple.com/library/ios/documentation/DeveloperTools/Conceptual/InstrumentsUserGuide。

Instruments 的运行方式是通过创建跟踪文档来确定在应用程序执行期间对哪方面的内容进行监控。每个跟踪文档可以由许多 Instruments 工具组成，每个工具会收集应用程序运行状态的不同方面的信息。

在启动时，Instruments 提供了一系列跟踪文档模板，以帮助读者开始 Instruments 会话。同时还提供了一个空白模板，可以让读者定义自己要使用的工具集（见图 15-25）。

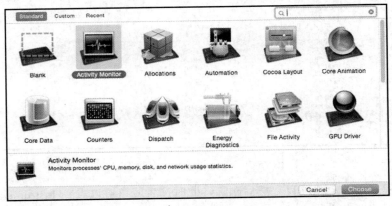

图 15-25　从 Xcode 中启动 Instruments 工具

现在一起来看看 Instruments 工具中提供的一些模板。

- ❑　Blank：一个供读者自定义的空模板。
- ❑　Allocations：用于跟踪基于对象内存使用情况的模板。
- ❑　Leaks：内存使用模板，专门用于查找内存泄漏。
- ❑　Activity Monitor：用来监视应用程序的系统资源使用情况。
- ❑　Zombies：内存使用模板，专用于查找过度释放的内存。
- ❑　Time Profiler：运行 CPU 时的采样操作。
- ❑　System Trace：监视在系统和用户空间之间移动的应用程序线程。
- ❑　Automation：脚本工具允许模拟用户交互。
- ❑　File Activity：根据应用程序监视文件系统的使用情况。
- ❑　Core Data：监视应用程序中核心数据的活动。

接下来一起从 Allocations 模板开始操作。双击模板，开启 Instruments（见图 15-26）。应用程序在模拟器中启动，读者可以在屏幕上看到当前正在跟踪的内存的使用情况。

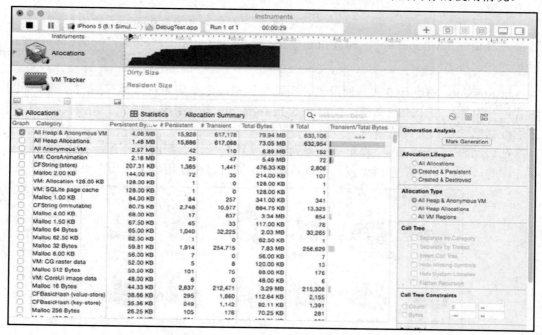

图 15-26　Instruments 工具主窗口

向应用程序添加一些项目，然后删除，此时读者应该可以看到 Instruments 工具跟踪到的内存使用情况的变化。

虽然运行一种跟踪工具很有用，但是 Instruments 背后真正强大的功能是能够同时运行多个跟踪，以便确定应用程序可能在哪些地方存在性能方面的问题。

现在，使用一下 Instruments 吧，看看它是否有助于优化自己编写的应用程序。

## 15.4　路　途　将　尽

正如在本章开头所说的那样，当涉及单元测试、调试和性能分析时，没有标准的参考经验，所以读者需要走出去，犯自己的错误，然后再纠正。当遇到困难停滞不前时，请大胆地使用搜索引擎或者向更有经验的开发人员寻求帮助，但是也不要让这些资源成为依赖。在开始寻求帮助之前，要努力找到并修复遇到的每个问题。有时，这确实会令人沮丧，但绝对有好处，它可以塑造读者自己的风格。

现在，本书的探索之旅即将结束，不过后面还有一个章节，这是本书为读者提供的告别指导。如果读者准备好了，请翻开新的一页。

# 第 16 章　路一直都在

　　我们一起度过了一段愉快的学习之旅。此时，读者所拥有的知识要比第一次打开这本书时多得多。这里我们也很想告诉读者，就这本书而言，你知道的已经足够多了，但是说到开发技术，我们只能说你所知道的还远远不够。iOS 开发技术尤其如此。读者在本书中用到的编程语言和框架是有着超过 25 年发展历程的成果，而那些在 Apple 工作的工程师朋友们总是在为下一个很酷的新事物狂热地工作。尽管 iOS 平台比刚推出时成熟很多，但也只能说刚刚开花结果，所以未来还有很多很多工作要做。

　　通过学习，读者已经为自己建立了一个更加坚固的基础。读者已经掌握了 Swift、Cocoa Touch、Xcode 以及将这些技术结合在一起创建令人难以置信的新的 iOS 应用程序的工具。读者还了解了 iOS 软件架构和使 Cocoa Touch 开花结果的设计模式。简而言之，读者现在可以更好地规划自己的发展路程。

## 16.1　摆 脱 困 境

　　编程的核心是解决问题，这既有趣又有益。但有时你会遇到一个似乎无法克服的难题，一个似乎没有解决方案的问题。

　　有时候，一直寻求的答案反而会在离开一段时间后出现。晚上睡个好觉，或者花几个小时做点不同的事情，通常就能帮助读者渡过难关。相信我，有时候花几个小时盯着同一个问题的过度分析，会让自己变得非常激动，以致错过了一个显而易见的解决　　方案。

　　有时候，即使换个环境也无济于事。在这种情况下，有个高段位的朋友是件好事。当读者陷入困境时，可以求助于以下资源。

## 16.2　Apple 的文档

　　读者可以使用 Xcode 的文档浏览器。文档浏览器是非常宝贵的示例源代码、概念指南、API 引用、视频教程以及更多其他十分有价值的内容来源。上下文查找帮助现在已经被集成到 Xcode 中，只要按下 Option 键，光标就会变成十字线。当将鼠标悬停在一个关键字上时，光标将变成一个问号。如果在光标为问号时单击一个单词，将在弹出窗口中看到该单词的详细信息。这与在快速帮助检查器中看到的信息相同。如果需要关于类/委托的更多信息，并希望查看相关的声明和其他方法及属性，那么可以按快捷键 Opt+Cmd 并单击关键字。助理编辑器将出现并显示详细信息。当读者想知道委托方法是什么或回调处理程序块使用的参数时，这是非常有用的。

　　读者对 Apple 的文档越熟悉，就越容易在其推出的未知领域和新技术中找到自己的路。Apple 文档和示例代码非常全面，但遗憾的是并没有涵盖所有 API。有时，读者可能想要使用特定的 API，但无法找到其可以接收或返回的参数。对于这种情况，还有一些其他资源可供使用，具体如下。

## 16.3　邮件列表

以下是由 Apple 维护的一些有用的邮件列表。

❑　http://lists.apple.com/mailman/listinfo/cocoa-dev：这是一个中等容量的列表，主要关注于 Mac OS X 上的 Cocoa。　因为 Cocoa 和 Cocoa Touch 有着共同的传统，所以列表中的很多人都可以帮到读者。不过，在提问之前一定要先搜索一下已有的列表存档。

❑　http://lists.apple.com/mailman/listinfo/xcode-users：这是一个针对 Xcode 相关问题的邮件列表。

❑　http://lists.apple.com/mailman/listinfo/quartz-dev：这是一个用于讨论 Quartz 2D 和 Core Graphics 的邮件列表。

## 16.4　讨论论坛

以下是一些读者可能愿意加入的论坛。

❑　http://devforums.apple.com/：该网站是为 Mac 和 iPhone 软件开发人员举办的 Apple 新的开发人员社区论坛。该论坛需要登录，但这意味着读者可以讨论仍在保密协议（NDA）下的新功能。众所周知，在这里，Apple 的工程师会定期查看这些论坛并对问题进行回答。

❑　www.iphonedevsdk.com/：这是一个网络论坛，iPhone 的程序员们无论是新手还是老手，都可以在这里互相帮助解决问题或获取建议。

❑ http://forums.macrumors.com/forumdisplay.php?f=135：这是一个由 MacRumors 上的友好人士为 iPhone 程序员举办的论坛。

# 16.5　相　关　网　站

以下是一些读者可能想访问的网站。

❑ http://www.cocoadevcentral.com/：这是一个门户网站，其中包含许多与 Cocoa 相关的网站和教程的链接。

❑ http://cocoaheads.org/：这是 CocoaHeads 网站。CocoaHeads 是一个致力于同行间支持和推广 Cocoa 的团体，是一个侧重于定期会议的地方团体。Cocoa 开发人员可以聚在一起甚至进行社交活动。没有什么比认识一个可以帮助到自己的人更好的了，所以如果读者所在地区有一个 CocoaHeads 小组，那再好不过。如果没有，为什么不开始组织一个呢？

❑ http://cocoablogs.com/：一个门户网站，包含许多与 Cocoa 编程相关的博客链接。

❑ http://stackoverflow.com/questions/tagged/ios：与 iOS 问题相关的免费编程问答网站。总的来说，这是一个寻找问题答案的好资源。许多经验丰富、知识渊博的 iPhone 程序员，包括一些在 Apple 工作的人，通过回答问题和发布示例代码为该站做出了很多贡献。

❑ http://stackoverflow.com/questions/tagged/swift：免费编程问答网站上有关 Swift 的部分。如果有人对某个问题进行了解答，那么该回答一定会记录在 Stackoverflow 上，所以当读者遇到问题时，应该先查看一下记录。

❑ http://www.quora.com/iOS-Development：另一个优秀的问答网站。虽然不专注于编程，但该网站也适用于查找有关 iOS 开发的问题。

# 16.6　博　　　客

读者可以查看下面这些博客。

❑ https://developer.apple.com/swift/blog/：这是 Apple 有关 Swift 方面的官方博客。虽不像读者期望的那样经常更新，但也有一些好的信息，并且将会持续提供更多信息。

❑ http://www.sososwift.com/：这是与 Swift 相关的文章的合集。这份清单相当全面，而且还在不断增加。

❑ http://www.learnswift.tips/：这是另一个与 Swift 相关的资源合集，但与 Sososwift 相比，可能对用户不太友好。

❑ https://swiftcast.tv/articles：这是与 Swift 相关的视频集。该网站易于使用，看起来也很专业。

❑ http://ios-blog.co.uk/swift-tutorials/：这是有关 Swift 和 Objective-C 资源及文章的另一个合集。其中一些来自 Jasmeson Quave。

❑ http://jamesonquave.com/blog/：这是 Jameson Quave 的网站，和 Ray Wenderlich 一样，他也在尝试通过在自己的网站上增加不同的作者来拓展业务。这个网站包含了不少关于 Swift 的教程和文章。

❑ http://nshipster.com/：这是 Matt Thompson 和 Nate Cook 的网站，最近增加了很多作者。这里有一些关于 Objective-C 和 Swift 以及 iOS 功能的深度好文。

❑ http://natashatherobot.com/：这是 Natasha Murashev 的网站。由于她总是能够快速适应 Swift 并且经常出现在 Swift 的见面会上，所以现在她几乎就是 Swift 文章的代名词。观看她的博客，可以了解有关新技术的最新信息。

❑ https://www.mikeash.com/pyblog/：这是一个为那些不仅仅需要简单操作类文章的人准备的网站。这里的文章属于技术型，会进行深入的研究。这对高级开发人员来说是一个很好的资源。

❑ http://asciiwwdc.com/：读者应该看过一些 Apple 的视频。这里有每个视频的文字记录。这些记录有时比视频本身更容易搜索。

❑ http://davemark.com/：这是 Dave 的灵光乍现，完全不属于技术类型，只是 Dave 对那些能够引起他兴趣的想法的分享，Dave 希望大家也能喜欢。

❑ http://nuthole.com/：Jack Nutting 的博客。

❑ http://www.cimgf.com/：名为 Cocoa Is My Girlfriend 的网站，上面涵盖了有关使用 Objective-C 和 Swift 在 Mac 和 iPhone 上进行软件开发的信息。

❑ http://raywenderlich.com/：这是 Ray Wenderlich 的博客和教程网站。Ray 很好地运行了一个可以提供补充教程和信息的网站。

# 16.7　相 关 书 籍

Apress 出版了大量的 Swift 书籍供读者选择。

❑ *Swift for Absolute Beginners* by Gary Bennett and Brad Lees

- ❑ *Swift Quick Syntax Reference* by Matthew Campbell
- ❑ *Learn Swift on the Mac* by Waqar Malik
- ❑ *Beginning Swift Games Development for iOS* by James Goodwill and Wesley Matlock
- ❑ *Beginning iPhone Development with Swift* by Kim Topley, David Mark, Jack Nutting, Fredrick Olsson, and Jeff LaMarche
- ❑ *Transitioning to Swift* by Scott Gardner
- ❑ *Pro Design Patterns in Swift* by Adam Freeman
- ❑ *Beginning Xcode: Swift Edition* by Matthew Knott
- ❑ *Migrating to Swift from Android* by Sean Liao
- ❑ *Migrating to Swift from Web Development* by Sean Liao, Mark Punak, and Anthony Nemec
- ❑ *Beginning iOS Media App Development* by Ahmed Bakir
- ❑ *Learn WatchKit for iOS* by Kim Topley
- ❑ *Pro iOS Persistence* by Michael Privat and Robert Warner

## 16.8　该说再见了

很高兴读者和我们一路走到这里。祝你们好运，也希望你们能像我们一样享受 iOS 编程！